KB149917

6 · 25전쟁
60대전투

6 · 25전쟁 60대전투

초판발행일 | 2010년 06월 25일
2쇄 발행일 | 2011년 06월 20일

지은이 | 온창일 · 김광수 · 박일송 · 나종남
허진녕 · 박홍배 · 장성진 · 성연춘
펴낸곳 | 도서출판 황금알
펴낸이 | 金永馥

주간 | 김영탁
디자인실장 | 조경숙
편집 | 칼라박스
인쇄제작 | 칼라박스
주 소 | 110-510 서울시 종로구 동숭동 201-14 청기와빌라2차 104호
물류센타(직송 · 반품) | 100-272 서울시 중구 필동2가 124-6 1F
전 화 | 02) 2275-9171
팩 스 | 02) 2275-9172
이메일 | tibet21@hanmail.net
홈페이지 | http://goldegg21.com
출판등록 | 2003년 03월 26일 (제300-2003-230호)

값 17,000원

ISBN 978-89-91601-86-4-93390

*이 책은 2011년 문화체육관광부 우수학술도서로 선정되었습니다.

6 · 25전쟁 발발 60주년을 맞이하여 돌이켜보는

6 · 25전쟁 60대전투

온창일 · 김광수 · 박일송 · 나종남
허진녕 · 박홍배 · 장성진 · 성연춘

머리말

올해는 6 · 25전쟁이 발발한 지 60주년이 되는 해이다. 참으로 긴 시간이 흘렀다. 우리는 해마다 6월을 호국보훈의 달로 추모하며, 6 · 25전쟁이 왜 일어났는지, 어떻게 싸웠는지를 상기하려고 노력해왔다. 그러나 시간이 지날수록 이 전쟁을 제대로 기억하는 국민들이 점차 줄어들고 있어 아쉽고, 또한 참전용사들을 포함하여 6 · 25전쟁을 겪은 선배세대들의 목숨을 걸고 지켜낸 조국에 대한 충성심을 후세들이 왜곡하는 것도 안타까운 일이 아닐 수 없다.

6 · 25전쟁은 대한민국의 현대사뿐만 아니라 전 세계적으로도 매우 중요한 의미를 갖는 역사적인 사건이었다. 이 전쟁으로 인해서 미국과 소련을 중심으로 형성되었던 냉전이 더욱 격화되었고, 공산주의 진영과 자유주의 진영은 각각 한반도에 군대를 파견하여 치열하게 대립하였다. 한편 북한의 기습적인 공격을 받아 위기에 처했던 대한민국은 미국 등 UN회원국들의 도움에 힘입어 개전 초기의 혼란과 어려움을 극복하였고, 또한 온 국민이 단결하여 국토를 사수하고 자유민주주의를 수호하는데 성공하였다.

하지만 아쉽게도 이 전쟁으로 인해서 한반도의 분단이 고착되었으며, 남한과 북한은 냉전시대 내내 적대적 대립관계를 유지해왔다. 한편 소련을 포함한 공산주의 세력이 붕괴하여 국제적으로는 냉전이 끝났음에도 불구하고 한반도에는 여전히 냉전시대의 긴장이 지속되고 있다. 적어도 한반도에서는 6 · 25전쟁이 아직 끝나지 않은 것이다.

지난 60년 동안 6 · 25전쟁에 대해서는 수많은 연구가 진행되었다. 다행스럽게도 국내외의 많은 연구자들이 그 동안 '잊혀진 전쟁(the forgotten war)'으로 알려졌던 이 전쟁을 과거의 기억 속에서 끄집어내는데 성공했고, 점차 이 전쟁에 대한 이해의 폭과 깊이가 심화되어 왔으며, 불투명한 상황의 빈 칸들을 채워가고 있다.

이러한 시점에 발간되는 『6 · 25전쟁 60대전투』 역시 6 · 25전쟁에 대한 채워지지 않았던 퍼즐의 빈 칸들을 채우기 위한 노력의 결과이다. 특히 필자들은 전투사(戰鬪史)의 시각으로 6 · 25전쟁을 바라보고자 하였으며 직업 군인뿐만 아니라 일반 독자들도 쉽게 접할 수 있는 전투사를 제시하려고 노력하였다. 하지만 지면이 제한되어 더 많은 수의 전투들을 다루지 못한 것과, 생사의 갈림길에서 고전분투하던 선배 장병들의 생사애환을 더욱 더 자세하게 다루지 못한 것은 필자들의 한계였다. 한편 개별 전투들을 연구하는 과정에서 서술의 객관성과 신빙성을 높이기 위해 전사편찬위원회, 국방군사연구소, 군사편찬연구소 등에서 출간한 공간사(公刊史)를 기준으로 하되, 새롭게 발굴된 사료들을 활용하였다. 『6 · 25전쟁 60대전투』의 출간을 계기로 전투사를 포함한 군사사(軍事史, military history) 연구에 대한 관심과 지원이 확대되기를 기대한다.

이 책을 집필하는 과정에서 많은 분들의 도움을 받았다. 우선 필자들이 소속된 육군사관학교의 학교장님과 교수부장님, 그리고 군사사학과 정토웅, 김기훈, 이내주 교수님께도 감사한다. 이분들의 지원과 격려가 없었다면 이 책의 출간은 불가능했을 것이다. 또한 2009년 1년 동안 『국방일보』 "금주의 전투사"에 연재되었던 필자들의 원고가 단행본으로 출간될 수 있도록 흔쾌하게 허락해 주신 국방홍보원 김종찬 원장님과 관계자분들께 감사드린다. 마지막으로 어려운 출판계의 현실 속에서도 이 책이 빛을 볼 수 있도록 공력을 들인 황금알 출판사의 김영탁 사장님께도 심심한 사의를 표한다.

2010년 6월 화랑대에서 필자들을 대표하여
육사 군사사학과장 박일송

차 례

제1부 전쟁 초기의 격전들

제2부 중공군 참전 이후의 격전들

제3부 휴전회담 시기의 격전들

제1부

전쟁 초기의 격전들

1950년 6월 25일부터 10월 말까지 전선 격동기(激動期)에 벌어진 전투들은 다양한 양상으로 전개되었으며, 또한 개별 전투의 결과가 전쟁 전체의 전개 과정에 큰 영향을 미치기도 하였다. 북한군의 기습 선제공격으로 인해서 주도된 개전 초기의 전투들, 우세한 전투력을 바탕으로 신속하게 남하하는 북한군의 속전속결과 유엔군이 참전할 수 있는 시간을 벌기 위해서 노력하는 국군의 지연작전, 수세에 몰린 국군과 유엔군이 북한군의 공세를 저지하기 위해서 필사적으로 맞선 낙동강 방어선 전투들, 그리고 6 · 25전쟁 초기의 전세를 결정적으로 역전시킨 인천상륙작전과 낙동강 방어선에서의 반격작전, 이어서 전개된 유엔군의 38도선 돌파와 북진 작전 등은 6 · 25전쟁 초기의 전개 과정에서 매우 중요한 역할을 담당했던 전투들이다.

선별된 18개의 전투들 중에서 개전 초기에 북한군의 적의 공격 의도를 좌절시킨 국군 제6사단의 춘천-홍천 전투, 북한군 제1군단이 미 제24사단을 포위하여 공격한 대전 전투, 국군 제1사단이 낙동강 방어선에서 성공적으로 북한군의 공격을 저지한 다부동 전투, 그리고 인천 상륙작전과 서울 수복 작전, 38도선 돌파와 평양탈환작전 등은 주요전투로 선정하여 자세하게 분석하였다.

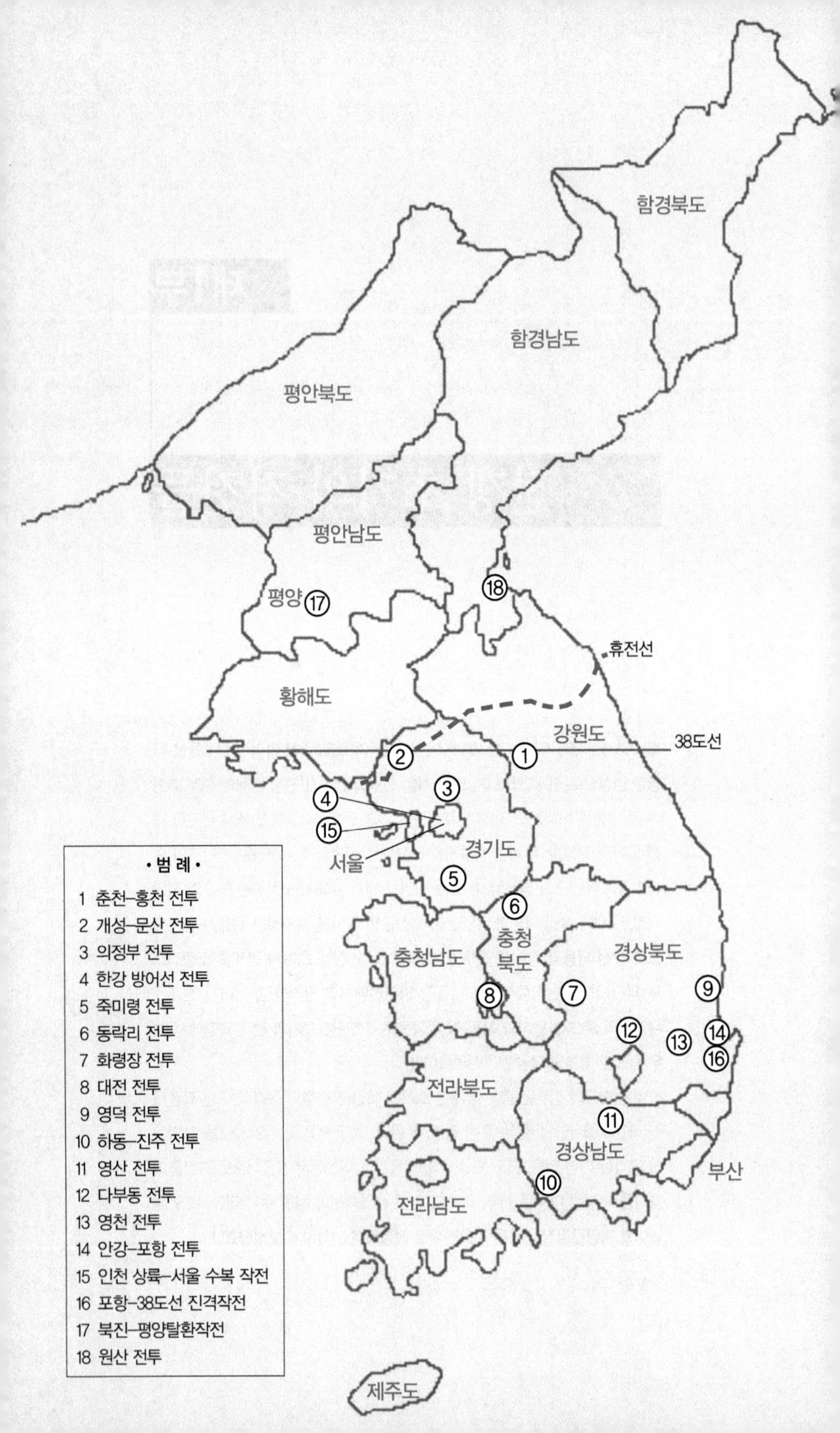
함경북도
함경남도
평안북도
평안남도
평양
황해도
휴전선
강원도
38도선
경기도
서울
충청북도
충청남도
경상북도
전라북도
경상남도
부산
전라남도
제주도
• 범 례 •
1 춘천–홍천 전투
2 개성–문산 전투
3 의정부 전투
4 한강 방어선 전투
5 죽미령 전투
6 동락리 전투
7 화령장 전투
8 대전 전투
9 영덕 전투
10 하동–진주 전투
11 영산 전투
12 다부동 전투
13 영천 전투
14 안강–포항 전투
15 인천 상륙–서울 수복 작전
16 포항–38도선 진격작전
17 북진–평양탈환작전
18 원산 전투

01
춘천-홍천 전투

일　　시 1950. 6. 25. ~ 6. 30.
장　　소 강원도 춘천시 및 홍천군 일대
교전부대 국군 제6사단 vs. 북한군 제2군단
특　　징 6 · 25전쟁 초기 강원도 춘천시 및 홍천군 춘천 정면에 대한 적의 공격을 성공적으로 저지하여 국군의 조기 붕괴를 막아낸 전투

1950년 5월 초 북한 민족보위성 총참모부 건물 내에서는 소련 군사고문단 일행이 북한군의 작전계획을 세우느라 분주했다. 고문단장은 제2차 세계대전 당시 소련 영웅이 된 바실리예프 중장이었고, 수십 명의 고문들이 그를 보좌하고 있었다. 그들은 소련군 총참모부의 명에 의해 북한군 총참모장 강건과의 협의 하에 남한 침공계획을 세우라는 임무를 부여받고 있었다. 말이 협의였지 사실상 북한측은 별다른 역할을 하지 못했고, 작전계획은 모두 소련 군사고문들의 손으로 이루어졌다. 그들은 작전의 전체 계획뿐 아니라 사단 정찰명령과 작전명령까지 러시아어로 직접 작성했고 믿을만한 소련출신 북한 군인들에게 비밀엄수를 서약하게 한 다음 번역하도록 했다.

6월초에 완성된 북한의 작전계획은 남한이 먼저 침공해왔기 때문에 이에 대해 북한군이 반격을 시행한다는 의미의 '반격계획'이라고 이름 붙여졌지만, 실제로는 전 전선에 걸친 북한의 기습 공격계획이었다. 계

획의 기본 구상은 북한군 10개 보병사단 중 5개 사단과 1개 전차여단을 동원해 이틀 동안에 개성과 서울을 점령하는 동안, 중부에서는 3개의 보병사단과 1개의 모터싸이클(오토바이)연대가 춘천과 홍천을 신속히 점령한 후, 서울 남쪽의 이천과 수원으로 진출해 국군주력의 후방을 차단함으로써 포위망을 형성하는 것이었다. 소련 군사고문들은 서울 점령에 주안점을 두기는 했지만, 작전은 '반드시 적 주력을 포위해 섬멸함으로써 상대방의 저항력을 완전히 빼어버려야 한다'는 그들의 작전 교리에 입각해 계획을 짰다. 직접 서울 점령을 담당할 사단은 제1, 3, 4사단과 105전차여단 그리고 예비인 제13사단이었고, 제6사단은 개성을 점령한 후 한강을 건너 영등포로 공격함으로써 서울 서남방의 포위 임무를 부여받았다. 중부에서는 화천에서 제2사단이, 그리고 인제에서 제12사단이 각각 춘천과 홍천을 점령하고, 홍천을 점령한 이후에는 그곳에서 기동부대인 603모터싸이클연대를 투입해 이 연대가 신속하게 수원으로 진출해 국군 퇴로를 차단할 계획이었다. 제15사단은 화천에서 제2사단을 후속하는 예비부대였다. 제3경비여단과 제1경비여단은 각각 옹진의 국군 제17연대와 강릉의 국군 제8사단을 격멸함으로써 측방위협을 제거하는 임무를 맡았다.

춘천과 홍천을 공격하게 되는 제2작전집단(제2군단)은 부대 규모면에서는 서울 방면을 공격하는 제1작전집단(제1군단)의 절반에 불과했지만, 전체 작전의 시각에서 볼 때 그들이 담당한 임무의 중요성은 매우 높은 것이었다. 제2작전집단(제2사단, 제12사단, 제603모터싸이클연대, 제15사단)이 예정된 시간 내에 춘천, 홍천을 점령한 후 이천, 수원, 그리고 원주를 장악해야만 국군 주력에 대한 완전한 포위가 가능했기 때문이다. 춘천은 6월 25일 북한군 제2사단이 장악하기로 되어있었고, 북한군 제12사단은 6월 26일까지 홍천을 점령하라는 임무를 부여받았다. 소련 군사고문들의 계획에 따르면 수원, 원주 점령은 작전 개시 후 5일안에 달성해야 했다.

6월 11일 북한의 강건 총참모장은 제1작전집단과 제2작전집단을 편성한 다음, 각 사단들은 기동훈련으로 가장해 은밀히 38도선으로 이동하라는 명령을 내렸다. 다음날 제2사단장 이청송 소장, 제12사단장 전우 소장, 제15사단장 박성철 소장, 그리고 제603모터싸이클연대장 전창철 대좌가 부대들을 이끌고 38도선의 집결지로 이동했다.

북한군 제2군단의 작전을 좀 더 구체적으로 살펴보면, 춘천 점령에 좀 더 큰 비중을 두었음을 알 수 있다. 제2사단은 화천-춘천 도로를 따라 제6연대가 사단의 자주포대대와 함께 공격하고, 예비인 제17연대가 이를 후속하며, 제6연대 동측의 산악지대에서는 제4연대가 나란히 병렬 공격하기로 했다. 지형상 북한강 서측에 있어 분리된 작전을 수행해야 했던 가평 방면에는 제17연대의 1개 대대가 할당되었다. 춘천의 측방을 포위하기 위해 제12사단의 제31연대는 인제에서 소양강을 따라 움직이다가 춘천 동남으로 진출함으로써 제2사단과 합류해 춘천을 점령할

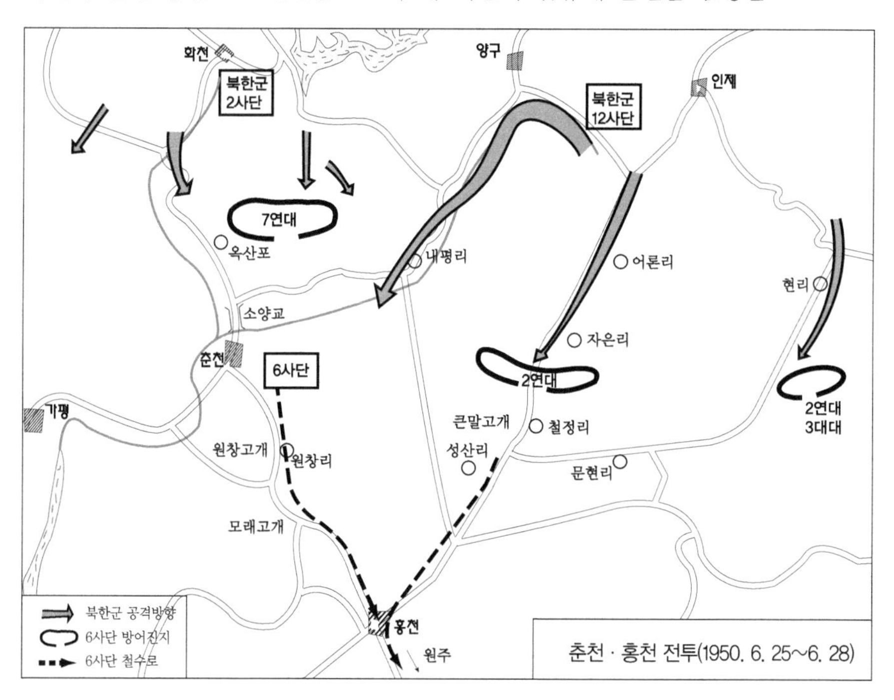

춘천 · 홍천 전투(1950. 6. 25~6. 28)

임무를 받고 있었다. 제12사단의 두 개 연대(제30, 32연대)와 모터싸이클 연대는 인제 남쪽에서 홍천을 향해 공격하도록 했다.

북한의 전쟁계획에 대해서는 낌새도 눈치채지 못했지만, 국군도 1950년에 들어와서는 북한이 전쟁을 준비하고 있다는 많은 첩보를 입수하고 있었다. 육본은 1949년 연말 정보판단을 통해 북한군의 전력이 국군에 비해 월등히 향상되었다는 것과 남한 공격의 풍문이 있다는 것을 알고 있었다. 육군은 1950년 3월말에 북한의 공격을 대비하는 육군본부 차원의 방어계획을 수립했다. 이 계획은 북한의 공격이 서울로 지향될 가능성이 높다는 것을 고려해 서울 방어에 중점을 두되, 옹진, 개성, 강원도 지역에서 조공이 지향될 것이라는 가정 하에 수립되었다. 방어계획은 3선 방어와 후방 사단의 증원이 골자였다. 전방의 각 사단은 38도선의 경계선진지에서 적의 공격을 저지하되, 이것이 불가능할 경우는 미리 준비된 주저항선 진지에서 지역을 방어하고, 주저항선이 붕괴될 경우는 최후저지진지로 후퇴해 적의 공격을 막아내며, 그 동안 후방에서 증원되는 사단들(대전의 제2사단, 광주의 제5사단, 대구-부산의 제3사단)을 투입해 반격을 꾀함으로써 38도선을 회복한다는 것이 주 내용이었다. 육군본부는 이 방어계획을 4월 초 육군본부 작전명령 제38호로 하달하여 각 사단에 회람시켰고, 각 사단들이 이에 입각해 사단별 방어계획을 세우도록 했다.

춘천과 홍천의 방어를 담당하고 있던 국군 제6사단은 사단 방어계획을 수립하여 5월 18일에 이를 사단 작전명령 제42호로 하달했다. 제6사단의 방어계획은 육군본부의 3선 방어 개념에 입각해 작성되었다. 이 당시 홍천 전면에는 제8연대가 자리 잡고 있었기 때문에 좌측 춘천 방면은 제7연대, 우측의 홍천 방면은 제8연대가 방어를 담당하고, 원주의 제19연대는 사단 예비였다. 방어진지는 38도선 바로 남쪽의 경계진지와 1642고지-귀목동-781고지-맹현봉을 연하는 선의 주진지, 그리고 봉의산-대룡산-성포리를 최후저항진지(예비진지)로 두었다. 포병은 일부 홍천 방면을 지원하고 총화력을 춘천에 집중하라는 명령을 받았다. 공병은 3개 중대를 연대별로 지원하게 되어 있었다. 사단은 경계진지에서 적을 저지 또는 지연시키고 주진지방어가 계획대로 이루어질 경우 예비인 제19연대로 역습을 감행해 공세로 이전할 예정이었다. 주진지 방어가 불가할 경우는 후방에서 증원되는 제2사단의 증원을 받아 최후저항선을 확보할 계획이었다.

1950년 6월에 접어 들어 국군 제6사단은 뜻밖의 귀순병 획득을 계기로 부대가 긴장상태에 들어갔다. 6월 16일 제6사단 진지로 북한군 제2사단 자주포부대 전사 1명이 귀순해왔는데, 그는 북한군 제2사단의 대규모 병력이 38도선 북방으로 이동해 화천 남방 신포리 백사장에 집결해 있으며, 자신은 전쟁이 싫어 귀순해왔노라고 진술했다. 제7연대장 임부택 중령은 신임사단장 김종오 대령에게 이 사실을 보고하고, 정찰대를 침투시켜 귀순병의 말이 사실인지 확인해보고자 했다. 정찰대의 정찰 결과 그 귀순병의 말대로 38도선 북방에서 적의 야포 및 자동차 다수가 목격 되었다. 또한 정찰대는 적의 군관들이 산 능선에 모여 정찰을 하고 있다는 사실도 알려왔다. 제6사단은 이 사실을 육군본부에 보고했지만, 육군본부는 이것이 적의 하계훈련 때문일 것이라고 했다. 그래도 사단은 긴장을 늦추지 않았다.

국군 제6사단은 6월 한 달 동안 바쁜 일정을 보내고 있었다. 수경사의 제2연대와 제6사단의 제8연대를 맞바꾼다는 육군본부의 결정에 따라, 제2연대는 12일에 홍천에 도착해 이전까지 홍천에 주둔하고 있었던 제8연대의 진지를 인수하였다. 인수작업은 22일에 완료되었다. 사단장 김종오 대령은 6월 10일에 부임한 이래 부대 현황파악에 분주했다.

6월 23일에는 육군본부로부터 6월 23일 24시부로 그동안 발령되었던 비상경계령을 해제하고 전 부대에게 농번기 특별휴가를 보내라는 명령이 내려왔다. 사단에서는 전방상황을 고려해 외박을 보내되, 간부들은 춘천을 벗어나지 않도록 했다.

북한군 제2사단은 일찌감치 38도선 부근 집결지에 도착해 공격준비를 하고 있었다. 6월 21일에 예비명령을 발해 연대장들에게 군관지휘정찰을 시행하도록했다. 6월 24일에는 부대들이 집결지로부터 공격출발진지로 이동해 다음날 공격을 준비했다. 또한 북한군 제2사단 공병부대는 이날 야간에 은밀히 공병중대를 내보내 춘천으로 남하하는데 있어 첫 번째로 마주치는 38도선 바로 남방의 모진교와 그 일대에 지뢰지대가 있는지를 확인하고 이를 제거하는 작업을 했다.

북한군 제12사단은 원산에서 6월 19일 기차로 이동해 고성에서 하차, 인제로 이동했다. 이들의 이동은 산악지대를 통과하느라 늦어졌고 6월 23일에야 인제에 도착했다. 아마도 이 사단은 전방 정찰을 할 겨를도 없이 공격작전에 나서게 되었을 것이다.

6월 25일 05시 정각 국군 제6사단 전방 경계진지에는 엄청난 양의 포탄이 떨어지기 시작했다. 북한군은 약 30분에 걸쳐 공격준비사격을 한 연후에 보병이 공격을 개시했다. 38도선 진지에 있던 국군 소대장들은 그것이 이전에 북한 38도선 경비부대와 산발적으로 벌였던 교전과는 비교가 안 될 정도의 강력한 화력이라는 것을 포성소리로 구분할 수 있었다. 38도선 경계진지를 점령하고 있던 아군 소대들은 적의 포격과 보병의 사격에 응사하며 약 30분 정도 버텼으나, 적의 대규모 부대들이 본격적으로 진출해오자 흩어져 후방으로 후퇴해야 했다.

얼마 후 북한군의 자주포 대열이 보병과 함께 나타나자 국군 제7연대는 놀라움을 금치 못했다. 이 당시에 제6사단 장병들은 적의 전차와 자주포를 본 적이 없어 북한의 SU-76 자주포를 모두 전차로 알고 있었다. 잠시 멈추며 아군이 구축해 둔 유개호에 대해 직사포를 쏘아 파괴하는 적 '전차'(실제는 자주포)는 마치 괴물 같았다.

전방에서 들어오는 상황보고에 의해 적의 대규모 공격이 시작되었다는 것과 그 선두에 '적 전차'가 있다는 보고에 접한 국군 제7연대에서는 이날 07시경 대전차포 중대장 송광보 대위를 불러 예하의 대전차포를 전방으로 추진시키도록 했다. 송대위는 그가 가장 신뢰하는 심일 소위를 불러 서원고개까지 북상해 대전차포로 적의 전차를 파괴하라고 명령했다. 심일 소위가 도로의 좌우에 57㎜ 대전차포 2문을 방열하고 이 '전차'에 대해 사격을 해보았으나 그것은 무용지물이었다. 오히려 적의 자주포는 아군 대전차포를 향해 포격을 해왔다. 그는 대전차포반들을 이끌고 후퇴하지 않을 수 없었다.

한편 제7연대장 임부택 중령은 춘천시가에 연대 예비로 있던 제1대대를 우두산 주진지를 점령하도록 함으로써 전투태세를 갖추고, 전방에서 흩어져 후퇴해오는 병력들을 이곳에서 수용했다.

이날 아침 춘천 전방과 어론리에서 적이 대규모 공격을 가하고 있다는 상황을 보고받은 국군 제6사단장 김종오 대령은 원주에 사단 예비로 있던 제19연대에게 급히 춘천으로 북상해 제7연대를 지원하도록 했다. 그러나 차량이 부족해 일단 제3대대만 북상할 수 있었고, 그것도 상당한 시간이 걸렸다. 김종오 사단장은 제16포병대대장에게 제2, 7연대에 각각 1개 포대씩을 지원하도록 하고 자신은 전방으로 이동해 16시 10분에 석사동 지서에 사단전방지휘소를 개설했다.

북한군 제2사단은 38도선 남쪽에서 약간의 저항을 받은 것을 제외하고는 별 장애없이 급속도로 북한강 동쪽 도로를 따라 내려오고 있었다. 그들은 소양강 북쪽 3km 북방의 옥산포에서 정오 경 부대를 재정비하며 다음 진격을 꾀했다. 오후 공격이 시작되었을 때 공격대열의 선두에서 SU-76 10문은 종대 대형으로 의기양양하게 남진해왔다. 이 자주포들은 또한 옥산포 동쪽 약 1.5km 지점에서 우두산을 중심으로 유개호와 토치카를 의지해 사격하고 있는 국군 진지들을 향해 불을 뿜었다.

대전차포 사격이 무용지물라는 점에 낙담한 심일 소위는 포반을 집결해 수류탄 육탄공격으로 적의 전차를 잡을 방도를 생각했다. 그러기 위해서는 지형상 S커브가 형성되어 '적 전차'의 속도가 줄어드는 곳을 선택해야 한다. 심일 소위는 특공대를 뽑아 수류탄을 지급한 후, 길가의 숲속에 57㎜ 대전차포를 숨겼다가 적 전차가 지나갈 때 측면에서 캐터필러에 기습사격을 가하고, 전 전차가 멈추면 길 좌우에 있던 특공대원이 일제히 뛰어올라 수류탄을 밀어 넣도록 지시했다. 이때가 14시 경이었다.

14시경 적의 자주포가 옥산포에 있던 대전차포 특공조의 600미터 전방으로 전진해오자 심 소대장은 다시 한 번 특공조의 공격준비를 점검하고 절대 명령 없이는 움직이지 말 것을 강조했다. 자주포는 커브 길을 돌아 소나무 숲 옆을 지나가게 되어 특공조의 전방 30미터 지점을 통과하고 있었다. 이때 심소위가 사격명령을 내리자 소나무 숲의 은폐하고 있던 대전차포 2문이 일시에 불을 뿜었다. 철갑탄이 고막을 찢는 듯 한 날카로운 파열음을 내면서 적 자주포의 무한궤도를 끊어 놓았고, 뒤이어 발사된 제2탄도 자주포의 측면을 강타했다. 이렇게 2발의 철갑탄을 얻어맞은 적의 선두 자주포는 잠시 기우뚱하더니 정지했다. 그 순간 자주포의 해치가 열리면서 승무원이 머리를 내밀자 잠복해있던 특공대원 심규호 일병이 카빈총으로 사격해 사살해 버렸다. 선두의 자주포가 파괴되어 돈좌되자 그 뒤를 따르고 있던 자주포는 급정거를 하면서 정지했다.

순간 심소위는 기다리고 있었다는 듯 몸을 날려 두 번째 자주포 위로 뛰어올랐다. 그리고 그는 자주포 승무원이 해치를 열고 나오기를 기다렸다. 이윽고 승무원이 전방의 상황을 살피려고 머리를 내미는 순간 손에 들고 있던 수류탄과 화염병을 동시에 자주포 속으로 집어넣고 뛰어내렸다. 2, 3초의 시간이 흐른 후 수류탄의 작열음과 함께 두 번째 자주포는 화염에 쌓였다. 이 때 김기만 중사 특공조도 정지해 있는 선두 자주포로 뛰어 올라 화염병을 집어넣고 뛰어내렸다. 이 자주포에서도 화염이 솟아올랐다. 뜻밖의 공격에 당황한 몇 명의 자주포 승무원들이 탈출하여 도주하고자 했으나, 엄호하고 있던 대전차포반의 사격을 받고 사살되었다. 선두의 자주포 2문이 파괴되자 상당한 거리를 두고 그 뒤를 후속하던 자주포 8문은 북쪽으로 방향을 돌려 자취를 감추었다.

이 통쾌한 '전차'잡이는 국군 제7연대 전 장병들의 사기와 전의를 한껏 올려주었다. 우두산 진지에서 옥산포에서 '적 전차'가 파괴되고 남은 '전차'들이 북쪽으로 도주하는 것을 본 제1대대 장병들을 일제히 만세를 불렀다. 이 소식은 전체 부대에 전파되었고, 병사들은 사기가 백배했다. 불의의 일격을 당한 북한군은 분을 삼키면서 다음 공격을 준비했다.

북한군 제2사단장 이청송 소장은 제6연대의 진출이 막히자 이날 오후 늦게 예비대로 있던 제17연대를 강변의 보리밭 길로 진출시켜 소양강과 북한강 교차점에 발달해 있던 모래톱(당시 지명 가래모기)을 통해 강행도하 하도록 했다. 그는 상부로부터 받은 명령이 공격 당일로 춘천을 점령하고 이날 저녁까지 가평을 거쳐 북한강 만곡부(능내)까지 진출하라는 것임을 상기하지 않을 수 없었다. 시간은 없었다. 그는 희생을 무릅쓰고라도 소양강을 도강하여 춘천에 진입하고자 했다.

그러나 이러한 움직임을 그대로 둘 국군 제6사단이 아니었다. 사단 포병대대장 김성 소령은 가래모기의 도섭 가능 지점에 우글우글 모여 있는 적 도하병력에 대해 아 포병대의 포격을 집중할 것을 명령했다. 또한 원주로 출발하여 20시에 남춘천역에 도착한 제19연대 3대대는 도착하자마자 춘천 서북방향에서 도섭하고자 하는 적에 대해 사격으로써 이를 저지했다.

홍천 전방의 국군 제2연대는 25일 아침 38도선 바로 남쪽 음양리-막장골 경계진지에서 북한군 제12사단 제30연대와 자주포 대대의 기습적 타격으로 어론리까지 후퇴했지만 제1대대는 그곳에서도 적의 강력한 포사격과 대규모 병력의 압박으로 인해 06시 20분에 철수할 수밖에 없었다. 연대장의 명령으로 연대 예비부대인 제2대대가 전방으로 진출해 어론리 바로 북쪽의 고지대에 엄호진지를 구축함으로써 혼란스럽게 후퇴하던 제1대대 병력들은 어론리에서 혼란을 수습할 수 있었다.

이곳에서 제2연대는 연대장 함병선 대령의 명령에 따라 대전차 특공조를 운용함으로써 큰 성과를 보았다. 특공대장은 제5중대 소대장 강승호 소위로 그는 중사 및 상사로 구성된 20여명의 자원자들로 전차 특공대를 구성했다. 무기는 2.36인치 로켓이었다. 강 소위는 사격을 엄격히 통제하고 있다가 남하하는 '적전차'(실은 자주포) 10대 중 첫 두 대를 향해 발사함으로써 이를 파괴할 수 있었다. 제1번 자주포는 캐터필러에 명중하여 그 자리에 돈좌되었고, 제2번 자주포는 관통되어 내부폭발을 일으킨 것 같았다. 이러한 공격을 받자 제3번 자주포부터는 방향을 돌려 도주했다. 이 전투의 여파인지 북한군 제30연대는 이날 더 이상 남하하지 않았다. 현리지역에서는 제2연대의 제3대대가 적의 압박에 대해 서서히 철수하며 지연전을 펴고 있었다.

6월 26일 동이 트자마자 북한군은 격렬하게 공격해왔다. 춘천 북방의 북한군 제2사단은 06시 30분에 30분간의 공격준비포격을 시행한 후 제4보병연대를 중앙으로 제17연대가 그 서측에서 제6연대가 그 동측에 병렬하여 병진 공격을 했다. 이 공격에서도 북한군은 자주포 대대를 앞세워 돌파를 시도했으나, 국군 제6사단의 포사격과 대전포 사격에 의해 두 대의 자주포가 파괴되었고 공격은 돈좌되었다. 우두산 진지에서 이 보고를 받은 임부택 중령은 여세를 몰아 제1대대장 김용배 소령에게 반격을 시행하도록 했다. 제1대대의 반격으로 적은 옥산포 북쪽 역골까지 패주했다. 연대장은 제1대대장에게 더 이상 북쪽으로 올라가지 말라고 함으로써 제1대대는 다시 우두산 진지로 돌아와 방어를 강화했다.

오전 공격에서 별다른 성과를 내지 못한 북한군 제2사단은 포병을 추진 배치하여 국군의 우두산진지에 대해 집중적으로 포격을 가해왔다. 적의 포격이 극심하다고 판단한 임부택 중령은 이날 오후 연대지휘소를 우두산에서 소양강 남쪽 봉의산으로 옮기고 제1대대도 소양교를 건너 봉의산 전면의 동쪽 능선에 진지를 재편성하게 하여 소양교를 감제하는 방어태세를 갖추었다. 사단장 명에 의해 원주에서 전날 밤에 출발해 이날 아침 춘천에 도착한 제19연대 2대대는 봉의산 전면 서측 중턱에 배치되어 전면에 소양강을 바라보며 방어진지를 편성했다.

국군 제7연대 제1대대가 우두산에서 철수하자 북한군 제4연대와 제17연대 주력은 소양강 북안을 확보한 상황에서 오후 늦게 가래모기의 도섭지에 몰려들어 보리밭을 횡단해 모래톱으로 도섭해 소양강을 건너고자 했다. 봉의산 지휘관측소에서 가래모기에 적의 도하병력이 집결해 있는 것을 본 임부택 연대장은 제16포병대대장 김성 소령에게 이 적을 야포로 공격하라고 명령했다. 제16포병대대의 정확한 포격이 노출된 적에게 집중되자 보리밭과 모래톱에 적의 시체가 쌓여갔다. 봉의산의 높은 고지에서 감제되는 적들은 아군의 포병사격, 박격포 사격과 기관총 사격에 큰 손실을 입었다.

북한군 제2사단 내에서도 일부 군관들은 가평 동쪽으로 주공방향을 바꾸는 것이 좋지않겠는가라는 의견이 있었지만, 이청송 사단장은 "상부의 명령은 지엄한 것"이라고 하며 이날도 연속으로 춘천 공격에 매진한 것이다. 북한군 제2사단은 시간이 흘러도 공격의 진척이 없자 아예 상부에 상황보고도 하지 않은 채 예하부대들에게 결사적인 전투로 어떻게든 소양강을 도하해야 한다는 것을 강조했다.

6월 26일 춘천 동쪽에서 소양강 상류의 계곡에 있었던 북한군 제12사단 제31연대는 사단과의 통신이 두절되어 그 자리에서 사단의 지시를 기다리느라 하루를 허송세월했다. 춘천 동측으로 진출해 제2사단과 함께 춘천을 협공할 임무를 띠고 있었던 제31연대는 이날 하루 동안 국군 제6사단에 어떤 위협도 가하지 못한 채 유휴병력으로서 휴식을 취하고 있었다.

그러나 북한군 제12사단 주력은 6월 26일 하루 동안 홍천 북방에서 국군 제6사단 제2연대를 공격해 상당한 거리를 남진했다. 제2연대장 함병선 중령은 자은리에서 적을 저지하고 있었으나, 자주포와 보병의 협동공격에 밀려 이날 오후 철정으로 후퇴해야 했다. 철정까지 후퇴한 후 연대장은 인원을 점검한 결과 병력이 1개 대대 규모로 줄어있음을 확인했다. 후퇴하면서 병사들이 분산되어 실종된 것이다. 연대장은 주변 지형이 험하고 애로가 형성되어 있는 말고개 좌우에 진지를 마련하는 한편 대전차특공조를 편성해 놓고 적의 공격을 기다리며 이날 밤을 이곳에서 보냈다. 그러나 병력부족은 심각했다.

6월 27일 아침 일찍 김종오 사단장은 전화로 극심한 어려움을 겪고 있다고 보고해 온 제2연대 지휘소로 차를 달려 상황을 직접 청취했다. 사단장은 제2연대의 심각한 위기 상황을 확인하고 만약 적이 대규모 공격을 가해온다면 쉽게 방어선이 무너져 적에게 홍천을 탈취당할 수 있다고 판단했다. 홍천이 점령당하면 춘천의 후방이 차단되는 것이므로 사단의 퇴로가 막히는 위기가 발생할 터였다. 그리하여 그는 춘천에 있던 제19연대를 이곳으로 전용해 홍천 전방의 방어를 강화하겠다는 복안을 가지고 춘천의 지휘소로 돌아왔다. 사단장이 이를 제7연대장에게 말했을 때 연대장 임부택 중령은 춘천방어가 심각하게 불안해질 것을 염려하여 내심 불만이었으나, 사단장의 명령은 집행되어야만 했다. 연대장은 제19연대의 2개 중대만은 남겨달라고 건의해 이를 승인받았다. 제19연대 제3대대는 이날 오전 선발대로 철정으로 출발했다.

춘천에서 북한군 제2사단은 27일 아침부터 어떠한 희생이 있더라도 소양교를 건너 춘천에 진입하겠다는 일념으로 공격을 시작했다. 아침 05시경부터 북한군 제2사단은 봉의산 기슭에 포병 화력을 집중해 사격을 함으로써 춘천에서 3일째의 전투가 시작되었다. 약 1시간의 공격준비사격이 시작된 후 북한군 보병들이 전면으로 진출했다. 공격은 자주포를 동반해 소양교를 보병과 함께 정면돌파하여 도강하려는 주공과 가래모기의 모래톱으로 보병대열이 도섭하는 두 방향으로 진행되었다. 국군은 소양교로부터 봉의산 북사면의 동쪽 기슭을 담당하던 제7연대 1대대, 소양교로부터 소양강과 북한강 접점까지 방어하는 제19연대 2개 중대, 그리고 소양교 바로 전면에 배치된 대전차중대, 공병대 등을 배치했다.

처음에 북한군은 자주포들을 강 북쪽(소양강 변)에 방렬한 후 봉의산 북측 사면에 직접 사격함으로써 방어병력을 제압하면서 이 사격의 엄호하에 보병이 소양교를 횡단하는 공격방법을 썼다. 그러나 길이 300m가 되는 소양교를 건너오는 보병의 공격은 소양교 남쪽 대안에서 쏘아대는 국군의 기관총사격으로 말미암아 자살공격이나 다름없었다. 시체가 다리 위의 여기저기에 쌓였다. 한편 가래모기의 도섭장에 몰려든 북한군들은 국군 포병의 사격과 봉의산 기슭에서 박격포와 기관총, 소총으로 사격을 퍼붓는 제19연대 병력들에 의해 수많은 희생자를 냈다. 붉은 핏물이 강물을 붉게 물들일 정도였다.

소양교 주변의 전투는 27일 10시경에 절정에 달했다. 북한군은 보병의 공격이 성과를 나타내지 못하자 강변의 자주포대로 하여금 대안의 대전차포 진지와 중기관총 진지를 집중사격하도록 하고, 자주포 한 문으로 소양교를 직접 건너도록 했다. 연이틀 적 자주포를 파괴했던 심일 소위의 소대를 포함한 송광보 대위의 대전차포중대 포 5문은 소양교를 바로 내려다보는 곳에 진지를 배치했지만 북한군 자주포들로부터 집중사격을 받았다. 소양교 바로 정면에 있던 심일 소위의 제2소대 대전차포 1문이 적 포격에 파괴되고 포반원들이 전사했다. 북한군 자주포는 다리 위에 흩어져 쌓여있는 그들 보병의 시체를 다리 좌우로 밀어내면서 전진했다. 이 자주포에 대해 사격한 국군 57㎜ 대전차포 사격은 효과를 내지 못했다. 측면사격이 아니었기 때문이었을 것이다. 자주포와 이를 후속하던 보병들이 소양교 남단에 도달할 무렵 국군 방어선은 심각하게 위기에 빠졌다. 봉의산 동북쪽에서 공격하던 북한군 병력들도 이날 아침 소양강 상류의 도섭지를 건너 봉의산 기슭으로 근접해왔다. 좀 더 많은 북한군 자주포들과 보병 대열이 소양교 남쪽으로 진출해옴에 따라 국군 제7연대 병사들은 분산 철수해 연대와 사단 본부가 있던 춘천 시내의 석사동으로 모여들었다. 11시 30분에 봉의산 정상의 관측소도 북한군 보병들에 의해 점령당하자 제7연대 병력들은 모두 춘천 시내로 후퇴했다.

이 무렵 석사동에 도착한 임부택 제7연대장은 후퇴하는 부대들의 집결과 춘천시가에서의 차후작전을 생각하고 있었지만, 제6사단장 김종오 대령은 좀 더 많은 사항들을 고려해야 했다. 이날 오전 사단장은 육군본부와 어렵게 연결된 전화통화를 통해 참모차장 김백일 대령으로부터 의정부와 문산 등 서부전선 전 전선이 붕괴되었고 육군본부도 서울에서 철수할 형편이니 춘천의 제6사단은 후퇴해 중앙선을 따라 지연전을 펴라는 내용의 지시를 받았다. 김종오 대령은 홍천 전방 철정에서 제2연대가 위기에 빠져있고, 제7연대도 진지가 돌파된 점을 고려해 춘천에서 시가전을 벌이는 것이 능사가 아니며 사단 철수에 있어 중요점인 홍천 방어에 중점을 두어야 한다는 결심을 굳혔다. 그는 제7연대장에게 춘천에서 철수해 춘천-홍천 사이의 험한 고지대인 원창고개를 차단하고 그 주변을 방어하라는 임무를 부여했다. 임부택 중령은 후퇴한 부대들을 재편성하고 춘천 시내에서 적이 나타날 때까지 철수준비를 하다가, 이날 오후 17시 30분에 철수를 시작하여 20시 50분에 원창고개의 신진지에 도착했다.

춘천에서 이 상황이 발생하고 있을 때 철정 전방에서 국군 제2연대는 27일 아침부터 적으로부터 강한 압박을 받고 있었다. 이날 적과 교전에서 약 2시간 정도 버틸 수 있었지만 적의 포화가 집중되자 연대장 함병선 중령은 부대를 일단 철정 남쪽 2km지점으로 철수시켜 병력을 재정비하고, 다시 성산리 북방까지 철수한 다음 그곳에서 진지를 편성하게 했다. 제2연대는 이때까지 가장 어려운 전투를 수행했으나 다음날 아침 08시경에 제19연대 3대대가 도착해 제2연대를 증원함으로써 심각한 병력 부족을 면할 수 있었다.

6월 28일 아침 일찍부터 홍천 전방의 북한군 제12사단 주력은 성산리 좌측 고지에 배치된 국군 제2연대 병력들에 대해 보병이 우회 공격하면서, 동시에 보병대열의 앞에서 자주포 대대는 도로를 따라 남진해왔다.

그러나 그들의 공격은 국군 제2연대의 역습에 의해 주춤했고, 적은 다시 아침 늦게 전열을 재정비하고 공격을 재개했다.

국군 제2연대와 제19연대 3대대가 배치된 한계리 남쪽 성산리 지역은 서측은 경사가 심한 고지대이고, 우측은 화양강을 향해 급경사의 절벽을 이루는 고갯길로서 현지주민들은 통상 큰말고개라고 불렀다. 이곳의 도로는 매우 꼬불꼬불하게 달리고 있었고, 그런 점에서 적의 '전차'를 매복공격하기에 좋은 지형이었다. 제2연대는 전날부터 대전차포중대 김학두 하사를 중심으로 한 대전차포특공대를 편성해 이곳의 도로 주변에 매복시켜 두었고, 제19연대 제3대대 역시 진지를 편성하면서 도로 주변의 길옆에 조달진 일병을 비롯해 자원한 11명의 대전차특공대가 죽은 시체를 가장해 도로 좌우측에 2개조씩 누워있었다.

적의 공격대열은 이날 11시경 자주포대대 본대가 말고개의 S커브로 된 경사지를 올라오고 있었다. 적의 자주포 대열이 고개길 언덕의 정상 부근에서 느린 속도로 이동하고 있을 때 고개 남쪽에서 국군 제19연대의 대전차포가 불을 뿜었다. 적의 제1번 자주포는 이로 인해 돈좌되었다. 이 자주포가 멈추고 있는 사이에 조달진 일병 외 10명의 대전차특공대는 제1, 2번 자주포에 뛰어 올라 해치를 열고 수류탄을 까 넣었다. 이 공격으로 자주포 대열 전체가 그 자리에 멈추었다. 제2연대 대전차포중대의 김학두 하사와 그 특공대도 후미에 있던 자주포에 뛰어 올라 수류탄으로 공격했다. 이렇게 해서 적 자주포 8대가 좁은 고개 길에서 멈추어 서게 되고 이를 포위하고 있던 국군 장병들은 자주포 승무원들을 사살하거나 포로로 잡고, 자주포 내부를 수색한 다음, 내부에 불을 질렀다. 이 말고개 전투는 국군 제2연대와 제19연대가 협동으로 성취한 최대의 성과였다.

이날 주간 전투의 충격으로 북한군은 몇 시간동안 피해를 수습한 후 밤부터 일부 부대가 성산리의 국군 제2연대를 공격했으나, 제2연대의 역습으로 격퇴되었다. 북한군 제12사단 주력은 29일 아침부터 전면적인 공격작전에 나섰으나 국군 제2연대장은 적절히 지형을 활용해 진지를 전환하고 적의 공격이 있을 때마다 반격을 가하다가 후퇴하는 방법으로 부대를 지휘함으로써 적의 진출을 지연시켰다. 북한군은 이로 인해 6월 30일 18시에야 홍천을 점령할 수 있었다. 이후로도 제12사단은 국군 제2연대의 지연작전으로 시간을 소모해 7월 2일에야 원주를 확보할 수 있었다.

춘천, 홍천에서 상부에 상황보고도 하지 않은 채 지지부진한 작전을 폈던 북한군 제2사단장 이청송과 제12사단장 전우는 그 전투의 실패로 해임되었고, 제2사단장에는 최현이, 제12사단장에는 최충국이 새롭게 임명되었다. 최현은 제2사단장으로 부임하여 제2사단의 작전상의 과오를 조사한 후 그 결과를 종합해 하달한 제2사단의 7월 5일자 명령에서 첫날 춘천 전방에서 자주포가 파괴된 후 자주포 대대장과 사단장이 도주하는 비겁성을 보인 것과, 상부에 대해 작전상황을 제대로 보고하지 않고 허위보고했다는 점을 신랄하게 지적했다.

전투결과를 일별해 볼 때 춘천과 홍천에서 국군 제6사단은 적 2개 사단(예비까지 포함하면 3.5개 사단)을 맞아 훌륭한 방어전투를 수행했다. 제6사단이 자체로 집계한 공식 전과는 적 사살 및 사상 6,792명, 포로 122명과 SU-76 자주포 파괴 18문, 45㎜대전차포 파괴 2문, 박격포 파괴 2문, 중기관총 파괴 15문이었다. 제6사단은 작전기간동안 54명이 전사하였고, 353명이 부상당함으로써 총 인원손실은 407명이었다. 장비는 770정의 소총이 망실되었고, 30문의 2.36인치 로켓포와 2문의 대전차포, 각종 박격포 16문이 파괴 또는 유기되었다.

그러나 제6사단이 집계한 적 인원 손실에 숫자는 과장된 것이 아닌가 한다. 낙동강전투 후 국군의 반격 간에 포로가 된 북한군 제2사단 직속 야전병원 군의관 박원종 총위가 직접 기록한 노트에 근거한 진술에 의하면, 이 전투로 그의 야전병원에 후송된 제2사단 전사자와 중상자 수자는 900여 명 정도였다고 한다. 한편 제12사단 제31연대 소속 포로 김동일 총위에 의하면 그의 연대는 원주에 진출하기까지 약 200명의 손실을 보았다고 한다. 이러한 진술에 입각해 추산한다면 포로를 포함해 북한군 제2군단(제2, 제12사단)은 춘천 · 홍천 전투에서 약 2,000명 정도의 손실을 입었다고 판단된다. 둘 중에 어떤 것을 취하든 국군 제6사단은 인원 · 화력 면에서 월등히 우세한 적을 상대로 적은 손실로 대승을 거둔 것이다.

북한군 제2사단은 예정보다 2일 늦게 춘천을 점령하였고, 제12사단은 3일 늦게 홍천을 점령함으로써, 이천과 수원으로 신속히 진출해 38도선과 수원 사이의 국군주력을 포위하겠는 북한군 지도부의 구상은 틀어졌다. 6월 28일 서울을 내준 국군 철수병력은 한강선에 급히 방어선을 형성했다. 북한군 제2사단은 27일 오후부터 하루 동안 강행군 끝에 양수리 부근에서 1박하고, 29일에는 팔당에 도달해 한강을 도하하고자 했다. 그러나 일부 보병부대들은 도하가 가능했지만 야포와 트럭, 자주포를 도하시킬 도하장비가 전무했다. 이로써 제2사단의 중장비는 여주에서 제15사단이 도하에 성공한 후 그를 후속함으로써 가능했다. 제2사단은 전 사단의 도하가 7월 2일에야 완료되어 이천으로 향할 수 있었다. 제12사단은 6월 30일에야 홍천을 점령할 수 있었고, 원주는 7월 2일에 완전 점령할 수 있었다. 국군은 7월 3~4일 사이에 이미 수원-음성-충주-제천 신리선에서 방어선을 재정비함으로써 물리적으로도 수원 차단은 불가능해졌다.

춘천에서 제6사단의 방어전투는 오랫동안 6 · 25전쟁 초전에 국군 사단들 중 가장 적은 손실로 성공적인 전투를 수행했다는 전술적인 관점에서만 고려되어 왔었다. 그러나 2000년 이후 러시아의 문서 공개에 의해 북한의 작전계획이 알려짐으로써 그 작전적 중요성이 주목받았다. 국군 제6사단의 춘천-홍천 방어전투는 북한군 작전계획의 핵심적 목표달성을 저지한 커다란 성과를 달성했다. 북한군지도부가 서울 점령 이후에 추격을 서두르지 않은 것과 춘천-홍천에서 사단장들의 미숙한 작전 지휘로 인해 시간을 소모함으로써 속전속결에 의해 국군 주력을 괴멸시키고 미군이 개입할 시간을 뺏는다는 전략 의도를 실현하는데 실패했다.

국군 제6사단의 작전 행동을 돌이켜 보면 사단의 성공적 방어전투는 평시의 부대행동과 전쟁 당시의 적시적절한 행동의 복합적 결과라는 점을 느끼게 만든다.

제6사단 전투 참전자들은 춘천 전투에서 사단의 성공이 북한측의 미련한 반복적 정면공격에 그 한 이유가 있지만 사단이 전쟁 발발 전에 교육훈련에 힘을 쏟은 결과라고 이구동성으로 말한다. 다른 사단들에서는 부대 업무 때문에 고등군사반 교육 파견과 같은 임무를 기피하는 경향을 보였던 반면, 제6사단의 지휘관들은 장교들에게 적극적으로 고등군사반 교육을 이수하도록 격려했다. 교육받은 장교들은 군사교육을 마치고 난 후 자신들의 업무 수행에 자신감을 갖고 있었고 훈련에도 열성이었다. 이러한 결과 사단 포병대대장 김성 소령은 북한군보다 훨씬 적은 화포를 가지고 집결된 적에 대한 정확한 포격을 통해 북한군에게 결정적인 타격을 입혔다. 싸움을 알고, 늘상 싸움을 생각하는 자만이 싸움에서 승리할 수 있다.

전시의 혼란에 직면해 부대를 지휘하는 지휘관들이 침착하게 전장 상황을 파악하고 적시적절한 결심을 내린 것도 국군 제6사단의 승리에 기여하였다. 제7연대장 임부택 중령이 6월 26일까지 주진지에서 저항하다가 이날 오후 적의 포격이 심해질 무렵 우두산 방어를 고집하지 않고 소양강 남안 진지로 부대를 후퇴해 소양강을 장애물로 하는 방어를 결정한 것은 적절한 시간에 준비된 방어진지로 자진 철수해 불필요한 희생을 줄이면서 방어의 유리점을 잘 활용한 결정이었다. 사단장 김종오 대령도 비록 부임한지 얼마 되지 않았지만 사단의 전황을 검토하고 육군 전체의 상황을 고려해 예비대 투입과 방어중점 변경을 적절한 때 시행하는 안목을 가졌다. 그는 6월 26일까지는 춘천의 방어에 중점을 두어 화력과 예비대를 춘천 쪽으로 지향했고, 6월 27일부터는 사단 전체의 안위와 육군 전체 작전의 관점에서 홍천 확보로 방어 중점을 돌리는 지휘를 했다.

이러한 지휘관의 적절한 지휘도 부대원들이 부대를 향한 헌신적인 태도와 용감성을 보여주지 않았다면 무용지물이었을 것이다. 사단의 분위기에 결정적 영향을 미쳤던 심일 소위 특공대의 용감한 옥산포에서의 행동을 포함해, 말고개의 김학두 하사 특공대, 조달진 일병이 속한 육탄 11용사 특공대 등의 용감성이 제6사단의 성공에 기여한 중요 요소였다. 이러한 분위기하에서 제2연대, 제7연대는 기회 있을 때마다 반격으로써 적의 공격대열을 교란할 줄 알았다. 이 요소들이 어우러져 제6사단은 춘천-홍천에서 승리하고 "춘천바위"라는 별명을 얻게 된 것이다.

02
개성-문산 전투

일 시 1950. 6. 25. ~ 6. 28.
장 소 개성시 - 경기도 파주시 문산읍 - 서울시 축선
교전부대 국군 제1사단 vs. 북한군 제1, 6사단, 제203전차연대
특 징 개전 초기 북한군의 압도적인 기습공격 중에 실시된 국군 제1사단의 방어작전

1950년 6월 25일 새벽 04시경에 시작된 포격과 함께 38도선 전 정면에서 북한군의 공격이 시작되었다. 개전 당시 서울로 이어지는 중요한 축선의 하나였던 개성-문산 축선에서는 백선엽 대령이 지휘하는 국군 제1사단이 방어 임무를 수행하고 있었다. 제1사단은 제11, 12, 13연대의 3개 연대로 황해도 연백군의 청단에서부터 파주의 적성에 이르는 94km의 광정면을 담당해야하는 어려움 속에서 제12연대를 개성 일대에, 제13연대를 고랑포 일대에 배치하고, 제11연대는 사단 예비대로 사단사령부가 위치한 수색에 주둔하고 있었다. 반면에 정면의 북한군은 제105전차여단 예하의 제203전차연대(T-34전차 40대)의 지원을 받는 제1사단 전체와 제6사단 2개 연대가 개성-문산 축선으로 공격하였다.

철저히 준비된 북한군과 달리 국군 제1사단은 다른 국군 사단들과 유사하게 방어 준비가 미흡했다. 휴가와 외출, 외박으로 인해 병력은 절반 수준인 5,000여명에 불과했으며, 화력지원을 담당할 포병은 1개 대대

뿐이었다. 또한 국군 부대들은 적의 주력인 전차를 저지할 수 있는 대전차 무기들을 제대로 갖추지 못한 상황에서 적의 공격을 받았다.

개전 당일 북한군의 기습적인 공격으로 38도선 상의 국군 제1사단 방어진지는 급속하게 붕괴되기 시작했다. 서해안에서부터 개성 동북방까지 54km를 담당한 좌일선의 제12연대는 강력한 공격력을 앞세운 적의 공격에 무너지고 말았다. 결국 좌측(예성강 서쪽)의 제3대대는 당일 오전 10시경 남쪽으로 철수를 개시하여 오후에 서해를 건너 강화도나 인천으로 철수하였다. 한편 예성강 동쪽의 제2대대와 연대 예비인 제1대대는 송악산을 중심으로 개성을 고수하고자 하였지만, 전방의 진지가 돌파되고 경의선을 복구한 적이 열차를 이용하여 개성 시내로 진입하자 연대 주력은 남으로 이동하여 한강을 건너 김포로 철수할 수밖에 없었다. 이 과정에서 연대장을 비롯한 일부 부대가 임진강을 건너 철수하였으나, 적의 근접 추격으로 인해서 임진강교를 완전히 폭파하지 못하는 실수를 범하기도 했다.

북한군 선제 포격

그러나 사단 방어정면의 우측을 담당한 제13연대는 38도선 방어진지에 대한 적의 강력한 공격을 접하고도 일사분란하게 대처하였으며, 이후 즉시 임진강 남안에 새로운 방어선을 편성하는 등 체계적인 방어작전을 수행하였다. 한편 사단 예비인 제11연대는 적의 남침 소식에 전방으로 출동하여 주방어선인 임진강 남안의 좌측을 방어하였다. 이처럼 국군 제1사단은 개전 당일 제12연대가 붕괴되기는 하였지만, 2개 연대로 당일 오후에 사단의 주방어선인 임진강 남안에서 방어진지를 전개할 수 있었다. 한편 이날 저녁에 육군본부는 육군사관학교 교도대대와 보병학교 교도대대를 제1사단 지역에 증원하여 방어선을 강화하였다.

그런데 임진강의 가여울 지역은 도섭이 가능하였을 뿐만 아니라, 임진강 교량을 완전히 폭파하지 못함으로 인해 적의 전차 도하 공격의 위험이 도사리고 있었다. 결국 25일 야간에 임진강에 도달한 적은 다음 날 새벽부터 전차를 투입하며 공격을 개시하였다. 우측의 국군 제7사단이 덕정부근으로 철수하여 제1사단의 우측방이 노출되었지만, 임진강을 이용하여 적의 공격을 막고자 하였다. 그러나 적의 전차를 막을 방도가 없었던 제11연대는 결국 문산 남쪽의 구릉 지대로 철수하였다. 문산 북방의 적이 후속부대를 기다리며 진격을 멈추자 제11연대는 역습을 실시하여 적을 임진강 북안으로 격퇴하였다. 이러한 문산 부근의 제11연대와 달리 파평산 부근에서 방어하던 제13연대는 적의 보 · 전 협동공격에 후퇴하여 문산의 우측방이 위협받게 되었다. 결국 사단장은 26일 밤을 이용하여 철수하기로 결정하고 19시부로 철수 명령을 하달하였다.

그리하여 제1사단은 증원된 제15연대의 엄호아래 제11, 12연대가 금촌-봉일천 방어선을 점령할 수 있었다. 이곳은 서울 방어를 위한 사단의 최후 방어선이었으며, 방어에 유리한 지형이었다. 사단장은 1번 국도를 중심으로 위전리에 제15연대를, 그 오른쪽인 도내리에 제13연대를 배치하였다. 적은 27일 10시경부터 전차를 선두로 공격을 시작하였다. 제15연대는 57㎜나 2.36인치 무반동총이 효과가 없자 육탄공격을 실시하여 적 전차 6대를 파괴하며 적의 공격을 격퇴하였다. 오른쪽의 제13연대 지역에서는 저녁부터 공격이 시작되었다. 특히 적이 비가 오는 야간에 공격을 실시하여 아군의 방어선을 돌파하면서 최후 방어선이 붕괴되었다. 후방인 봉일천으로 철수한 사단은 재정비를 하면서 최후 방어선 재확보를 위한 반격계획을 수립하였다.

28일 새벽에 한강교가 폭파된 사실을 모른 사단은 28일 08시 반격으로 전환하였다. 좌측의 제15연대는 적과의 별다른 교전 없이 위전리 까지 진출하여 최후 방어선을 다시 확보하였다. 그러나 우측의 제13연대는 적과 공방 중이었으므로 반격작전이 순조롭지 못하였다. 그러던 중 정오 경에 서울 실함을 보고받은 사단장은 반격 작전을 중지하고 사단의 안전한 철수를 고민하지 않을 수 없게 되었다. 급박한 전황의 전개와 통신수단의 불비로 한강교 폭파나 서울 실함의 상황이 제1사단에게 전파되지 못한 것이었다. 철수로가 차단당한 상황에서 제1사단이 철수할 수 있는 유일한 방법은 한강을 도하하여 철수하는 것이었다. 결국 백선엽 사단장은 이산포와 행주나루를 이용하여 철수한 뒤 30일까지 시흥에 집결할 것을 명령하였다. 그러나 사단은 자체적인 도하장비가 없었으며, 이와 같은 우발적인 상황에서의 도하계획도 없었다. 결국 중화기와 중장비를 버리고 개인화기만 휴대한 채로 뗏목이나 민간 어선을 이용하여 개별적으로 도하할 수밖에 없었다.

국군 제1사단은 6월 25일부터 28일까지 약 4일 동안 서울의 서북방 접근로에서 병력과 장비의 열세 속에서 분전하였다. 지형을 활용한 축차적인 방어선을 이용하며 방어하였고 육탄공격으로 적 전차를 파괴하였으며, 필요시에는 반격 작전을 통해 적의 공격을 제한하였다. 실제로 제1사단은 한강을 도하하여 철수하기 직전까지 건제를 유지하며 적과 교전하고 있었다. 이는 기습을 당한 상태에서 적과 초기 전투를 실시하였지만 신속하고 효과적으로 대응했음을 의미한다. 춘천에서 국군 제6사단이 선전하는 동안 제1사단도 서울 북방에서 적의 공격을 저지하고 있었던 것이다.

03

의정부 전투

일 시 1950. 6. 25. ~ 6. 27.
장 소 포천시 - 동두천시 - 의정부 일대
교전부대 국군 제7사단 vs. 북한군 제3, 4사단, 제105 전차연대(-)
특 징 개전 초기 북한군의 압도적인 기습공격과 의정부에 대한 국군의 무리한 반격작전으로 전선이 조기 붕괴된 전투

의정부 전투는 국군 제7사단이 개전 후 2일간 동두천, 포천 그리고 의정부 일대에서 치른 방어전투이다. 개전 당시 북한군의 공격은 서울을 조기에 점령하는 것에 초점이 맞추어졌으며, 이를 위해서 전차부대로 증강된 주공 제1군단을 서부전선에 투입하여 개성-문산, 동두천-의정부, 포천-의정부를 거쳐 서울을 공격하게 하였다. 따라서 적의 주공이 지향된 국군 제7사단 정면에서는 북한군 제3사단이 운천에서 포천으로, 제4사단이 연천에서 동두천방향으로 각각 제109전차연대와 제107전차연대의 북한군 선도 아래 남하를 시작하였다.

한편 의정부 북방의 국군 제7사단은 적성에서 사직리까지 47km의 정면을 방어하고 있었는데, 개전 당일에는 동두천 정면에 제1연대, 포천 정면에 제9연대가 배치되어 있었다. 사단장 유재흥 준장은 적의 공격이 시작되자 즉시 사단의 방어 병력을 주방어선인 포천과 동두천 북방의 주요 고지군에 투입하여 적의 공격을 저지하려 하였다. 하지만 초전

부터 전차와 자주포를 앞세우고 진격하는 적의 공격부대에 밀려 고전할 수밖에 없었다. 특히 제7사단은 개전 당시에 예비연대를 보유하지 않고 작전에 임했는데, 사단 예하의 제3연대는 6월 10일에 육군본부의 명령에 의거하여 수도경비사령부 예하로 소속이 변경되었다. 그 대신 온양의 국군 제2사단 제25연대가 편입되도록 명령이 하달되었으나, 제25연대는 개전 당일까지 아직 도착하지 않은 상태였다.

동두천 방면에서는 제107전차연대의 지원을 받는 북한군 제4사단의 공격에 의해서 아군 38도선 경계부대인 제1연대 제2대대가 3시간 만에 와해되었다. 그러나 제1연대는 휴가 및 외박 등으로 인한 병력 부족, 그리고 성능이 뒤떨어지는 무기 및 장비에도 불구하고 그날 오후까지 동두천을 지켜내는데 성공하였다. 하지만 이후 더욱 격렬해지는 적의 보병 · 전차 · 포병 협동공격에 밀려 동두천을 포기하고 22시경에 덕정으로 철수 하였다.

포천 방면에서는 북한군 제3사단 예하 제7연대가 양문리에서 아군 진지를 돌파하여 포천으로 공격하였고, 다른 연대는 포천과 천주산–서파–퇴계원으로 우회하여 아군의 주력을 포위하고 측방에서 급습하려 하였다. 하지만 이 지역에 배치된 제9연대 제6중대는 악착같이 방어작전을 전개하여 적의 파상공격을 수차례 물리치며 적의 진출을 효과적으로 지연시켰다. 이로 인해서 개전 당일에 양평리–가양리 접근로를 통해서 아군의 측후방을 강타, 포천을 조기에 점령하고 제9연대 주력

의정부로 출동하는 기갑연대(1950. 6. 25)

의 퇴로를 차단하려던 북한군 제3사단의 기도는 좌절되었다. 그 사이에 제9연대장은 의정부에 집결하고 있던 제1, 3대대를 주저항선인 천주산과 가랑산에 추진하여 배치하였으나, 점차 전차부대를 앞세우고 대담하게 진출하는 적의 공격을 막아내지 못하고 마침내 연대의 주력이 17시경에 퇴계원으로 철수할 수밖에 없었다.

이때 육군본부는 적이 서울로 진입하는 것을 조기에 방지하기 위해서 의정부를 반드시 사수하겠다고 결심하고, 증원부대를 이 지역에 집중적으로 투입하였다. 특히 포천이 피탈되자 총참모장 채병덕 소장은 "어떠한 일이 있어도 의정부를 고수해야 한다"는 결의를 굳히고, 재경부대는 물론 긴급히 동원된 후방부대가 서울에 도착하는 대로 의정부에 집중 투입하였다. 또한 그는 6월 26일 01시에 의정부 방어에 고전하고 있는 제7사단 사령부를 방문한 자리에서 반격명령을 하달하였다. 이 명령에 따라 6월 26일 아침부터 제7사단과 수경사 예하 제18연대는 동두천 방향으로, 대전에서 시간대별로 이동하여 도착중인 국군 제2사단은 축석령을 경유하여 포천방면으로 반격할 계획이었다.

개전 초기부터 계속해서 철수와 방어로 이어지는 수세적인 전투만 수행하던 국군 장병들은 역습이 개시되자 활기차고 사기왕성하게 진격을 개시하였다. 그 결과 반격부대의 맨 우측의 혼성부대는 뜻밖에도 적이 거의 없는 가운데 3번 도로를 따라 동두천을 탈환하고, 이어서 소요산 근처까지 진출하였다. 반면에 좌측의 반격부대들은 하비리 부근에서 북한군 기갑부대와 조우하여 교전하였으나 크게 패배하고 곧 후퇴하였다. 이어서 동두천, 덕정, 퇴계원 등 전 정면에서 북한군의 공격이 개시되자, 아군의 역습부대들은 더 이상 공격을 지속하지 못하고 방어로 전환할 수밖에 없었다. 하지만 아군의 급편된 방어진지는 전차를 앞세운 적의 신속한 돌파에 의해서 무기력해지고, 마침내 아군은 6월 26일 오후에는 축석령을 포기하고 금오리까지 철수하였다. 이어서 계속된 적의 공격으로 의정부가 실함될 상황에 처하자, 반격작전이 실패로 끝난 것을 파악한 육군본부는 창동에 새로운 방어선을 형성하기로 하고 많은 전투력 손실을 입고 후퇴하는 부대들에게 철수명령을 하달하였다.

아군의 예비대까지 투입된 의정부 전선이 무너지자 그 영향은 전선 전체에 큰 타격을 미쳤다. 특히 문산 정면에서 적을 저지하고 있던 국군 제1사단은 아직 임진강 방어진을 고수하고 있었는데, 우측의 제7사단이 무너짐에 따라 어쩔 수 없이 철수할 수밖에 없는 상황이었다. 또한 포천 후방의 내촌까지 전진하여 적을 저지하려던 육사 생도대대의 방어선이 타격을 받고 태릉 정면으로 철수하는 등 서울 외곽 방어선이 일시에 무너졌다. 한편 춘천의 제6사단과 동해안의 제8사단도 수도 서울이 함락될 위기에 처하자 전술적 및 심리적인 충격을 받고 전선을 유지하기 위해서 철수할 수 밖에 없었다.

04
한강 방어선 전투

일　　시 1950. 6. 28. ~ 7. 3.
장　　소 한강 일대
교전부대 국군 시흥지구전투사령부 vs. 북한군 제1군단
특　　징 국군이 한강방어선에서 북한군 주력의 진격을 6일 동안이나 지연시켜 유엔군이 참전할 수 있는 시간을 확보한 전투

한강 방어선 전투는 6·25전쟁 초 서울이 실함된 이후 국군 시흥지구전투사령부 예하 3개 혼성사단(제2, 7, 수도사단)이 한강 남안에 방어선을 형성해 북한군 제1군단 예하 보병 3개 사단(제3, 4, 6사단) 및 전차 1개 여단의 공격을 6일 동안이나 방어한 전투다. 6월 28일 새벽에 서울에 진주한 북한군 제1군단은 제105전차여단과 함께 한강 북쪽의 도하지점을 점령하는 한편, 시내의 주요 기관을 장악했다.

북한군은 초기 목표인 서울 점령을 자축하는 분위기 속에서 6월 28일 주간에는 부대 정비로 시간을 보냈고, 그 다음날 밤부터 한강 도하를 모색하였다. 당시 국군 지도부도 한강선을 방어하기 위한 체계적인 대응책을 강구할 경황이 없었다. 다만 적의 주공이 노량진 정면을 돌파해 시흥–안양–수원의 경부국도로 지향되리라는 판단 아래 병력이 수습되는 대로 부대들을 방어선 이곳저곳에 투입하는 등 우왕좌왕하고 있었다.

이러한 상황에서 한강 방어선은 점차 국군이 적을 어떻게 방어하느냐

무너진 한강 인도교

에 따라 국가 존망이 결정될 만큼 중요한 생명선으로 부각됐다. 서울이 실함되기 직전에 총참모장 채병덕 소장은 한강을 연한 방어선에서 북한군을 저지하기로 결심하고, 육군본부를 수원 농업시험장으로 이동해 개설했다. 또한 육군참모학교 교장 김홍일 소장을 시흥지구전투사령관으로 임명해 한강선 방어임무를 부여했다.

김홍일 소장은 즉각 시흥에 사령부를 설치하고 참모부를 구성하는 한편, 혼성 3개 사단으로 부대 편성을 완료한 이후 안양천에서 광진교에 이르는 한강 남안 24km 정면에 대한 방어작전에 임했다. 이때 김홍일 사령관의 방어개념은 한강선을 고수한다는 것이었는데, 그는 미국의 지원군이 조기에 투입될 것으로 예상하고 그들이 가능한 한 북쪽에 전개할 수 있도록 최대한 시간을 확보하는 것이 중요하다고 판단했다. 그러던 중 6월 29일 오전에 미 극동군사령관 맥아더(Douglas MacArthur) 원수가 한강 방어선을 직접 시찰하며 적정을 살폈고, 또한 국군의 굳건한 방어의지를 확인한 이후 이를 바탕으로 즉시 본국에 지상군 투입을 요청했다.

북한군 주력의 도하가 본격적으로 시작된 것은 6월 29일 오후부터였는데, 그날 밤에 흑석동 방면에서 아군 복장으로 위장한 적 1개 중대가 정밀도하를 실시하다가 아군에 의해 격퇴되기도 했다. 6월 30일 새벽에는 서빙고 방면에서 북한군 제3사단 예하 부대의 병력이 20~30명씩 목선을 타거나 헤엄을 쳐 도하를 시도했으나, 이를 발견한 아군이 저지했다. 김포 방면에서 한강을 도하해 김포공항을 지나 점차 동쪽으로 접근하던 북한군 제6사단 예하 부대 일부가 6월 30일에 오류동 일대까지 진격했으나, 아군의 선방에 의해 저지됐다.

북한군 제4사단은 7월 1일부터 마포 방면에서 도하를 시도했으나, 국군 혼성수도사단이 잘 지켜냈다. 특히 영등포 일대에 배치됐던 국군 제8연대와 제18연대의 일부 병력은 7월 3일까지 다섯 차례에 걸친 적의 도하공격을 격퇴하면서 여의도를 굳건하게 사수했다. 그러나 적이 7월 3일부터 수리를 마친 한강철교를 이용해 4대의 전차를 동원해 도하를 시도하자 아군의 방어선이 무너지기 시작했다. 노량진에 진출한 적 전차는 아군 방어선을 돌파한 이후 곧바로 영등포로 진입했다. 이러한 상황을 파악하고 있던 김홍일 사령관은 후일을 기약하고 예하 부대들에게 즉시 안양으로 철수하라는 명령을 하달했다. 전황이 이처럼 급박하게 전개됨에 따라 육군본부도 7월 4일 수원을 포기하고 평택으로 철수했다.

6월 28일부터 7월 3일까지 실시된 한강 방어선 전투에서 국군은 한

북한군 기갑부대 서울 진입

강이라는 천혜의 장애물이 주는 유리한 점을 최대한 활용하여 적의 남진을 지연시켰다. 이 전투는 동해안의 제8사단과 중부전선의 제6사단을 제외한 국군의 거의 모든 부대가 사활을 걸고 싸웠던 절체절명의 방어작전이었으며, 또한 전쟁 승패의 향배를 결정짓는 데에 큰 영향을 미친 작전이었다.

국군 장병들은 초기 전투에서 일방적으로 밀렸던 것과 달리 이 작전을 계기로 적을 저지할 수 있다는 용기와 희망, 그리고 자신감을 회복했다. 또한 시흥전투지구사령부 지휘 아래 실시된 한강 방어선 전투는 예상보다 오랫동안 적을 저지함으로써 미 지상군이 참전할 수 있는 시간과 공간을 확보했고, 더 나아가 유엔군을 편성할 수 있는 계기를 마련했다.

05

죽미령 전투

일　시	1950. 7. 5.
장　소	경기도 오산시 내삼미동(죽미령)
교전부대	미 제24사단 21연대 1대대 (스미스 특수임무 부대) vs. 북한군 제4사단 예하부대, 제107전차연대 예하부대
특　징	6 · 25전쟁에서 미 지상군이 참전한 최초의 전투

6 · 25전쟁에 참전이 결정된 미 제24사단의 선발대로 선정되어 일본에서 부산으로 공수된 스미스 특수임무부대(TF Smith)는 7월 1일 20시경 부산역을 출발하여 7월 2일 08시경 대전에 도착하였다. 이처럼 스미스 부대가 한국전선에 투입됨으로써 6 · 25전쟁의 전개과정에서 한미연합전선이 형성되는 큰 전환점이 되었다. 평택-안성을 중심으로 전개한 미 지상군이 경부국도를 중심으로 한 서부전선을 담당하고, 국군은 경부국도의 동쪽으로부터 동해안을 담당하여 공동으로 작전을 전개하기로 한 것이다. 이는 스미스 특수임무부대가 부산에 도착한 7월 1일에 총참모장 정일권 소장이 미 극동군사령부 전방지휘소장 처치(John J. Church) 준장과의 작전협의에 근거한 것이었다.

7월 5일 새벽 03시경에 죽미령(竹美嶺)에 도착한 스미스 특수임무부대는 우선 급한 대로 병력과 화기를 배치하여 급편방어진지를 구축하였다. 당시 죽미령 인근에는 각각 경부국도와 경부선이 좌측과 우측으로 지나고 있었다. 대대장 스미스(Charles B. Smith) 중령은 도로와 철도 사이의 공간에 병력을 배치하여 도로와 철도를 동시에 감제하면서 방어하려 하였다. 따라서 좌측 도로를 포함한 좌측 능선에 B중대를, 철로 좌측편에 위치한 진지 내 우측 고지에는 C중대를 배치하고, 75㎜ 무반동총 1정씩을 각 중대지역에 배치시키고, 4.2인치 박격포를 B중대 후방 400m 지점에 배치하였다. 52포병대대장 페리(Miller O. Perry) 중령은 보병 진지 후방 2km 지점에 5문의 포를 배치하고, 1문은 6발의 대전차포탄을 주어 포병진지 중간 언덕에 배치하였다.

이처럼 6·25전쟁에 참전한 최초의 미군 지상군이 방어준비에 여념이 없는 사이에, 7월 5일 아침 07시경에 수원 부근에서 북한군 제4사단이 제107 전차연대를 앞세우고 1번 국도를 따라 남진하는 것이 관측되었다. 그런데 미군의 예상과 달리 최신 전차와 장갑차를 앞세운 북한군의 공격은 매우 막강했다. 오전 08시경, 남하하는 8대의 전차가 관측되자 스미스 대대는 포병 사격과 함께 2.36인치 로켓포 공격을 실시하여 적 전차 2대를 멈추게 하였다. 하지만 그 뒤를 이어 총 33대의 전차가 보병 진지를 돌파 후 통과하였다. 이들 전차부대가 스미스 대대의 방어진지를 통과한 지 한 시간이 지났을 무렵, 수원 방향에서 북한군 제4사단 병력이 10km의 행군 대열을 유지하면서 남진하는 것이 관측되었다. 그리고 곧 11시 45분경부터 미군과 북한군 사이의 교전이 시작되었다. 적의 주력부대가 보병 진지 전방 900m까지 접근해 오자 스미스 대대장의 사격 명령으로 야포, 박격포, 기관총 및 소화기 등 각종 사격이 집중되자 적의 도보부대는 산개하였다. 그러나 이어서 적의 선두전차가 200m 전방까지 다가와 미군 진지에 대해서 전차포와 기관총 사격을 가했다. 그 동안에 적 보병부대의 일부가 반월봉에서 북으로 뻗은 능선을 점령하고 지원사격을 하는 동안 주력부대는 죽미령 좌우로 우회하였다.

이처럼 피아 보병들 사이에 전투가 벌어진 지 약 한 시간 정도가 지났을 무렵, B중대와 C중대가 위험에 처하자 스미스 대대장은 철수를 결심하였다. 부대는 포위될 상황에 처했고, 적 전차가 지속적으로 밀고 내려올 경우 보병과 포병의 통신망이 두절될 것이며, 기상마저 불량하여 항공지원도 받기 힘든 상황이었기 때문이었다. 스미스 중령은 할 수 없이 우측에 있던 C중대를 먼저 철수시켰는데, 이 과정에서 B중대 2소대에는 철수 명령이 전달되지 않았으며, 결국 이들은 나중에 철수하다가 큰 인명손실을 입고 말았다.

포병 대대장과 합류한 스미스 중령은 잔류 병력을 이끌고 북한군 전차가 진입했을지도 모르는 평택을 피해 안성을 경유하여 7월 6일 천안에 도착하였다. 철수 명령을 제대로 받지 못한 B중대원은 며칠 후에 오산에 도착하기도 하고, 어떤 병사들은 동해안, 어떤 병사들은 서해안에서 조각배를 타고 부산에 도착하기도 하였다. 이처럼 미(美) 지상군의 선발대로 참전한 스미스 부대의 미군 병사들은 북한군이 "구식 소총으로 무장된 바지부대"가 아니라는 것을 실감하였다. 또한 이들은 북한군이 화력을 집중하고, 능숙한 침투, 양익포위, 후퇴로 차단 등에 익숙한 잘 준비되고 훈련된 군대라는 점에 놀라지 않을 수 없었다.

미 지상군의 선발대로 파견된 스미스 대대가 수행한 죽미령 전투의 결과, 540명의 부대원 중에서 150여 명이 전사하고, 포병대대 소속 장교 5명과 병사 26명이 실종되었다. 또한 다수의 미군 장비가 적에게 탈취되는 등 미군의 피해가 적지 않았다. 한편 북한군 제4사단도 적지 않은 피해를 입어 42명의 전사자와 85명의 부상자가 발생하고, 4대의 전차가 파괴되었다.

6·25전쟁에서 미군과 북한군이 처음으로 교전한 죽미령 전투의 결과는 참전 초기의 미군은 물론 국군에게도 커다란 충격과 실망을 안겨주었다. 한국에 도착한 이후 제대로 전투준비를 위해 전력을 가다듬을 시간도 없이 전선에 투입되었던 미군 병사들은 과연 미군의 전술과 무기로 강력하게 밀고 내려오는 북한군의 공격을 막아낼 수 있을까 하는 의구심을 갖게 되었으며, 결국 이러한 심리적 불안은 참전 초기에 미군

병사들의 사기를 떨어뜨리는 요인으로 작용하였다. 한편 미군의 참전을 계기로 초전의 패배를 만회하고, 머지않아 전황을 역전시킬 수 있을 것으로 기대하던 국군과 한국 국민들은 미군의 패배에 대해서 실망을 감출 수 없었다. 반면에 자신들의 기대했던 것보다 훨씬 빨리 미군이 참전했다는 것을 확인한 북한군은 추가적인 미군의 증원이 이뤄지기 이전에 신속하게 남한 전체를 점령하기 위한 작전을 서두르지 않을 수 없었다.

06
동락리 전투

일 시	1950. 7. 5. ~ 7. 8.
장 소	충청북도 음성군 금왕읍 무극리
교전부대	국군 제6사단 7연대 vs. 북한군 제15사단 48연대
특 징	국군 제6사단이 북한군 선두 공격부대에 대해서 거둔 성공적 매복전이며, 지연전 단계에서 공세적인 행동의 중요성을 알려주는 전례

북한군의 기습 남침으로 6월의 전황이 급박하게 전개되면서 서울을 내준 국군은 7월 초 간신히 한강방어선을 구축하고 적의 전진을 지연시키고자 하였다. 그나마 다행인 것은 춘천을 방어하던 국군 제6사단과 동해안 지역의 제8사단이 건제를 유지하면서 철수하고 있었다는 사실이다.

7월 초부터 본격적으로 시작된 국군의 지연전에서 국군 제6사단은 춘천-홍천 전투 이후 제19연대를 이천지역에, 제2연대를 충주지역에, 그리고 제7연대를 원주-단양 지역에 배치하여 북한군 제2군단의 공격을 막아내고 있었다. 그러나 워낙 넓은 정면을 담당했기 때문에 제6사단이 이 지역 전체에서 적의 공격을 저지하는 것은 거의 불가능하였다. 한편 동해안의 제8사단이 내륙으로 철수하여 원주-제천 지역을 방어할 수 있게 되자, 제7연대는 이천과 충주 사이의 장호원으로 진출하는 북한군 제15사단의 공격을 막기 위해 음성지역으로 이동하여 적과 교전하게 되었다.

사단으로부터 장호원을 확보하고 북한군의 진출을 저지하라는 명령을 접수한 제7연대장 임부택 중령은 7월 5일 아침에 충주를 출발하여 음성과 무극리 일대를 점령하고 장호원을 공격하기 위한 준비를 실시하였다. 음성에서 무극리로 이동하던 제1대대는 13시경 북한군과 조우한 이후 반격을 실시하여 7월 6일에는 무극리를 탈환하고 계속해서 장호원을 공격하려 하였다. 그러나 북한군의 역습으로 무극리 남방으로 철수하여 7월 8일까지 방어선을 유지하며 북한군의 진출을 저지하였다.

한편 음성 북방의 제2대대는 부용산을 점령하여 북한군의 진출로를 통제하고, 제3대대는 동락리에 진출하여 생극으로 공격하고자 하였다. 7월 5일 적과 접촉한 제3대대는 적 정찰대를 격퇴하고 생극으로 조심스럽게 진출하던 중 북한군의 반격으로 동락리 일대에 방어진지를 편성하였다. 그러나 오후 늦게 북한군의 증원부대 투입으로 대대가 포위당할 위험에 처하자, 야음을 이용하여 유천리(음성 동측방) 일대에 진지를 구축하였다. 적과 접촉을 유지하지 않고 너무 멀리 철수 한 것을 알게 된 연대장은 제3대대에게 공격을 명령하여 대대는 03시부터 이동을 개시하여 날이 새기 전 공격 준비를 완료하였다.

이날 밤, 아군이 완전히 철수한 것으로 파악한 북한군 제15사단 예하의 제48연대는 정찰을 소홀이 하면서 동락리를 통과하고 있었다. 대부분 차량 대열로 구성된 북한군은 용원리 방향으로 이동 중이었는데, 먼저 제3대대 제9중대가 적의 첨병 중대와 교전에 들어 갔다. 그러나 북한군 본대는 아군을 소부대 교란 활동으로 파악한 듯 여전히 차량 속에서 대기하고 있었다. 이틈을 이용하여 06시경에 나머지 2개 중대도 적 주력을 측면에서 공격하였다. 그러자 크게 당황한 적은 별다른 저항 없이 뿔뿔이 분산되어 도주하기에 여념이 없었고, 제3대대는 신덕저수지와 그 북쪽으로 추격하여 섬멸적인 타격을 입혔을 뿐 만 아니라 상당수의 장비를 노획하였다.

부용산에서 진지를 점령 중이던 제2대대는 동락초등학교 여교사의 제보로 적 연대 병력이 초등학교에 숙영 중인 사실을 간파하고 있던 중, 7월 7일 새벽에 용원리 방면에서 총성이 들리자 제3대대가 적을 공격 중임을 깨닫고, 부용산 확보의 임무에도 불구하고 절호의 기회를 놓치지 않기 위해서 06시에 동락 초등학교 방향으로 공격하였다. 불의의 기습을 받은 북한군은 대부분 북쪽으로 도주하였으며, 전투 과정에서 대대의 유일한 81㎜ 박격포 1문의 초탄이 전 연대 지휘소가 주둔한 초등학교 교정의 포진지에 명중시키면서 아군의 피해를 최소화 할 수 있었다.

제7연대는 동락리 전투에서 승리하여 북한군 1개 연대에 섬멸적인 타격을 주었으며, 전쟁 초기에 사기가 처졌던 국군에게 값진 승리의 소식을 전할 수 있었다. 이 과정에서 국군 제7연대는 1개 연대분의 장비와 무기를 노획하였을 뿐 만 아니라, 사살 2,000여명, 포로 132명의 전과를 거두었다. 이 결과로 이승만 대통령은 제7연대 전 장병에게 1계급 특진의 영광을 안겨 주었다. 또한 노획한 무기와 장비들은 대부분 소련제여서 소련의 전쟁 지원 사실을 알려주는 물증으로 활용되면서, 일부는 유엔에 보내졌다.

동락리 전투는 지연전 단계에서 공세적인 행동의 중요성을 알려주는 대표적인 사례이다. 기회가 제공되었을 때 이를 적극 활용할 줄 아는 독단활용의 사례인 이 전투에서 제2대대와 제3대대는 사전에 협조된 공격이 아니라 우연하게 동시에 공격을 실시하긴 하였지만, 전개된 상황 속에서 공세적 행동을 통해 적에게 심대한 타격을 주면서 북한군의 진출을 최대한 지연시키는 결과를 가져올 수 있었다.

07
화령장 전투

일　　시 1950. 7. 17. ~ 7. 21.
장　　소 경상북도 상주시 화서면 상곡리 – 화남면 동관리 일대
교전부대 국군 제17연대 vs. 북한군 제15사단 제48, 49연대
특　　징 지연전 수행 중 국군 제17연대가 수행한 두 차례의 성공적인 매복작전

사냥꾼들에게나 군인들에게나 싸움의 가장 이상적인 모습은 피 한방울 흘리지 않고 사냥감을 완전히 사로잡아버리는 것일 것이다. 그들은 적이 빠질 수 있는 함정을 은밀히 설치해놓고 인내심 있게 기다린다. 물론 그렇게 하기 위해서는 적에 대한 정확한 정보를 획득하는 것이 중요하고, 적이 반드시 통과할 수밖에 없는 길목에 그물을 치는 것이 중요하다. 인내심을 가지고 적을 기다리는 것이 요구되며, 진지를 은폐하는 것은 필수적이다. 또한 일시에 적을 타격하기 전까지 엄격하게 사격군기를 유지하는 것도 중요하다.

국군 제17연대는 6 · 25전쟁 내내 위험한 임무는 도맡아 처리하는 '소방수' 역할을 해낸 부대로 유명하다. 제17연대의 용맹성과 명성의 기초가 단단해지는 데는 화령장에서의 승리를 빼놓을 수 없을 것이다. 제17연대는 7월 17일과 21일 두 번에 걸쳐 화령장 주변의 상곡리와 동관리 부근에서 약 3개 대대의 적을 섬멸하는 전과를 올렸다. 이것은 제17연대가 '상승부대'가 되는 출발점이었다.

7월 17일 제17연대장 김희준 중령은 지금까지 소속되었던 제1군단으로부터 배속 해제되어 제2군단 예비로 배속되면서 적의 화령장 방면 진출을 저지하라는 명령을 받았다. 제2군단은 지역주민들과 피난민들로부터 정보를 수집해 적 대부대가 괴산으로부터 상주 방향으로 진출 중이라는 것을 파악할 수 있었다. 제17연대의 선두부대로서 화령장에 먼저 도착한 제1대대장 이관수 소령은 지역주민들과 지서장으로부터 적이 화령장 쪽이 아니라 상주 쪽으로 진출하고 있음을 알고, 이를 매복으로 타격하고자 했다. 대대장은 연대 주력이 도착하기를 기다리기보다는 즉각 매복에 적합한 진지를 구축함으로써 기회를 놓치지 않고자 했다. 대대장의 명령에 따라 제1대대의 3개 중대는 괴산에서 상주로 이어지는 977번 도로를 내려다보는 산기슭에 참호를 팠다. 이 도로와 나란히 이안천이라는 냇물이 흐르고 있었다. 제1대대는 이 도로와 냇물로부터 약 100미터의 거리를 둔 산기슭에 일자로 된 진지선을 마련하고 위장에 힘썼다.

대대원들이 숨죽이고 기다리고 있을 때 북한군 제15사단 제48연대의 선두 행군대열은 7월 17일 16시경에 송계국민학교와 그 부근까지 와서 휴식에 들어가는 한편 식사준비를 하고 있었다. 그들은 주변 수색도 없이 총을 송계국교 운동장에 사총시킨 뒤 일부병력은 낮잠을 자고, 일부는 이안천에서 옷을 벗고 목욕하는 한편, 취사병들은 취사준비에 들어갔다.

390고지의 대대 관측소에서 인내심 있게 이 모든 정황을 주시하고 있던 이관수 소령은 해질 무렵인 19시 30분에 적의 긴장이 가장 풀어진 시점이라고 판단하고, 모든 중대들에게 사격개시 명령을 내렸다. 제1대대 병사들 400여 명은 일제히 소총, 기관총, 박격포 사격을 퍼부었다. 이 사격으로 북한군은 아비규환의 상태에 빠져 이리 뛰고 저리 뛰며 곤경을 모면하고자 했다. 일부 적병들은 냇가에서 옷도 입지 못한 채 사격을 받았다. 이 한 번의 매복 공격으로 제1대대는 적 사살 250명, 포로

30명의 전과를 올렸고, 박격포 20문, 대전차포 7문, 소총 1,200정과 무선장비, 군수품 다수를 노획하는 성과를 얻었다.

다음날 제17연대는 북한군 제15사단장 박성철이 예하 제48연대장에게 보내는 전문을 소지한 북한군 전령을 포로로 생포함으로써 또 한 번 매복 공격할 기회를 잡았다. 7월 18일 괴산 쪽에서 상주로 가는 갈령 고개를 통과하는 북한군 전령 두 명을 생포한 국군은 노획한 적 문서를 통해 적이 전날 전투에 대해 아무것도 모르고 있다는 것과, 북한군 제48연대를 후속해 곧 제49연대가 화령장 북쪽을 통과해 상주로 진출하리라는 것을 알았다. 제17연대 제2대대장 송호림 소령은 화령장 북쪽 동관리와 그 동쪽 산기슭에 또 하나의 매복작전을 위한 그물을 쳤다. 그는 3개 중대를 도로 남쪽에 일렬로 나란히 배치하고 참호를 파도록 했다. 적 포로 생포 후 이틀이 지나도록 적이 나타나지 않자 초조했지만 인내심을 갖고 기다린 보람은 있었다. 마침내 7월 21일 새벽녘에 북한군의 대부대가 행군해오는 것이 목격되었다. 대대장은 21일 새벽 06시 30분에 북한군의 행군대열이 완전히 매복진지 전면에 들어와 있음을 확인한 후 병사들이 초조하게 기다리던 사격명령을 내렸다. 아군의 기습 사격에 적은 혼비백산하여 도망가고자 발버둥 쳤다.

이번에도 전과는 화려했다. 소탕작전 후 확인한 결과 적 사살 356명과 포로 26명을 획득하였고, 노획물은 박격포 16문, 대전차포 2문, 기관총 53정, 소총 186정과 기타 통신장비들이었다. 반면에 아측 손실은 전사 4명, 부상 30명에 불과했다. 두 번의 승리로 제17연대는 북한군 제15사단의 상주 방향으로의 공격을 좌절시켰다.

육군본부는 며칠 전 동락리에서 승리한 제6사단 제7연대에 이어 두 번째로 제17연대장 김희준 중령 이하 전 장병에게 1계급 특진의 영예를 부여했다. 이관수, 송호성 소령의 대담한 작전 구상에 따라 일사분란하게 행동했던 제17연대가 받을만한 트로피였다. 이것은 '무적불패 17연대' 신화의 출발이었다.

08
대전 전투

일 시 1950. 7. 19. ~ 7. 20.
장 소 대전시 일대
교전부대 미군 제24사단 vs. 북한군 제1군단(제3, 4사단, 제105 전차사단)
특 징 사단장이 포로가 되는 등 막대한 피해를 입으면서까지 대전을 사수하려 했던 미 제24사단의 방어전투

서울과 영남, 서울과 호남을 잇는 도로와 철로가 교차되는 요충지인 대전(大田)은 8월 15일까지 부산을 '해방'시켜 '완전한 광복'을 달성하겠다는 북한군이나, 이를 저지하고 대한민국을 지켜야 한다는 한·미군 모두에게 중요한 지역이 아닐 수 없었다. 북한군은 대전을 점령함으로써 대구를 거쳐 부산으로 연결되는 경부축선과 호남으로 우회하여 진주-마산 방향으로 부산을 공격할 수 있는 두 개의 공격축선을 확보할 수 있다고 판단했다. 한편 경부가도에서 중동부 지역을 연해서 형성된 당시의 전선을 유지하기에도 병력이 부족했던 국군과 미군은 전선이 낙동강 서남부 지역으로 확대되어 추가적인 병력소요를 막고, 미 제24사단을 대신하여 전선에 투입되는 미 제1기병사단의 전선투입 자체를 가능하게 하기 위해서라도 대전을 확보해야만 한다고 판단했다. 이러한 의미에서 공격 목적상 대전을 확보해야 할 북한군과 방어 목적상 이를 거부해야 하는 미 제24사단 간에 치러진 대전전투는 군사적으로 매우

중요한 의미를 지니고 있었다.

대전을 탈취하려는 북한군은 서울 점령 이후에 경부 국도를 따라 교대로 공격을 감행한 제3, 4사단과 제105전차 사단, 그리고 제2사단을 투입하여 대전을 세 개의 방향으로 공격하려 했다. 한편 대전을 방어해야 하는 미 제24사단은 천안, 공주 전투에서의 손실로 전의마저 훼손된 제34연대(+) 정도만을 투입할 수 있었다. 미 제24사단장 딘 (William F. Dean) 소장은 죽미령 전투에 이어 천안 전투(제34연대), 전의-조치원 전투(제21연대)와 공주 전투(제34연대)와 대평리 전투(제19연대)에서 많은 피해를 입고 시급하게 재편성이 필요한 상태에 처한 3개 연대를 보유하고 있었으나, 어쩔 수 없이 제34연대에게 대전 방어임무를 부여하게 되었다. 이로써 천안에서의 철수 책임을 물어 연대장 러브리스 (Jay B. Loveless) 대령이 교체되고, 마틴(Robert R. Martin) 대령이 새로운 연대장으로 부임하였으나 곧 전사하자, 새로운 연대장 뷰챔프 (Charles E. Beauchamp) 대령이 지휘를 맡은 제34연대가 막중한 대전 방어 임무를 맡게 된 것이다. 대전의 공격과 방어를 담당한 북한군과 미군의 전투태세와 능력은 이와 같이 달랐다.

공주와 대평리 전투에서의 패배로 금강 방어선이 무너지자, 미 제24사단장은 대전에서 북한군의 전진을 지연시키고 가능하면 이를 확보하기 위하여 제34연대에게 대전 방어임무를 부여하고, 제21연대로 하여금 대전에서 옥천(沃川)에 이르는 퇴로를 확보하도록 지시하였다. 또한 금산(錦山)에서 대전에 이르는 도로상에 사단 수색중대를 배치하고, 대평리 전투에서 막대한 손실을 입은 제19연대는 영동에서 재편성하도록 조치했다. 청주에서 대전에 이르는 접근로와 유성과 논산에서 대전에 이르는 접근로를 제34연대 단독으로 담당한다는 것이 무리라는 것을 잘 알고 있던 사단장은 대전에서 지연전을 수행하다가 진지가 돌파되어 포위되기 전, 7월 19일 쯤에 대전에서 철수한다는 계획을 세웠다.

사단장의 지시에 따라 새로 부임한 제34연대장은 제1대대를 유성

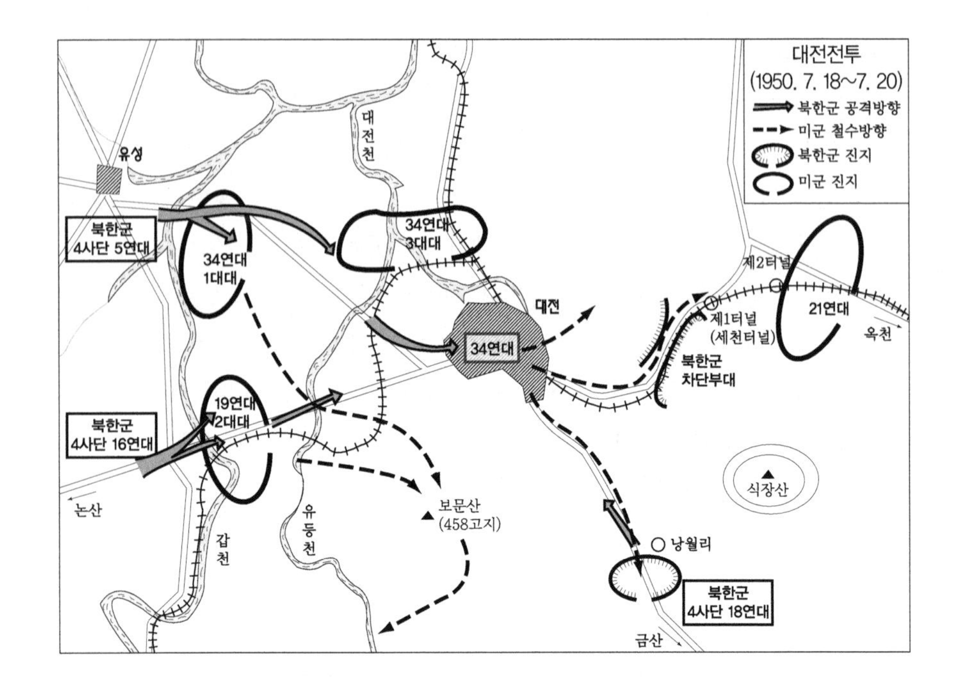

(儒城)쪽 갑천(甲川)에 배치하고 제3대대를 비행장에 예비로 확보했으나, 제3대대 L중대 1개 소대는 논산 방향의 갑천에, I중대(-)는 대전 북쪽 철로 변에 경계부대로 배치하였다. 또한 가용한 포병 4개 포대는 혼성대대로 편성하여 비행장에 배치함으로써 7월 17일 야간까지 대전 방어 편성을 완료했다. 그러나 워낙 넓은 방어 정면에 적은 병력을 배치한 데다가 통신 장비의 부족과 부실로 배치된 부대 간 상호 연락은 물론 상하 간 연락이 제대로 이루어지지 않아 협조된 방어를 할 수 없는 지경이었다. 확보해야 할 지역의 중요성에 비추어 너무나도 빈약한 방어 배치가 아닐 수 없었다.

그러나 미 제24사단장의 대전 방어계획은 미 제8군 사령관의 요구에 의해서 강화되었다. 7월 18일 대전을 방문한 미 제8군사령관 워커(Walton H. Walker) 중장은 미 제24사단장에게 포항에 상륙중인 미 제1기병사단의 영동(永同) 투입을 위해서 7월 20일까지 대전 고수가 필요하다고 지시했다. 이에 딘 소장은 제34연대의 대전 방어를 강화했다. 재편성을 위해서 영동에 있던 제19연대 제2대대와 금산 가도에 배치된 사단 수색중대를 제34연대에 배속시키고, 7월 10일 사단으로 긴급 공수된 3.5인치 로켓포도 연대에 지급하여 북한군 전차를 파괴하도록 조치하고, 사단장 자신도 대전에 남아 제34연대의 작전을 독려하기로 했다. 7월 20일까지 대전을 고수하여 영동에 투입되는 미 제1기병사단의 진지편성 시간을 보장해야 된다는 미 제24사단장의 결의는 단호했다.

한편 대전을 점령하겠다는 북한군의 결의 역시 대단했다. 북한군은 제105전차사단의 전차로 증강된 제3, 4사단과 제2사단을 동시에 투입하여 대전을 삼면에서 공격하려 했다. 그러나 북한군 제2사단이 진천-청주 지역에서 국군 수도사단의 저지로 7월 18일까지 청주에 머무르게 되자, 제105전차사단으로 증강된 제3, 4사단만으로 대전을 공격하기로 했다. 이에 따라 북한군은 제107전차연대가 지원하는 제4사단으로 하여금 유성에서 논산 방향으로 공격, 서남쪽에서 대전을 우회하여 경부국도 남쪽에서 옥천에 이르는 퇴로를 차단하게 하였다. 또한 제203전차연대가 지원하는 제3사단은 유성에서 대전을 공격하면서, 일부 병력을 대전 서북방으로 우회시켜 대전에서 옥천에 이르는 경부국도를 북쪽에서 차단하도록 했다. 이와 같이 북한군은 보병위주의 병력을 대전의 서북쪽과 서남쪽으로 우회시켜 미 제24사단의 퇴로를 차단하면서, 제105전차사단으로 증강된 부대를 대전 시가로 진입시켜 대전을 신속하게 점령하려 했다.

대전 전투는 7월 19일 아침 북한군 야크기의 공중공격으로 시작되었다. 야크기 6대가 옥천 북방 제21연대 지역의 철교를 폭격하여 이를 파괴하고 연대본부와 비행장도 폭격했다. 이 중 2대가 제26대공포대대 A포대의 대공포 사격으로 격추되었고, 옥천 북방의 철교도 곧 복구되었다. 대구와 포항의 미 F-51전폭기가 출격하여 야크기를 몰아내면서 대전의 서쪽과 서남쪽의 북한군 집결지를 폭격하고 대평리 지역에서 남하하는 전차와 야포도 공격했다. 이와 동시에 북한군은 논산 가도에 배치된 수색중대 1개 소대를 공격하고 후방 갑천에 배치된 L중대 1개 소대 진지도 유린했다. 이때 제34연대장은 때마침 도착한 제19연대 제2대대 병력을 논산 가도에 투입하여 상실된 진지를 회복하고 E, F중대를 그 곳에 배치하여 논산가도에서의 위기를 모면했으나, 유성쪽에 배치된 제1대대 지역의 북한군 공격은 심화되었다. 북한군의 공격을 받던 제1대대장은 오후 14시경 북한군의 대규모 공격이 임박했다고 판단하여 19일 저녁에 철수할 것을 건의했으나, 연대장은 진지고수를 지시했다. 이러한 가운데 연대장은 19일 저녁에 금산가도가 차단되고 퇴로인 옥천가도에 북한군이 출현했다는 보고를 접수했으나, 이를 북한군의 후방교란 정도로 판단하고 별다른 조치를 취하지 않았다.

간간히 내리는 소낙비 소리가 밤의 정적을 깼으나, 대전지역에서의 7월 19일 밤은 조용한 가운데 깊어갔다. 그러나 밤 22시에 제1대대장은 대대지휘소 오른쪽에서 전차가 굴러가는 소리를 들었다. 대대장은 수색대를 보냈으나 이들을 영영 돌아오지 않았다. 이에 제1대대장은 연대장을 전화로 연결하여 북한군이 이미 대전 시가를 우회했을 것이라고 말하고 철수를 건의했으나 허사였다. 자정 직전에 대전 남쪽 금산가도에 북한군이 출현했다는 보고를 받은 연대장은 수색소대를 파견하여 이를 확인하려 했다. 7월 20일 새벽 02시에 연대의 퇴로인 옥천가도에서 지프차가 북한군의 공격을 받았다는 소식이 들어왔고, 03시경에는 금산가도를 수색하던 수색대가 북한군의 사격을 받아 진출할 수 없다는 보고가 들어왔다. 조용한 밤에 북한군은 대전을 우회하여 금산과 옥천에 이르는 도로를 완전히 차단하고 있었다. 밤은 조용했으나 북한군은 바쁘게 움직였고, 제34연대장은 이러한 징조의 심각성을 심각하게 생각하지 않았고, 미 제24사단장은 이를 알지 못하고 있었다.

새벽의 어둠을 이용하여 유엔군의 공중공격으로부터 엄호를 받은 북한군은 7월 20일 새벽 03시경 갑천을 건너 도로 양측에 배치되었던 제

34연대 제1대대 진지를 공격하고, 전차를 이용하여 종심 깊은 침투를 감행했다. 제1대대 진지는 몇 시간 만에 붕괴되고 대대장은 이러한 상황만을 보고한 채 병력을 남쪽 제19연대 제2대대가 배치된 지역으로 철수시켜 버렸다. 새벽에 비행장 쪽으로 정찰을 나갔던 제34연대장은 제1대대 진지를 통과해서 진출하는 북한군 전차 한 대를 3.5인치 대전차포조와 같이 파괴하고 제3대대로 하여금 제1대대를 지원하도록 명령했다. 그러나 북한군은 이미 대전에서 금산과 옥천에 이르는 도로를 차단하고 제4사단에 이어 제3사단의 주력을 대전시로 진입시키고 있었다. 전황이 이렇게 악화되고 있는데도 제34연대장은 제1대대가 진지를 지키고 있고, 제3대대의 반격이 제1대대와 제19연대 제2대대 간의 간격을 메워주고 있을 것이라고 판단했다. 통신 장비도 부족한 상태에서 배터리의 수명도 한두 시간 정도인데다 북한군이 통신차량을 획득하여 이를 차단하였기 때문에, 제34연대장과 제24사단장은 이렇게 악화된 전황을 전혀 파악하지 못하고 있었다.

전황은 급전직하(急轉直下)로 더욱 악화되었다. 제3대대장이 실종되었는가 하면(포로가 됨), 비행장은 북한군이 포위했고, 제1대대는 제19연대 제2대대 지역을 통과하여 철수하고 있었으며, 제19연대 제2대대도 무전차령의 고장으로 철수보고도 없이 철수하고 있었다. 예하 부대의 상황을 파악하지 못한 채, 7월 20일 정오경에는 사단장까지도 3.5인치 로켓포조와 더불어 대전 시내에서 전차사냥을 했으나, 대전 시내에 전차가 출현한 사실을 통해서 사태가 심각하다는 점을 파악한 사단장은 연대장에게 어두워지기 전에 철수하라는 지시를 내렸다. 또한 자신도 근처에 위치한 전술항공통제반(TACP: Tactical Air Control Party)로 가서 북한군의 집결지에 항공 공격을 요청했다.

철수지시를 받은 연대장은 제34연대 제3대대, 포병대대, 의무중대, 연대본부, 제19연대 제2대대, 마지막으로 제34연대 제1대대 순으로 철수 제대와 순서를 편성했으나, 제34연대 제1대대와 제19연대 제2대대가 어디에 있는지 조차 모르고 있었다. 철수를 위해서 철수로를 확보해야겠다고 판단한 제34연대장은 대전 동남쪽으로 차를 몰아 제21연대 제1대대 지휘소로 가서 옥천에 위치한 제21연대 본부와 통화를 했다. 옥천에 있던 미 제24사단 부사단장의 지시에 따라 제34연대장은 옥천에 가서 상황을 보고하고, 5대의 전차와 60여명의 병력을 지원받아 제34연대의 퇴로를 개통하기 위하여 반격을 개시했으나, 2시간 동안의 격전 후에 탄약이 고갈되어 이마저 포기하고 말았다. 이로써 북한군이 세천(細川) 터널 앞에서 차단하고 있던 철수로는 철수하는 병력 스스로가 개통하면서 철수해야만 할 지경이 되었다.

전술항공통제반에서 있던 딘 소장은 제34연대본부에 도착하여(7월 20일 17시경) 연대장이 없는 것을 확인하고 부연대장이 지휘하여 철수하도록 지시했다. 지시를 받은 부연대장은 제3대대를 포함한 제34연대 병력을 집결지로 이동시켰으나, 북한군의 박격포 사격이 이를 저지하였다. 이에 딘 소장은 도청 건물의 사단사령부로 가서 대전 북쪽으로 철수하는 길이 있는가를 확인했으나 옥천가도가 유일하다는 사실만 확인하고, 부연대장에게 신속하게 철수하라는 지시를 내렸다. 7월 20일 18시가 조금 지나서 미 제34연대는 철수 길에 올랐다.

그러나 미 제24사단 제34연대와 지원부대는 철수조차 제대로 할 수 없었다. 선두에서 철수를 선도하던 부연대장은 불타는 탄약 트레일러와 넘어진 전신주를 치우기 위하여 차에서 내려 이를 치우는 동안 북한군의 사격을 받았다. 이를 뒤따르던 50여 대 역시 길을 잘못 들어 막다른 골목인 학교 운동장으로 진입하여, 거기에서 북한군의 사격을 받아 대전 북쪽 산으로 들어가 7월 22일까지 후방으로 철수했으나, 상당수는 돌아오지 못했다. 나머지 본대도 불타고 있던 도로 양측의 건물에 배치된 북한군의 사격을 받으면서 차를 바삐 몰아야 했으며, 사단장이 탑승한 지프차는 대전 동남쪽 사거리를 신속하게 통과하느라 옥천으로 좌회전을 하지 못하여 금산가도를 달려 남쪽으로 달려야만 했다. 다른 차들

미 제24사단의 저항선을 뚫고 대전으로 들어오고 있는 북한군 제3사단(1950. 7. 20)

도 이 사거리에서 옥천가도로 좌회전을 못하고 그대로 직진하여 금산가도로 들어선 경우가 많았다. 대전을 장악하고 옥천에 이르는 철수로까지 차단한 북한군 제3, 4사단은 미 제24사단의 철수를 더욱 어렵게 만들었다.

옥천에 이르는 철수로가 차단된 상태에서 미 제24사단 병력은 실로 영웅적인 철수를 감행했다. 한 예로써, 철수 도중 산악으로 오를 수 없던 부상병을 싣고 철수하던 전투 공병대대 소속의 리비(Sgt. George D. Libby)중사가 탄 차량도 북한군 사격을 피할 수 없었다. 리비 중사는 도로 옆 도랑에 엎드려 총알을 피했으나, 나머지 병력은 사살되거나 부상이 깊어진 상태에서 신음하고 있었다. 리비 중사는 철수하는 포병 트랙터(M-5 Artillery Tractor)를 정지시키고 부상병들을 실은 다음, 트랙터 운전병을 자신의 몸으로 감싼 다음 전 속력으로 달리도록 하고, 철수 도중에도 길가의 부상병들을 더 실으면서 이들을 철수시켰다.

그러나 유일한 트랙터 운전병을 몸으로 감싸면서 부상병을 철수시킨 리비 중사는 몸과 팔에 많은 총상을 입고 출혈이 심하여 숨을 거두고 말았다. 자신을 버림으로써 많은 부상병을 안전하게 철수시킨 리비 중사에게 6·25전쟁에서 최초로 미국의 최고 무공훈장인 명예훈장(Medal of Honor)가 수여되었다. 실로 대전에서의 철수는 철수하는 모두에게 영웅적인 행동을 요구하고 있었다.

이러한 면에서, 사단장 딘 소장도 예외가 아니었다. 금산 가도로 들어선 사단장은 길가에서 많은 부상병들을 만났다. 사단장은 자신의 지프차와 포병 트랙터에 이들을 싣고 내려갔다. 그러나 북한군의 사격이 심하여 차를 숨기고 야간에 철수하기로 하고 길가 산으로 올랐다. 부상병들이 물을 찾자, 딘 소장은 자신을 물을 직접 뜨러 갔으나, 밤이라 낭떠러지에 떨어져 의식을 잃고 말았다. 사단장 부관 클라크(Arthur M. Clarke) 중위는 하루 동안 여기저기를 수색했지만 사단장을 찾을 수가 없었다. 할 수 없이 그는 동쪽 산을 넘어 7월 23일 영동에 위치한 미 제1기병사단의 방어진지에 도착했으나, 사단장의 행방은 확인할 수 없었다(의식을 회복한 사단장은 36일 간의 방황 끝에 1950년 8월 25일 전라북도 진안 근방에서 북한군의 포로가 되었음). 미국의 트루먼 대통령은 1951년 1월 9일 딘 소장을 위한 명예훈장을 그의 부인에게 수여했다. 이와 같이 대전 전투는 모든 장병들에게 영웅적인 행동을 요구했다.

퇴로가 차단된 상태에서 철수를 강요당한 미 제24사단 제34연대와 이를 지원한 부대들은 개별적으로 대전을 탈출해야만 했다. 제34연대 제1대대 병력은 북한군의 공격을 받아 흩어진 다음에 논산 쪽으로 철수하여 일부는 국군 트럭을 빌려 타고 내려가다가 기차로 갈아탄 다음에 여수에서 배편으로 7월 25일 부산에 도착하기도 했고, 나머지는 금산을 거쳐 동쪽으로 이동하여 7월 21일과 22일 사이 영동에 도착했다. 미 제34연대를 지원하던 제19연대 제2대대와 사단 수색중대, 공병, 포병 등 지원부대, 후방에서 퇴로를 지키던 제21연대 일부 병력도 각개 단위부대나 개별적으로 철수했다. 퇴로가 확보되지 못한 상태에서의 철수가 얼마나 어려운가를 보여준 전례(戰例)가 아닐 수 없다.

대전 전투를 치른 미 제24사단의 피해는 대단했다. 먼저 사단장이 실종되었고, 대전 전투에 투입된 3,933명 중 1,150명의 인명손실을 입었다. 장비의 손실도 대단하여 북한군이 옥천가도를 완전히 차단하기 전에 철수한 제13포병대대 B포대, 제63포병대대 B포대, 제34연대 I중대를 제외하고는 장비를 거의 버릴 수밖에 없었다. 그리하여 7월 22일 정오, 영동에서 미 제1기병사단에게 전선을 인계한 미 제24사단은 8,660명의 병력만을 집결시킬 수 있었다.

이로써 경부국도 상에서 7월 5일부터 약 17일 간 싸워온 미 제24사단은 실종자 2,400여 명을 포함하여 30% 이상의 병력 손실과 1개 사단을 장비시킬 만큼의 무기와 장비를 잃어버렸다. 전의가 낮은 병사들을 지휘해야 했던 이유로 사단장을 포함한 많은 장교의 손실율도 높았다.

대전 전투는 여러 가지 점에서 많은 문제점과 교훈을 남겨주었다. 전의와 사기가 높지 않은 병사들을 지휘하던 지휘관들은 용감한 전사(戰士)가 어떠해야 하는 가를 몸으로 보여줄 필요가 있어서 직책에 맞지 않는 임무도 수행해야 했고, 이러한 결과 사단장과 연대장이 직접 북한군 전차사냥을 하는 것도 마다하지 않았다. 그러나 모든 장병들이나 군 지휘관은 원래 고유 직책에 따른 임무수행이 전체 작전에 미치는 영향이 더 크다는 것을 알고 이를 위한 모든 노력을 기울여야만 한다는 점이 대전 전투가 가져다 준 가장 큰 교훈일 것이다. 사단 수색중대까지 제34연대에 배속시킨 사단장에게는 사단 전체의 작전과 제34연대의 퇴로 확보를 위한 계획 수립과 이의 보장이 무엇보다도 긴요한 임무였다. 그리고 대전의 통제를 통한 시간의 확보가 반드시 대전 시가지 고수일 필요는 없다는 판단을 내릴 수 있어야만 했으며, 피해를 최소화하면서 대전을 활용하여 시간을 벌 수 있다면 대전 통제를 위한 다른 방책을 모색할 수도 있었다.

자신에게 부여된 고유임무를 철저하게 수행해야 한다는 대전전투의 교훈은 모든 제대의 장병들에게도 똑 같이 적용될 수 있는 명제이다. 모든 제대의 장병은 본분에 충실해야 한다는 말이다. 말을 바꾸어, 나무를 잘 보아야 할 위치에 있는 장병은 나무를 잘 보아야 하고, 숲을 보아야 할 위치에 있는 지휘관은 그렇게 해야 한다는 점이 대전전투가 남겨놓은 전훈(戰訓)이라는 뜻이다.

09

영덕 전투

일　　시 1950. 7. 19. ~ 8. 2.
장　　소 경상북도 영덕군 일대
교전부대 국군 제3사단 vs. 북한군 제5사단
특　　징 유엔군 해군과 공군의 지원에 힘입은 국군 제3사단이 수행한 성공적인 지연작전으로 낙동강 방어선 형성에 기여한 전투

동해안 지역에서는 국군 제8사단이 초기전투 이후 대관령을 통해 내륙으로 철수하면서 무방비로 남아 있다가, 국군 제3사단 제23연대가 북상하여 남진하는 북한군 제5사단의 진격을 저지하기 시작한 7월 10일부터 지연전이 전개되었다. 그 중에서도 영덕 지역에서의 전투는 유엔군의 낙동강 방어선 형성을 가능케 한 중요한 전투였다.

7월 8일 울진에 무혈입성한 북한군은 16일 영해를 점령하고 영덕을 확보하기 위한 준비를 마친 뒤 남진하여 18일 오후에 영덕 북방에 도달하였다. 이미 미 제8군 사령관 워커 중장은 동해안 지역의 전략적 중요성을 인식하고 유엔 해군 및 공군에 지시하여 국군 제3사단을 지원하도록 지시한 바 있었다. 경부가도를 중심으로 한 내륙지역에서의 지연전에 성공한다 하더라도 동해안 지역이 돌파된다면 전반적인 전쟁수행에 막대한 지장을 초래할 수 있었기 때문이었다.

제23연대는 영덕 북방 237고지를 중심으로 방어진지를 구축하고 배

속된 독립 제1대대를 좌측 화림산 일대에 배치하였다. 북한군은 19일 06시부터 공격을 개시하여 19시에 영덕을 점령하였다. 영덕이 실함되자 이를 우려한 워커 중장이 포항을 방문하여 영덕-강구선을 확보하기로 결심하고, 동해안의 해군 함정을 순양함 2척과 구축함 6척으로 증강하여 영일비행장의 미 제40전투비행대대와 함께 국군 제23연대를 지원하도록 하였으며, 제7기병연대의 81㎜ 박격포소대로 하여금 연대를 직접 지원 하도록 하였다.

유엔군 해군과 공군의 지원을 받게 된 제23연대는 20일 반격작전을 개시하여, 21일에는 영덕을 탈환하고 영덕 북방의 화림산-237고지-매정동의 방어선을 확보하였다. 예비 병력이 없던 연대는 전투피로에도 불구하고 방어진지를 강화하고 적의 역습에 대비하였으나, 다음날 새벽에 북한군 일부병력이 아군의 방어진지를 우회하여 후방을 공격하고, 특히 연대지휘소를 급습하면서 지휘체계가 와해되어 부득이 후퇴할 수 밖에 없었다. 이러한 위기 속에서도 연대는 영덕 서쪽의 208고지와 동남방의 207고지 및 181고지 일대에서 병력을 수습하고 방어선을 구축할 수 있었다.

23일 새벽에 영덕을 재점령한 북한군은 여세를 몰아 아군의 방어진지를 향해 계속해서 공격해왔다. 북한군의 야간공격으로 인해 진지를 피탈당한 제23연대는 금호동 일대로 집결하였다. 중요한 방어고지를 피탈당하자 동해안의 함정들이 이 지역에 대해 맹렬히 함포 사격을 실시하여 적의 기세를 약화시켰다. 이후 연대는 예비로 있던 제1대대를 투입하여 25일 06시부터 역습을 실시하고 181고지를 확보할 수 있었다.

한편 24일 오후 늦게 제22연대가 원대복귀하면서 사단의 전투력은 급격히 향상되었다. 사단장 이준식 준장은 제22연대를 이용하여 영덕을 재탈환하고자 하였으나, 북한군의 25일 밤에 181고지를 재점령하자 이 연대를 181고지 역습에 투입하지 않을 수 없었다. 26일 오후에 유엔 해군과 공군의 지원 속에서 실시한 역습은 성공을 거뒀고, 일몰 이전에

207고지와 181고지를 다시 확보 하였다. 이후 방어진지를 강화하고 적의 파상적인 공격을 막아내면서 영덕 탈환을 위한 준비에 들어갔다.

29일에 실시된 역습작전은 역시 긴밀한 합동작전이었다. 유엔군 해군과 공군의 화력지원에 힘입은 국군 제3사단은 06시에 공격을 개시하여 08시에 영덕을 탈환하고, 계속해서 영덕 북방 220고지와 180고지까지 진격하여 방어선을 구축하였다. 이번 역습은 27일과 28일 이틀 동안 실시된 동해안의 함정들의 함포사격과 비행대대의 폭격에 힘입은 바 컸다. 이미 북한군의 병참선이 신장된 상태에서 실시된 함포 사격 및 공중공격이 적의 전투력과 사기를 크게 약화시켰기 때문이다. 이후 영덕을 둘러싼 공방전은 8월 2일까지 계속되었지만, 제3사단은 영덕을 굳건하게 확보할 수 있었다.

영덕 전투는 전략적으로 양측 모두에게 중요한 의미를 갖는다. 만약 북한군이 영덕을 탈취하였다면, 이후 포항 및 부산으로 진격하여 아군의 방어선을 와해하고 결국에는 전쟁 수행능력을 박탈할 수 있었을 것이다. 그러나 영덕에서 2주간이나 지체하면서 북한군 제2군단의 계획은 커다란 차질을 빚을 수밖에 없었다.

반면에 국군은 7월초부터 지연전을 수행하면서 축차적인 방어선을 구축하고 북한군의 진격을 저지하고자 하였다. 이 과정에서 모든 곳이 중요하였지만, 동해안 지역은 특히 포항-부산으로의 직통로라는 점에서 더욱 중요하였다. 국군 제3사단은 지연전을 수행하면서 지속적인 공세행동으로 적의 진출을 저지하고 영덕 지역을 확보함으로서 포항을 안전하게 보호할 수 있었으며, 바로 그러한 측면에서 8월 초에 낙동강 방어선을 형성하는데 결정적으로 기여하였다.

10
하동–진주 전투

일　　시 1950. 7. 26. ~ 7. 31.
장　　소 경상남도 하동군 – 진주시 일대
교전부대 국군 영남지구전투사령부, 미 제24사단 19연대 vs. 북한군 제6사단 예하부대
특　　징 부산을 향한 북한군 우회부대의 공격을 저지하여 서남부 방면에 대한 위기를 해소한 전투

국군과 유엔군의 일원으로 참전한 미군은 경부가도 지역과 중동부 지역에서 북한군의 남진을 저지하기 위한 지연전을 수행하는데 여념이 없었으나, 매번 새로운 상황도 적절하게 대처해야만 했다. 특히 유엔군 사령부는 대전 전투를 마감한 후 북한군 제4, 6사단이 호남지역을 우회하여 낙동강 서남부 지역을 공격하고 있다는 사실을 매우 심각한 전황전개로 보았다. 북한군은 제4사단을 거창–안의 방향으로 진출시켜 대구 측후방을 위협했고, 제6사단을 하동–진주 방향에 투입하여 마산을 점령하고 부산을 공격하려했다.

서남부 지역으로 우회한 북한군의 선두가 안의 및 하동 지역에 도달했다는 보고를 받은 미 제8군사령관 워커 중장은 대전 전투에서 막대한 손실을 입고 김천 지역에 집결하여 정비를 마치고 경산에서 재편성하려던 미 제24사단을 진주로 급파했다. 육군본부도 영남지구 전투사령부를

편성하여 호남지역에서 산발적으로 방어작전을 수행해온 병력을 통합하여 방어 작전을 수행하도록 조치했다.

호남으로 우회하여 하동과 진주 지역으로 진출한 북한군과 이의 진출을 막아야 할 국군과 미군의 전력은 그 강약이 달랐다. 7월 25일 순천에서 주력을 합류시켜 광양을 거쳐 하동으로 진출하고 있던 북한군 제6사단은 10,000명 정도의 병력과 T-34 전차 4대, SU-76 자주포 18문, 122㎜ 유탄포 14문 등 강한 전력을 보유하고 있었다. 그 이유는 개성-문산 지역 전투를 치른 후에 국군이 방어하지 않거나 방어 상태가 미약한 서해안지역과 호남지역을 아무런 저항 없이 통과했기 때문이었다.

이에 비해 7월 25일 영남지구 전투사령관으로 임명된 전임 총참모장 채병덕 소장이 지휘할 병력은 광주의 제5사단, 전주의 제7사단, 그리고 급편된 이응준 부대, 민부대, 김성은 부대(해병대)등 여기저기에 분산된 수 백 명에 불과했다. 또한 참모 역시 병력이 없는 연대장과 두 명의 보좌관이 전부였다. 이 지역의 방어에 투입된 미 제19연대 역시 600여 명의 병력과 35% 정도의 장비만 보유하고 있었고, 미 제29연대 2개 대대 병력은 병력과 장비는 유지하고 있었으나 영점 조준이나 박격포 시험사격도 해보지 못하고 기관총 손질마저 제대로 하지 못한 상태의 전력을 유지하고 있었다. 전진 속에서 단련된 북한군의 공격태세와 병력과 장비조차 제대로 갖추지 못한 국군과 미군의 방어태세는 매우 대조적이었다.

"화염병까지 사용해서라도 북한군을 하동에서 격멸하라"는 지시를 받은 채병덕 소장은 진주의 미 제19연대장에게 하동의 중요성을 설명한 다음, 보좌관 정래혁 중령을 대동하고 7월 26일 하동으로 향했다. 채 소장은 보좌관으로 하여금 현지에서 병력을 수습하여 북한군의 진출을 저지하라고 명령을 내렸다. 이에 따라 보좌관은 300여 명의 병력을 현지에서 수습하여 10여 분간의 사격전을 시행했으나, 곧 12명의 병사만 남게 되어 23시 경 하동을 빠져 나와 진주로 향했다. 하동 확보를 위해서 출동한 제29연대 제3대대장과 하동으로 향하던 채 소장은 보좌관의 분투를 치하하고 진주에 가서 휴식을 취하도록 한 다음, 하동으로 이동하였다. 그는 7월 27일 이른 아침에 전방 중대장이 이동하던 북한군 첨병을 공격하면서 확보하고 있던 하동 동쪽 2km 지점인 '쇠고개' 마루로 단숨에 올라가 하동 탈환작전을 논의했다.

이 때 병사들의 개인호 구축을 독려하던 L중대장은 1개 대대 규모의 병사들이 접근해오는 것을 목격하였으나, 이들이 국군 복장을 입고 있었기 때문에 이를 확인하고자 지근거리까지 사격을 하지 않고 있었다. 이들의 선두가 40m까지 근접하자, 채병덕 소장은 "너희들은 적이냐? 아군이냐?"라고 크게 소리쳤다. 이들의 대답은 소총 사격이었다. 이로써 채병덕 소장은 그 자리에서 전사하고, 미 제29연대 제3대대장과 참모들은 사방으로 흩어졌으며, L중대장은 많은 손실을 입은 채 쇠고개를 포기해야만 했다. 하동에서 북한군의 진격을 저지시킬 수 있다고 판단한 미 제19연대장은 제2대대를 추가로 투입하기도 했으나 소용이 없어 진주 방어를 결심하고, 7월 28일 주력을 진주에 집결시켰다.

국군과 미군의 진주 방어도 쉽지 않았다. 7월 29일 날씨가 개자 유엔공군의 지원 하에 미 제19연대 제2대대는 북한군 차량 25대를 파괴하고 200여 명을 사살하기도 하고, 한국군 민부대 등 1,200여 명도 방어전에 참여하기도 했다. 그러나 한국전 최초로 투입된 미군 M-26 퍼싱(Pershing) 전차 3대가 진주에 도착했지만, 팬벨트가 일제 고품이어서 곧 엔진이 과열되어 주행이 거의 불가능한 상태가 되었다. 또한 7월 28일과 30일 사이에 보충된 신병 775명은 중대 진지에 배치도 되기 전에 전사, 실종되는 경우가 발생하여 공포분위기가 고조되었다. 7월 31일 06시에는 북한군 전차 3대와 자주포 3문이 진주 시내 서쪽에 진출하여 미군에 대해서 사격을 가하고 있었다. 상황이 이렇게 전개되자, 미 제19연대장은 7월 31일 06시 40분 진주에서 철수를 명령했다. 이 날 09시에 진주가 북한군에게 실함되자, 미 제19연대장은 새로이 증원된 미 제25

사단 제27연대장과 마산 방어를 논의했으며, 미 제8군사령관은 낙동강 선으로 전선을 축소하고 상주에 위치한 미 제25사단을 마산 방어작전에 투입하기로 결심하기에 이르렀다.

진주-하동 전투는 전투에 있어서 중과부적 논리의 타당성을 다시 입증해주었으며, 준비된 상태와 급조된 상태에서의 접전 결과가 어떠하다는 것을 말해주었고, 복장이 어떠하던 간에 '전방의 병력은 적으로 간주해야 한다'는 전투수행에 있어서 기초 상식의 체득이 얼마나 중요한 가를 일깨워주는 전례로 남게 되었다.

11
영산 전투

일 시	1950. 8. 5. ~ 8. 19.
장 소	경상남도 창녕군 영산면 – 경상북도 달성군 현풍면 일대
교전부대	미 제24사단 vs. 북한군 4사단
특 징	미 제24사단이 예비대를 효과적으로 활용하여 낙동강 돌출부에 대한 북한군의 영산 점령을 제지한 전투

8월 초에 북한군은 8월 15일까지 부산을 점령하겠다는 목표로 8월 공세를 구상하였다. 이후 북한군 전선사령부는 낙동강 방어선 서남부지역과 경주-포항지역을 공격하여 유엔군의 병력을 분산시킴과 동시에, 대구의 정면과 좌우측을 집중 공격하여 우선 대구를 점령하고, 이후 궁극적으로 부산을 향해 공격한다는 개념 아래 낙동강 방어선 전 지역에 대한 공격을 실시하였다.

대구 서측방 현풍(玄風)에서 낙동강과 남강의 합류 지점인 남지(南旨)까지 37km의 방어 정면은 미 제24사단이 방어하고 있었다. 이 지역은 창녕과 영산지역에서 낙동강이 서쪽으로 크게 돌출되어 흐르고 있어서 낙동강 돌출부지역이라고 불리어졌다. 또한 이곳은 군사적으로 낙동강 서쪽에서 대구의 배후로 진출할 수 있고, 창녕과 영산을 거쳐 대구에서 부산에 이르는 교통의 요지인 밀양(密陽)으로 진출하기 용이한 접근로를 지닌 지역이었다. 따라서 북한군은 이 지역의 낙동강 방어선을 돌파하여 대구의 후방을 위협하고, 밀양으로 진출하여 대구에서 부산에 이르는 보급로를 차단하려 하였다.

낙동강 돌출부지역의 방어를 담당한 미 제24사단은 8월 2일과 3일에 낙동강 서쪽 산제리(山際里) 부근에서의 지연전을 끝으로 낙동강을 도하하여 제34연대를 영산, 제21연대를 창녕, 배속된 국군 제17연대를 현풍지역에 배치하고, 제19연대를 창녕에 예비로 확보하였다. 그러나 당시 제24사단의 전력은 40% 정도에 불과하였고, 넓은 정면을 담당하여 부대간 간격이 4~5km나 되었다. 더구나 미 제24사단은 8월 7일 배속된 국군 제17연대가 대구로 이동함에 따라 사단 수색중대, 공병대대(-), 제78전차대대(-)로 하이저 특수임무부대(TF Hyzer)를 편성하여 현풍지역에 투입해야 했다. 미 제24사단장은 합천 일대에 집결해 있던 북한군이 창녕지역으로 주력을 집중할 것으로 판단하고, 사단 예비인 제19연대를 창녕에 위치시켜 북한군의 도하공격을 저지하려 하였다.

북한군 제4사단은 8월 5일 자정 무렵 낙동강 도하 공격을 개시하였다. 미 제24사단장의 판단과는 달리 북한군 제16연대는 주력을 영산 정면 오항(烏項)나루터로 투입하였고, 일부를 창녕 정면 부곡리(釜谷里)로 투입하였다. 오항으로 공격한 북한군 주력은 전방 방어선을 돌파하고, 클로버 고지를 점령하고 오봉리(吾鳳里) 능선까지 진출함으로써 영산 주보급로를 감제하고 밀양까지 관측할 수 있는 지점을 확보하였다. 낙동강 돌출부지역 방어선이 돌파될 위험성이 현실화되었다.

낙동강 돌출부지역의 상황이 악화되자, 미 제8군사령관은 제8군 예비로 있던 미 제2사단 제9연대를 즉시 이곳에 투입하였다. 미 제2사단 제9연대는 8일 반격을 가했으나 실패하였고, 제9, 34, 19연대와 제21연대 제1대대로 힐 특수임무부대(TF Hill)를 편성하여 8월 11일 아침 공격을 개시하여 돌출부 내의 북한군을 구축하도록 하였으나, 북한군의 선수로 힐 특수임무부대의 공격 계획이 무산되어 미 제24사단장은 방어로 전환하였다.

미 제8군사령관 워커 중장은 미 제1해병여단을 제24사단에 배속하고, 8월 17일 공격을 개시하여 낙동강 돌출부 동안(東岸)에 진출한 북한군을 완전히 몰아내도록 명령하였다. 영산과 밀양 축선으로의 북한군 공격이 매우 위험하다고 판단하고 있던 제8군사령관은 그가 보유한 가장 강력한 예비대인 제1해병여단을 투입하여 낙동강 돌출부에서 북한군을 완전하게 몰아내려 하였다.

하지만 북한군은 미군의 공격이 개시되기 하루 전인 8월 16일 대규모 공격을 가해 왔다. 이 과정에서 미 제9연대가 클로버 고지에서 많은 손실을 입고 철수하였으며, 제19연대와 제34연대도 격전을 치른 후에 오항 고지를 잃었다. 8월 17일, 미 제24사단장은 전 부대에 공격 명령을 하달하고, 오봉리와 클로버 고지 일대에 동시 공격 준비 사격을 실시하였다. 특히 고지 후사면의 참호 속에 있는 북한군을 살상하기 위해 일정 높이의 공중에서 폭발하는 VT신관을 장착한 포탄을 사격하였다. 제9연대와 해병대는 16시에 공격을 개시하여 제9연대는 클로버 고지, 해병대는 오봉리 능선 상 고지를 점령하였다. 이에 북한군은 전차 4대를 동원하여 클로버 고지와 오봉리 사이 도로를 따라 반격해 왔다. 해병대는 즉시 항공 지원을 요청하고 M-26 전차를 전방으로 추진하는 한편 75㎜ 무반동총과 3.5인치 로켓포를 길옆에 배치하였다. 저녁 무렵 제19연대도 포와 항공기의 화력 지원 아래 오항 고지를 탈환하였지만, 제19연대와 제34연대는 많은 피해를 입었다. 주요 고지를 점령한 미 제24사단과 해병대는 8월 18일까지 소탕전을 전개하면서 낙동강에서 합류함으로써 낙동강 돌출부의 북한군을 축출하였다.

영산 전투에서 북한군 제4사단은 대부분의 중장비와 무기를 잃고, 병력도 3,500명 수준으로 감소되었다. 이처럼 북한군 제4사단은 인원과 장비의 손실을 보충하지 못한 채 낙동강 전선에서 이탈하고 말았다. 낙동강 돌출부에서 북한군을 몰아낸 후 미 제8군은 제1해병여단의 제24사단 배속을 해제하고, 창원으로 이동시켜 제8군 예비로 전환시켰다. 이처럼 미 제8군은 마산지역에서 킨 특수임무부대(TF Kean)의 공격을 방어로 전환시키고 낙동강 돌출부에서 위협을 제거하기 위해서 해병을 투입함으로써 창녕과 영산지역에서 낙동강 방어선을 지켜낼 수 있었다.

12

다부동 전투

일　　시 1950. 8. 20. ~ 8. 27.
장　　소 경상북도 칠곡군 왜관읍, 가산면 다부리 일대
교전부대 국군 제1사단, 미 제27연대 vs. 북한군 제1, 3, 15사단
특　　징 다부동 정면에 대한 적의 공격을 저지하여 대구 방면의 위기를 해소한 국군 제1사단의 성공적인 방어전투

김일성은 1950년 8월 15일 광복절까지 부산을 점령하겠다는 원래의 계획을 실현하기 어렵다고 판단하고, 8 · 15를 '대구 점령의 날'로 정하고 북한군을 독려하였다. 북한군은 축소된 저지선에 배치된 국군 제1, 6사단과 왜관 지역을 담당한 미 제1기병사단 정면에서 대규모 공격을 감행했다. 국군 제1사단 좌측 제13연대(연대장 최영희 대령이 15연대로 개칭함)와 북한군 제3사단은 328고지를 빼앗고 빼앗기는 쟁탈전을 계속하고 있었다. 또한 제12연대도 북한군 제15사단이 점령하고 있던 유학산(遊鶴山, 839고지)을 탈취하기 위하여 공격을 반복하고 있었고, 우측 제11연대는 7대의 전차를 앞세운 북한군 제13사단의 공격을 받아 저지진지 후방 3km 지점인 진목동(眞木洞, 다부동 동북방 4km)으로 철수하기에 이르렀다. 이로써 북쪽 신주막(新酒幕)에서 남쪽 진목동에 이르는 도로 양측 고지에서는 북한군이 남쪽에서 북쪽에 위치한 한국군을 공격하는, 공수(攻守)방향이 바뀐 혼전을 거듭하고 있었다.

우측의 국군 제6사단도 좌측의 제7연대가 북한군 제1사단의 공격을 받아 효령(孝令)으로 후퇴하였다가 포병과 항공화력 지원하에 원진지를 회복했으나 혈전을 거듭하고 있었다. 또한 북한군 제8사단의 공격을 받은 제2연대와 제19연대도 막심한 피해를 무릅쓰고 방어선을 지키고 있었다. 왜관 지역을 담당한 미 제1기병사단도 북한군 제3사단과 남쪽 고령(高靈)지역에서 낙동강을 도하한 북한군 제10사단의 공격을 받고 있었다. 미 제1기병사단은 북한군 제10사단과 제3사단의 공격을 격퇴하여 위기를 안정시켰으나, 국군 제1, 6사단은 백병전을 벌이고 있었으며, 특히 제1사단은 수암산 일부와 다부동만을 장악하고 있었다. 이와 같이, 8월 15일을 전후로 대구 북방의 위기는 절정에 달했다.

대구 전선의 위기가 고조되고 대구의 방어가 의문시되자, 맥아더 장군은 미 극동 공군사령관에게 지시하여 대구 정면에 융단폭격(絨緞爆擊, carpet bombing)을 지시했다. 미 제1기병사단장은 왜관 서북쪽지역의 낙동강과 왜관-다부동 사이까지를 포함시킬 것을 건의했으나, 아군의 피해를 우려한 맥아더 사령부는 국군 제1사단 방어정면의 낙동강 서안(西岸) 5.6×12km 지역을 표적으로 선정했다. 미 극동 공군사령부는 1950년 8월 16일 11시 58분부터 12시 24분까지 98대의 B-29를 출격시켜 960톤의 폭탄을 표적지역에 퍼부었다. 북한군 병력이 낙동강을 이미 도하한 후에 실시한 융단폭격의 효과는 확인할 수 없었으나, 북한군 포병과 지원부대에게는 막대한 피해를 입힌 것으로 판단되었다. 항공 근접지원이 더욱 효과적이라고 판단한 미 제8군사령관워커 중장의 건의에 따라 8월 19일로 예정된 2차 융단폭격은 취소되었으나, 1차 융단폭격은 북한군의 사기를 저하시키고 한국군의 사기를 올려놓은 심리적 효과는 대단했다.

막강한 화력지원과 융단폭격으로 인한 피해에도 불구하고 대구를 점령하려는 북한군의 공격은 수그러들지 않았다. 북한군은 제13사단을 투입하여 국군 제1사단이 장악하고 있던 다부동 서쪽을 공격하기 위하여 병력을 집결시키고 있었으며, 제1, 8사단을 군위, 의성축선으로 공격하도록 하면서, 일부 병력을 다부동 동쪽 가산(架山, 902고지)으로 진출시켜 다부동을 포위하려 했다. 그러면서 유학산을 점령하고 있던 제15사단을 의성으로 전환시켜 영천 방향으로 투입시킬 준비를 하고 있었다. 다부동 지역과 더불어 영천 방향에서도 대구를 공격할 계획이었다. 대구를 점령하려는 북한군의 의도는 매우 단호했다.

상황 전개를 주시하고 있던 미 제8군사령부와 한국군은 국군 제1사단만으로 다부동 방어선을 유지하기가 어렵다고 판단한 후에 다부동 지역의 방어력을 보강하는 조치를 취했다. 미 제8군사령관은 군사령부 예비로서 미 제24사단에 배속되어 영산전투를 치르고 8월 16일 경산에 도착한 미 제25사단 제27연대를 8월 17일 다부동 지역에 투입하고, 미 제2사단 제23연대도 예비로 확보했다. 국군도 제8사단 제10연대를 제1사단에 배속시켜 가산에 투입하고, 포항 지역에 투입했던 제7사단 제5연대(민부대)와 독립기갑연대를 제6사단에 배속시켜 가산 지역에 추가로 투입하여 다부동과 가산 지역에서 북한군의 돌파를 저지하려 했다.

이러할 즈음에 위기를 더욱 고조시키는 사태가 발생했다. 북한군 편의대(便衣隊)가 대구역에 박격포탄 몇 발을 쏘아댄 것이다. 이 충격으로 한국정부가 부산으로 이동하고 피난령이 하달되는 등 소란이 일어나기도 했다. 사태는 간신히 수습되었으나, 대구 지역에서의 북한군 위협을 제거해야 한다는 필요성은 더욱 절실해졌다.

한편 다부동 정면에서는 미 제8군의 명령에 따라 미 제27연대가 공격에 가담하도록 계획되어 있었으나, 현 전선의 유지는 국군의 몫이었다. 증원되는 미 제27연대와 병행 공격을 실시하기로 계획한 국군 제1사단은 8월 19일 제11연대와 제13연대로 하여금 역습을 감행했으나, 전선을 돌파하지는 못했다. 국군 제1사단의 좌익 제13연대는 328고지를 간신히 장악하고 있었고, 중앙의 제12연대는 유학산을 공격했으나 탈취하지 못했으며, 우익의 제11연대는 증원된 병력(제8사단 제10연대, 민부대, 기

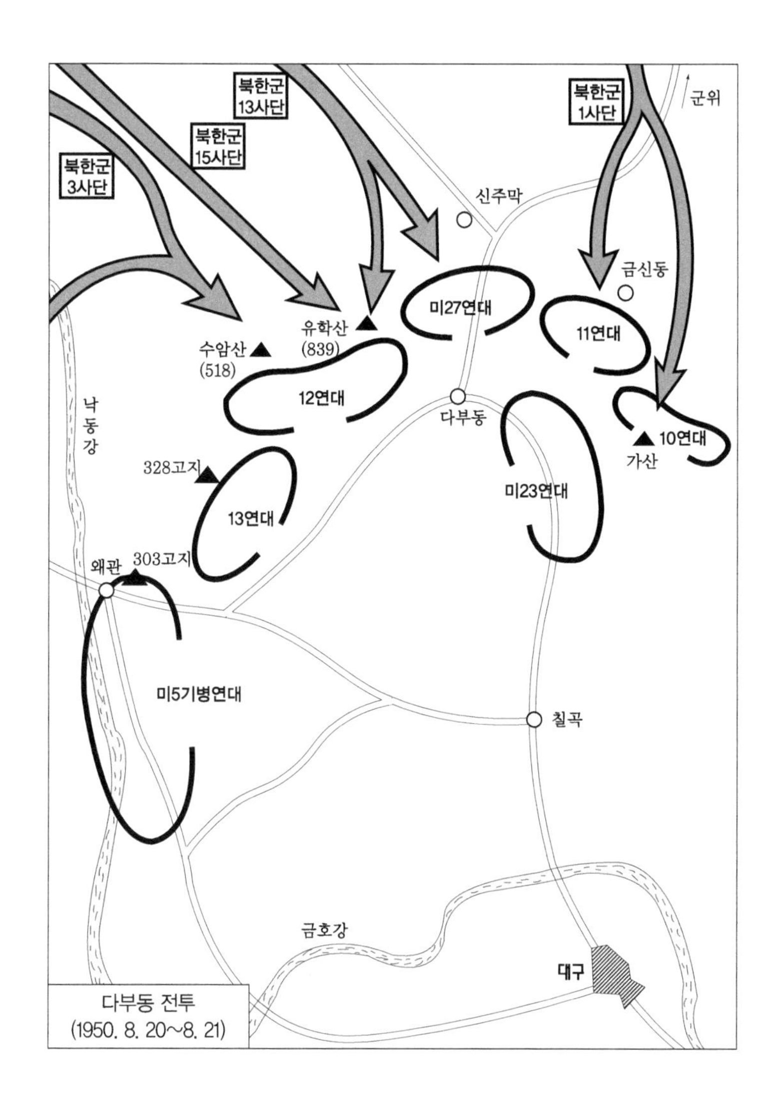

다부동 전투
(1950. 8. 20~8. 21)

갑연대)과 더불어 제6사단과 연결을 유지하고 있었다. 이것도 북한군이 다부동 전선의 돌파가 어렵게 되자 유학산을 장악하고 있던 제15사단을 영천 방향으로 전환시켜 대구를 공격할 의도로 전선을 조정하느라 8월 20일에는 공세를 취하지 않았기 때문에 가능했다. 현 전선이 어느 정도 안정되자, 국군 제1사단장과 미 제27연대장은 진목동에서 신주막에 이르는 도로상에 전차, 양측에는 보병을 투입하여 반격을 실시함으로써 다부동 전선의 원상을 복귀하기로 결정했다.

역습 계획에 따라, 미 제27연대는 전차 중대를 도로상에, 2개 보병대대를 도로 좌우측 낮은 능선에 배치하여 돌격하고, 국군 제1사단은 미 제27연대의 좌우측 고지에서 병행공격하려 했다. 그러나 북한군이 먼저 공격해왔다. 8월 21일 북한군은 박격포와 수류탄으로 공격을 감행했다. 미 제27연대는 공격을 중지하고 방어 태세를 취했다. 이때 미 제27연대의 좌측 능선을 엄호하던 제11연대 제1대대가 북한군에게 고지를 탈환당하고 다부동쪽으로 후퇴한다는 보고가 들어왔다. 미 제8군사령부에서 국군 제1사단장에게 질책의 전화가 날아왔다. 사단장은 현장에 나가 "지금 국가의 운명은 낙동강 방어선에 달려 있고 조국의 흥망은 이 유학산에 걸려 있음으로 이 유학산에서 철수하게 되면 우리 민족의 갈 곳은 어디냐? 이제 사단장이 직접 선두에 서서 나갈 터이니 귀관들은 나의 뒤를 따르라. 만일 사단장이 선두에서 물러선다면 사단장을 쏴다오. 만일 귀관들이 명령 없이 철수한다면 가차 없이 귀관들을 쏘겠다……"라는 피맺힌 훈화를 했다. 이리하여 제11연대 제1대대 장병은 사단장의 진두지휘 하에 굶주리고 지친 몸을 날려 돌격작전 수행 30분 만에 448고지를 탈환했다. 이를 지켜본 미 제27연대장은 백선엽 사단장에게 다가와 미안하다는 말과 함께 "사단장이 직접 돌격에 나서는 것을 보니 한국군은 신병(神兵)이다"고 감탄하면서 전열을 가다듬었다. 북한군의 초기 공격을 무산시킨 셈이다.

북한군은 8월 21일 밤 전차와 자주포를 앞세우고 미 제27연대에 주공, 국군 제11연대에 조공을 지향하여 공격을 해왔다. 북한군은 신주막에서 다부동에 이르는 접근로 양측 능선을 따라 각각 1개 보병대대 규모의 병력을 투입하고 주 도로상에는 보전협동부대로 대규모 공격을 감행했다. 미 제27연대는 방어진지 최전방에 배치된 C중대로부터 북한군의 접근 보고를 받고 즉시 조명탄을 발사하였다. 북한군은 새로 보급된 전차를 앞세우고 미 제27연대를 총공격했다. 미 제27연대는 가용한 포와 전차를 동원하여 5시간에 걸친 북한군의 공격을 격퇴했다. 다부동 접근로의 좁은 골짜기에는 양측의 전차포에서 발사되는 탄환과 포탄으로 5시간 동안 불꽃이 튀기고 굉음이 산야를 진동시켰다. 6 · 25 전쟁 중 최초의 전차전이 전개되었다. 이 광경을 지켜본 F중대 장병들은 북한 전차포 포탄이 발사되어 자신들이 배치되었던 뒷산 바위를 맞히는 것을 보고 볼링장에서의 볼이 핀을 맞추는 것과 같은 소리가 난다는 연상을 하여 이 접전을 '볼링 앨리(Bowling Ally) 전투'라고 부르는 '전장(戰場)의 해학(諧謔)'을 빚어내기도 했다.

그러나 다부동 전투는 북한군의 패배로 막을 내렸다. 미 제8포병대대는 1,661발을 발사했고, 4.2인치 박격포 902발, 81㎜ 박격포 1,200발, 60㎜ 박격포 385발이 불을 뿜었다. 날이 밝은 8월 22일 아침, 미군 정찰대는 진전에서 파괴된 북한군 전차 9대와 자주포 4문, 그리고 여러 대의 차량과 1,300여 구의 북한군 사체를 확인하고 11명의 포로도 획득했다. 이로써 대구를 목표로 다부동으로 공격하던 북한군은 약 75%의 병력이 손실된 채로 진출을 포기하고 철수한 것으로 판단되었다. 이와 같이, 북한군의 다부동 공격은 천평동에서 진목동까지의 4km 직선 계곡 회랑을 '볼링 앨리(Bowling Ally)'라고 부른 미군의 해학을 남긴 채 무위(無爲)로 끝나고 말았다.

1950년 8월 22일, 다부동 전투의 전세는 국군과 미군 쪽으로 기울어졌다. 오전에는 북한군 제13사단 포병연대장 정봉욱 중좌가 귀순해 오고, 그의 진술에 따라 제13사단의 포진지를 유엔 전폭기가 강타하여 이를 무력화시켰다. 국군 제1사단 제12연대가 야간 기습을 감행하여 8차례의 역습 끝에 유학산을 탈환했다. 그리고 사단 후방의 포병진지를 기습하려고 가산 능선을 따라 침투한 북한군도 미 제23연대가 격퇴하였다. 긴박한 낙동강 전선의 상황과 맥아더의 인천상륙작전 구상에 대한 타당성을 검토하기 위하여 전선을 방문했던 미 육군참모총장 콜린스

(J. Lawton Collins) 대장도 낙동강 전선이 안정될 수 있다는 판단을 내리고, 동경 극동 미군 사령부에서 8월 23일 개최된 전략회의에 참석하고 워싱턴으로 돌아갈 수 있게 되었다.

그럼에도 불구하고 다부동 전선은 여전히 불안했다. 8월 22일 밤 북한군은 야간 공격을 해왔고, 23일 북한군 제1사단 병력이 제8사단 제10연대가 지키고 있던 고지(741고지)를 점령했다. 북한군 일부 병력은 가산까지 침투하여 제11연대 지휘소와 포병진지를 공격하기도 했다. 상황이 이렇게 불안해지자, 미 제27연대는 '볼링장 계곡(Bowling Ally)'에서 반격을 실시하여 신주막까지 진출하고, 미 제23연대와 국군 제10연대, 기갑연대는 공격작전을 전개하여 가산일대에 침투한 북한군을 격멸하고 제10연대가 빼앗겼던 고지까지 재탈환했다. 이로써 다부동 동측방의 위협은 완전히 해소되었으며, 국군 제1사단은 8월 24일 당초 "최후 저지선"으로 설정했던 328고지-수암산-유학산-741고지를 잇는 Y선을 회복하고 고지를 연하는 방어선에서 북한군을 내려다보면서 방어에 임할 수 있게 되었다.

대구 북방 다부동 전선이 안정되자, 미 제8군사령관은 미 제23연대는 대구 북방에 위치시켰으나, 8월 25일부로 미 제27연대를 철수시켜 8월 31일에 마산 지역이 투입하였다. 8월 말 미 제2사단 병력 전부가 미국 본토로부터 증원되자, 미 제8군사령관은 미 제23연대를 원대 복귀시키고 미군 방어 정면을 넓히면서 한국군 방어 정면을 좁히는 조치를 취하여 다부동 지역을 미 제1기병사단이 담당하도록 전선을 조정하였다. 이 과정에서 국군 제1사단은 가산에서 신녕-의성 사이 도로까지 12km의 팔공산(八公山) 기슭을 방어하도록 했다. 이에 따라 국군 제1사단은 8월 26일부터 방어진지를 미 제1기병사단에게 인계하면서 수색정찰 활동을 강화했다. 이 기간 중에 제1사단 제12연대 수색중대 1소대장 대리 배성섭 특무상사가 지휘한 11명의 수색정찰대는 8월 27일 새벽 북한군 제13사단 사령부를 급습하여 다수의 병력을 사살하고 북한 군관 2명을 포함

다부동 북부지역 일대에서 화력 지원하는 국군 제1사단 포병의 모습

한 3명의 병사를 포로로 잡아 귀환함으로써 2계급이 특진되는 기록을 세우기도 했다. 이로써 다부동 전선도 안정되고 북한군 8월 공세는 그 기세가 꺾이게 되었다.

대구지역에 위기를 몰아왔던 다부동 전선을 안정시키기 위하여 한국군은 엄청난 희생을 감수해야만 했다. 북한군의 손실은 약 6,000여 명으로 추산되었으나, 국군 제1사단도 장교 56명을 포함하여 2,300여 명이 전사하였다. 국군을 지원한 미 제27연대, 제23연대, 그리고 국군 제10연대가 입은 피해까지 합하면, 아군의 피해도 북한군의 것보다 결코 적지 않았다. 후방에서 소총사격 훈련도 받지 못한 채 투입되는 과정에 있던 학도병(學徒兵)과 위험을 무릅쓰고 탄약 및 보급품을 운반해 주었던 민간인들의 피해까지 합하면 아측의 피해는 실로 컸다. 인명 피해가 너무 많아 육군본부에서 실태조사를 할 정도였고, 진지를 인수하던 미군이 사체(死體)를 치우지 않으면 진지를 인수하지 않겠다고 할 정도였다. 후에 당시 국군 제1사단장을 역임한 노병 백선엽 대장(예비역)은 "살아남은 자의 훈장은 전사자의 희생 앞에서 빛을 잃는다"고 술회하기도 했다. 실로 다부동전투는 피를 튀기는 혈전(血戰)이었다.

다부동전투가 남겨 놓은 전훈(戰訓)은 작전을 지휘하는 지휘관의 결의와 위치가 얼마나 중요한가를 우리에게 가르쳐주고 있다는 점이다. 타다 남은 12척의 배를 가지고 선두에서 150척이 넘는 일본 전함에 돌격하던 명량해전(鳴梁海戰)에서의 이순신(李舜臣) 장군처럼 국군 제1사단장도 굶주림과 피로에 지친 병사들 앞에서 돌격을 실시하여 전선의 균형을 유지했다. 그리하여 국군을 지원한 미 제27연대의 방어와 공격을 가능하고 의미 있게 만들어 주었다. 옆 전우가 살아서 위치를 지켜주어야 자신도 자리를 지킬 수 있듯이, 미군과의 연합작전에서도 국군이 제 자리를 지켜주어야 그 작전이 성공할 수 있다는 전훈을 다부동 전투가 남겨주었으며, 이를 위해서 작전부대 지휘관의 결의와 위치가 얼마나 막중한 비중을 차지하는 가를 느낄 수 있게 해주고 있다.

13

영천 전투

일　　시 1950. 9. 6. ~ 9. 13.
장　　소 경상북도 영천시 일대
교전부대 국군 제8사단 및 증원부대 vs. 북한군 제15사단
특　　징 국군 제2군단이 단독으로 수행한 성공적인 군단급 작전이며, 이를 계기로 낙동강 방어선에서 반격을 위한 발판 마련

"영천을 점령했을 때 승리할 수 있었고, 영천을 상실하자 패배하였다"라고 북한군이 자평(自評)하였을 정도로 낙동강 방어선 전투에서 결정적인 전환점이었던 영천전투는 국군 제2군단 예하 제8사단 및 증원부대들이 보현산을 점령한 이후 영천까지 점령하려던 북한군 제15사단을 1950년 9월 5일부터 13일까지의 공방전을 통해 격퇴하고 영천을 굳건히 확보한 전투였다.

영천은 대구와 포항을 잇는 교통의 중심지이며, 적이 영천을 점령할 경우 국군 제1군단과 제2군단이 분리될 뿐만 아니라, 낙동강 교두보 내의 유일한 동서(東西) 보급로가 차단될 수 있었다. 또한 적이 대구 방면으로 진출하면 왜관과 다부동 일대의 국군과 미군 방어선 후방이 차단됨으로써 낙동강 방어선 전체가 위험에 처하고, 적이 경주 방면으로 진출해 제12사단이 합세할 경우 부산이 위협받을 수 있었다.

8월 공세 이후에 보현산 일대에 대한 국군의 방어태세가 다른 지역에

비해 취약한 점을 간파한 북한군 제2군단은 예하의 제15사단을 죽장-영천 방면으로 투입하여 기습적으로 영천을 점령하는데 성공하였다. 그 결과 육군본부와 미 제8군사령부가 부산으로 이동하는 등 낙동강 방어선 전체가 심각한 위기에 직면한 것이다. 적은 전차 12대를 앞세운 5개 연대 약 12,000여명의 병력과 증강된 화력을 바탕으로 영천을 공격했으며, 이에 맞선 아군은 7개 연대 15,000여명이 분전하였다. 병력면에서는 아군이 다소 우세하였으나 화력 면에서는 적이 월등히 우세하였는데, 아군은 열세한 유엔 공군의 지원으로 화력을 보충할 계획이었다.

이 전투에서 국군 제2군단은 기룡산(騎龍山) 저지선에서 철수한 예하의 제8사단을 영천 동남쪽의 금호강변에 배치하여 영천 지역으로 침공한 북한군 제15사단의 돌파구 확대를 저지하였다. 그리고 제7사단 및 증원된 2개 연대를 투입해 3일 동안의 교전 끝에 영천을 탈환하고, 이어 영천 동북방의 자천과 372고지까지 진출하는데 성공하였다.

실제 영천 시내를 둘러싼 점령전은 9월 6일부터 8일까지 3일간 세 차례의 치열한 공방전으로 전개되었는데, 이 전투들은 북한군 제15사단과 국군 제8사단이 담당하였다. 특히 영천 북쪽에 배치되었던 국군 제21연대는 적 2개 연대의 공격을 저지하는데 성공하고 끝까지 방어진지를 사수하였는데, 이 부대는 차후 전개된 아군의 반격작전에서도 적의 퇴로를 차단하는 등 중요한 역할을 담당하였다. 제19연대 역시 적의 후방부대와 보급로를 차단하는데 성공하였다. 한편 육군본부의 지시에 따라 신속하게 영천으로 이동하여 시내 남쪽에 배치되었던 제5연대와 제10연대는 영천을 통과하여 이동하는 적 선두부대의 진격을 저지하였다. 이로써 아군 부대들은 북쪽 선천리의 제21연대로부터 남쪽 아화리의 제5연대에 이르는 낚시 바늘 모양의 포위망을 형성하는데 성공하였다.

한편 적이 진격을 멈추고 아군의 포위망이 완성되자 9월 10일부터는 아군 부대들이 영천-경주간 도로 남쪽에서부터 반격을 개시하여 불과 4일 만에 구전동-자천동-삼매동 북방-인구동 남쪽을 연결하는 9월 공세 이전의 국군 주저항선까지 진격하였다. 이로 인해 경주 방면의 북한군 제12사단과 의성 방면의 북한군 제8사단은 후방과 측면을 위협받게 되었고, 결과적으로 북한군 제8사단은 진격을 중단할 수밖에 없었다.

8월 공세에서 전투력을 과도하게 소모한 북한군은 제공권과 해상 통제권의 상실로 지상작전에 결정적인 타격을 받았다. 특히 보급추진 능력에 비해 지나치게 신장된 적의 병참선은 유엔군의 항공폭격과 해상봉쇄로 더욱 악화되었고, 그 결과 보급 부진에 시달리던 북한군 부대들은 제대로 전투력을 발휘할 수 없는 상태였다. 영천을 점령한 후 경주 방면으로 진출하려던 북한군 제15사단도 목표 20km 전방인 임포 부근에서 진격을 중단했는데, 그 이유는 추가적인 보급 지원과 병력 증원이 이루어지지 않았기 때문이었다. 한편 전술적인 측면에서도 북한군은 국군 제21연대의 방어정면에 대한 돌파 실패, 영천을 장악하기 위해서는 반드시 확보해야 할 영천 북쪽의 감제고지 방치 등 전술적인 오류를 반복함으로써 국군에게 역습의 빌미를 제공하고 말았다.

5개 연대를 투입해 영천을 점령하고 경주 방면으로 진출하려는 북한군 제2군단에 맞서 싸운 국군 제2군단은 제8사단을 중심으로 5개 연대를 동원하여 효과적이고 즉응적인 방어편성에 성공함으로써 적의 진격을 저지하는데 성공하였다. 또한 북한군의 공격이 저지되자 이를 공세 이전을 위한 절호의 기회로 판단하고 즉시 반격작전으로 전환하는 등 작전 지휘 측면에서도 뛰어난 능력을 보여주었다. 결국 낙동강 방어선에서 국군이 수세에서 공세로 전환하는 전환점이 된 영천전투는 북한군 제15사단이 치명적인 타격을 입고 전선에서 물러나는 계기가 되었을 뿐만 아니라, 국군이 단독으로 전개한 군단급 반격작전이 성공함에 따라 낙동강방어선에서 총반격을 단행할 수 있는 발판을 마련하였다.

14
안강-포항 전투

일　　시 1950. 9. 8. ~ 9. 14.
장　　소 경상북도 포항시 안강읍 일대
교전부대 국군 제3, 수도사단, 미 제24사단 vs. 북한군 제12, 15사단
특　　징 포항, 안강 지역에 대한 적의 압박을 제거한 전투이며, 낙동강 방어선에서 반격의 발판 마련

8월 16일에 포항이 북한군의 수중에 들어가자, 미 제8군사령관은 미 제24사단 책임 하에 이 지역에서 북한군의 위협을 제거하도록 하였다. 이 지역 방어를 책임지게 된 미 제24사단장은 분산된 역습보다 병력을 집결시켜 건실한 방어를 하여 먼저 북한군의 전력을 소모시킨 다음에 역습을 취하는 것이 타당하다고 판단하였다. 이를 바탕으로 병력을 일단 경주에 집결시켜 경주 북방을 방어하도록 하고, 부사단장 데이비드슨 준장에게 제19연대(-1), 제9연대 제3대대, 연대 전차중대, 제3포병대대, 제15포병대대 C포대, 제3전투공병대대 A중대를 주어 특수임무부대를 편성하여 포항의 위기를 해소하도록 하였다. 이로써 국군 수도사단과 미 제24사단 주력이 경주를 방어하고, 데이비드슨 특수임무부대(TF Davidson)와 국군 제3사단이 포항을 탈취하고 영일비행장을 확보하라는 임무를 부여받았다.

한편 북한군 제12사단과 제5사단은 국군 수도사단과 제3사단 정면에

서 공격을 실시하고, 특히 제5사단은 수도사단과 제3사단 사이의 간격으로 주력을 침투시켜 제3사단의 후방을 차단함으로써 이의 철수를 강요하는 형태의 공격을 감행하였다. 북한군 제12사단은 경주를 점령하기 위해 무릉산(武陵山) 능선을 따라 수도사단을 공격하였다. 9월 6일 미명에 무릉산-곤제봉 일대에 대한 북한군의 집중공격으로 수도사단 중앙의 제7사단 제3연대 진지가 돌파되고, 제17연대의 곤제봉도 탈취 당했으며, 우회한 북한군 1개 대대 병력에 의해 증원된 미 제19연대 제3대대 진지도 돌파되었다. 수도사단장은 즉시 기갑연대 제3대대를 투입하여 과감한 역습을 감행하여 제3연대 진지를 탈환하고, 제17연대도 역습을 실시하여 돌파 확대를 저지하고, 미 제19연대 주력이 후방으로 침투한 북한군을 격퇴함으로써 일단 위기를 넘기게 되었다. 이때부터 양측은 안강과 경주에 이르는 도로를 감제할 수 있는 곤제봉 확보를 놓고 치열한 고지 쟁탈전을 벌였다.

국군 제17연대는 곤제봉을 빼앗긴 후에 15회에 걸친 역습을 감행하여 7차례나 이를 뺏고 빼앗기는 처절한 전투를 치렀다. 전투중 대대장과 장교들 대부분이 전사하여 연대장은 연대 내 부사관을 현지에서 임관시켜 투입해야했다. 9월 11일에 연대장은 특공대를 투입하여 북한군 기관총 진지를 무력화시켜 9월 12일 밤에 곤제봉을 탈취하였으나, 특공대원들이 유엔군의 지원 폭격으로 전사하는 비운을 맞기도 하였다. 이러한 어려움에도 불구하고, 수도사단은 안강 남쪽의 주저항선을 회복하였다.

포항을 내놓고 형산강(兄山江) 남쪽에서 방어 진지를 편성하고 있던 국군 제3사단 지역도 위기를 맞고 있었다. 영천으로 원복 명령을 받은 제10연대는 제22연대가 진지를 인수하기 전에 철수함으로써, 북한군 제5사단 병력이 뒤를 이어 이 지역으로 침투하였다. 또한 이 병력들은 수도사단과 제3사단 사이의 간격으로 깊숙하게 진출하여 9월 8일 제3사단 후방에 위치한 운제산(雲梯山)을 점령하였다.

따라서 미 제24사단장은 데이비드슨 특수임무부대를 경주로부터 남쪽으로 우회시켜 9월 10일 영일비행장에 투입하였다. 한편 국군 제1군단장 김백일 준장은 제18연대를 군단 예비로 전환하여 운제산 서남쪽으로 추진시켜 북한군의 경주 진출을 차단하고, 제8사단에 배속되었던 제26연대를 원복시켜 운제산 우측방에 배치하여 영일비행장을 보호하도록 하였다. 또한 9월 10일 제1군단장은 제18연대 제1대대를 투입하여 운제산 북쪽 197고지를 탈환하고, 2대대를 그 북쪽 옥녀봉 서쪽 고지 일대로 진출시켰다. 이때 제3사단 제22연대가 옥녀봉을 탈취함으로써 운제산으로 진출한 북한군 제5사단 병력은 후방이 차단되어 고립된 상태가 되었다.

이러한 상황에서 데이비드슨 특수임무부대는 9월 11일 운제산을 공격하였으나, 북한군의 기관총 사격으로 공격이 여의치 않았다. 9월 12일 데이비드슨 특수임무부대는 항공과 포병 화력을 동원하여 운제산을 불바다로 만들어 놓은 다음에 이를 탈취하였다. 9월 14일에는 제3사단 제23연대가 연일(延日)을 탈환함으로써 북한군 제5사단 병력은 거의 소멸되었고, 전선은 북한군의 9월 공세 이전으로 환원되었다. 이로써 안강·포항지역에서 북한군의 공격 기세는 꺾이고, 전세는 전환점에 이르렀다.

이와 같이 힘든 전투를 치른 후에야, 국군 제1군단 수도사단과 제3사단, 이를 지원한 미 제24사단은 안강 및 포항지역으로 진격하던 북한군 제5, 12사단의 전력을 거의 소멸시키고, 이 지역의 위기를 극복할 수 있었다.

15
인천 상륙-서울 수복 작전

일　　시 1950. 9. 15. ~ 9. 28.
장　　소 인천시 및 서울시 일대
교전부대 미 제10군단 vs. 북한 서해안방어사령부 예하 부대
특　　징 6·25전쟁 초기에 전세를 역전시키는 결정적인 전환점이 되었던 유엔군의 성공적인 상륙작전

서울이 북한군에게 함락된 다음날인 1950년 6월 29일 미 극동군 사령관 맥아더 장군은 일본에서 전용기 바탄(Bataan)호를 타고 수원비행장에 내려 한강변을 시찰했다. 그는 전선을 방문해 전쟁의 실상을 직접 눈으로 확인하고, 이를 바탕으로 차후 미국이 취해야 할 조치를 판단하였다. 여기서 그는 전황이 절박하며, 미 지상군 2개 사단의 파병이 있어야 전세를 역전시킬 수 있다는 결론을 내렸다. 태평양전쟁에서 수많은 상륙작전을 성공시킨 바 있었던 이 노장의 머리에는 또 한 번의 상륙작전 구상이 떠올랐다. 그것은 한 개 사단으로 북한군의 공격을 저지하고 한 개의 사단으로 인천에 상륙하여 적의 배후를 공격한다는 구상이었다. 이것이 인천상륙작전의 최초 착상이었다.

7월 초 맥아더는 미 극동사령부 작전부장 라이트(Edwin K. Wright) 준장을 합동전략작전기획단의 단장으로 임명해 그가 구상한 바를 실현할 수 있는 작전계획을 세우도록 했다. 이 당시에는 이미 미 제24사단

이 한반도에 상륙해 있었고 곧 제25사단의 추가 상륙을 준비 중에 있었기 때문에 맥아더는 이 두 개의 사단으로 북한군의 진격을 저지하는 동안, 일본으로부터 추가적으로 한 개 사단(제1기병사단)을 인천으로 상륙시켜 적의 후방을 차단하여 포위를 달성함으로써 북한 침공군을 괴멸시킨다는 구상을 하고 있었다. 이 계획은 작전 암호명 블루하츠(Operation Bluehearts)로 이름 붙여졌으나, 곧 전선 상황의 악화로 이 계획은 실행이 중단되었다.

그런데 북한 침공군의 규모는 맥아더가 6월말에 판단했던 것보다 훨씬 대규모적인 것임이 밝혀졌으며, 전선에서 그들은 맹렬한 작전능력을 보여주었다. 미 제24사단은 7월 6일에서 8일까지 있었던 평택-천안 전투에서 큰 손실을 입고 물러났고, 중부전선에서 북한의 위협도 예상보다 강력했다. 7월 중순에 미 극동사는 적의 공격부대 규모가 7개 사단과 1개 탱크여단 규모라고 판단하고 전선의 안정을 위해 최초 인천 상륙부대로 구상했던 미 제1기병사단을 포항으로 상륙시켜 미 제24사단을 증원하기로 했다. 미 제1기병사단은 7월 18일과 22일 두 번으로 나누어 포항에 상륙해 김천을 경유 영동으로 이동했다.

상륙작전을 지휘하는 맥아더

이로 인해 블루하츠 계획은 폐기되어야 했지만, 맥아더 장군은 그 기본구상은 유지하면서 상륙작전계획을 발전시켜 갔다. 미 합참이 맥아더가 북한군 후방에 대한 상륙작전을 구상하고 있다는 사실을 감지한 것은 맥아더가 그 용도를 밝히지 않은 채 7월 10일, 15일, 19일 세 차례에 걸쳐 제1해병사단의 한국파견을 요청한 전문을 받으면서부터였다. 맥아더는 이 전문에서 그의 구체적인 계획을 밝히지 않은 채 최소한 9월 10일 이전까지 제1해병사단이 극동에 도착해야 한다고 강조했다. 합참은 처음에는 제1해병사단의 전용이 어렵다는 점을 설명했으나, 거듭되는 맥아더의 요청에 대해 일단 제1해병사단의 전용을 결정한 상태로 7월 22일 전문에서 맥아더에게 왜 해병사단의 파병이 9월 10일까지 급박하게 이루어져야 하는지 그가 구상하고 있는 계획에 관해 보고하도록 했다. 그는 합참에 대해 그의 상륙계획의 개요를 설명했으나, 끝까지 상륙지점에 대해서는 밝히지 않았다.

맥아더의 상륙작전계획은 7월 23일 암호명 '크로마이트(Operation Chromite)'로 명명되었다. 이 시점에 상륙은 9월에 실시하기로 결정되었고, 상륙후보지 3곳에 대한 계획이 수립되었다(인천: 100-B, 군산: 100-C, 주문진: 100-D). 이 세 곳의 후보지 중에서 인천상륙계획이 가장 좋은 결과를 가져올 것으로 평가되었다. 맥아더는 7월말 합참에 9월 중순경 상륙작전을 시행할 예정이며, 북한군 후방에 상륙하여 그들의 병참선을 차단하는 상륙작전만이 적의 공격 기세를 꺾을 수 있는 유일한 방법임을 강조했다.

8월초 극동군사령부 내에서 상륙작전 지점이 인천으로 확정되고 이 사실이 합참에 알려지자, 미 합참에서는 맥아더가 매우 모험적인 작전을 구상하고 있다고 판단했으며, 이 작전에 대한 의구심을 떨칠 수 없었다. 이미 합동전략기획작전단내에서 활동하는 해군측 참모진들은 상륙후보지로서 인천의 지형상 난점을 충분히 검토했다. 그것은 첫째, 인천은 조수간만의 차가 세계에서 두 번째로 큰 6.9m이며 만조시에는 수

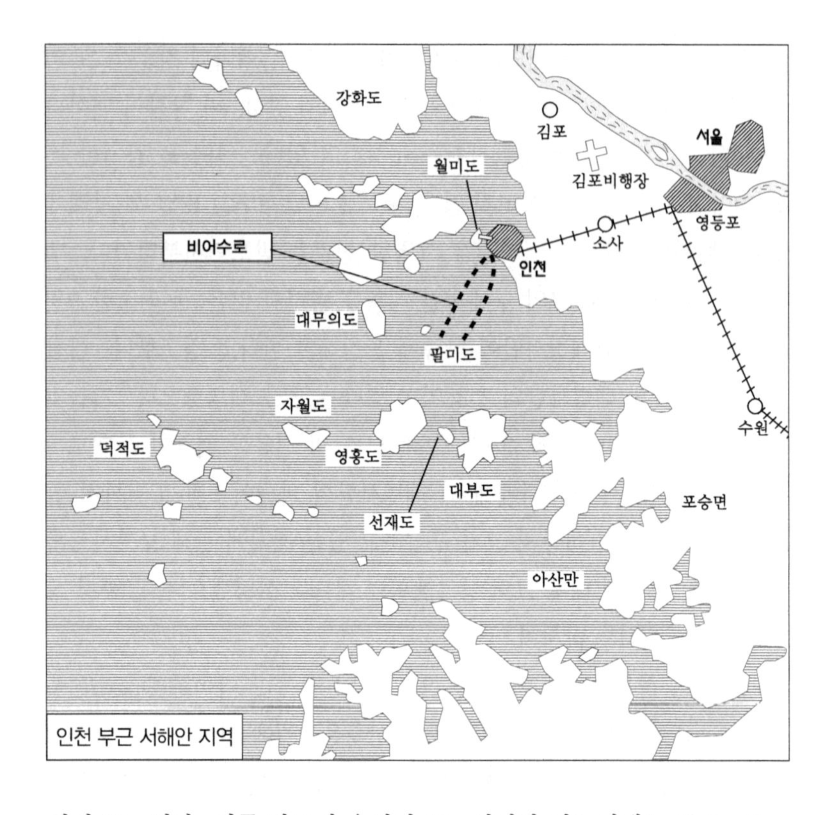

인천 부근 서해안 지역

심이 10m였다. 비록 만조시 수심이 10m이지만 간조시에는 폭 2~6km의 개펄이 드러나며, 최소 수심 7미터를 필요로 하는 상륙주정과 최소 수심 8.8m를 필요로 하는 상륙함(LST)를 사용하여 상륙할 경우 상륙 작업 가능시간은 만조시의 3시간 정도 뿐이라는 점이었다. 둘째, 인천으로의 진입수로는 폭이 1.8~2km이고 수심이 10~18미터 정도인 비어수로(Flying Fish Channel) 한 곳 뿐이며, 이 때문에 만조 시가 아니면 대형 함선의 기동이 불가능하다는 점이었다. 상륙함이 이곳에서 포격을 받거나 설치된 기뢰에 의해 좌초될 경우 해안으로의 접근이 완전히 봉쇄될 우려가 있었다. 셋째, 설사 함정들이 안전하게 인천항까지 접근하는데 성공한다 할지라도 항구 전면에는 월미도가 버티고 있어 불가불(不可不) 작전은 월미도 점령과 인천항 상륙의 두 단계로 이루어질 수밖에 없다는 점이었다. 월미도 점령에 성공하지 못하면 상륙작전 전체가 불가능한 것이나 다름없었다. 넷째, 인천항은 부두가 높이 5~6m의 해벽으로 되어 있어 상륙주정이 접근해도 사다리를 놓고 올라가야만 한다는 점이었다. 해병대는 간조 시에 펼쳐지는 6km의 진흙뻘과 방파제, 상륙 직후 가장 취약한 상태에서 가장 어려운 시가전을 강요당하는 상륙지점의 상태를 들어 반대하였다.

이러한 난점들이 작전계획에 참가한 해군장교들을 통해 해군작전부장과 합참에 알려지게 되었고, 해군작전부장 셔먼(Forrest P. Sherman) 제독과 육군참모총장 콜린스(J. Lawton Collins) 대장은 맥아더의 계획에 대해 반대의견을 갖게 되었다.

맥아더 장군은 이러한 합참의 반대의견을 잠재울 필요가 있었다. 그는 8월 23일 합참을 대표해 도쿄를 방문한 셔먼 제독, 콜린스 장군, 에드워드 중장(공군 대표)에게 상륙작전계획을 브리핑하고 토론을 하기로 했다. 해군측 브리핑 장교는 한 시간에 걸친 브리핑을 마치면서 "작전이 불가능한 것은 아니나, 이를 추천하지 않겠다"고 결론지었다. 이 회의에서 셔먼 제독은 해군측이 우려하는 인천상륙의 위험성을 제시하면서, 인천 대신 아산만 포승면으로의 상륙을 대안으로 제시했다. 육군참모총장 콜린스 장군은 상륙부대가 너무 전선부대에 떨어져 있어 각개격파가 될 우려가 있으므로 군산에 상륙해 전선부대와 연결하는 것이 어떻겠는가라고 군산상륙을 대안으로 제시했다. 맥아더는 이 모든 의견들을 다 들은 후 "인천상륙이 불가능하다고 여러분이 말한 바로 그 주장이 나에게는 바로 기습의 요인이 됩니다. 왜냐하면 적 지휘관 역시 누구도 그러한 시도를 할 정도로 무모하지 않을 것이라고 판단하고 있을 것이기 때문입니다. [중략] 현대전에서 기습은 작전성공의 가장 중요한 요인입니다"라고 말하고 "인천은 결코 실패하지 않을 것이며 10만 명의 희생을 덜어줄 것이다"라고 결론지었다. 맥아더의 극적이고도 논리적인 연설에 설득되어 참석자들은 반대의견을 접었다. 합참은 이 회의 이후 맥아더의 상륙작전 계획을 승인하고 적극 지원했다.

맥아더의 극동사령부는 합참으로부터 상륙작전에 대한 승인을 얻으면서 인천 주변에 대한 보다 정확한 정보를 얻기 위해 노력했다. 제공권을 장악한 상태에서 항공정찰기가 수많은 항공사진을 찍어왔다. 해안상태, 적정에 대한 보다 더 상세한 정보를 입수하기 위해 해군 특수전요원인 클라크(Eugene Clark) 중위와 그에게 통역 겸 고문역할을 하는 한국 정보장교인 계인주 대령, 연정 중령 및 KLO대원들이 한 팀으로 한국 해군이 확보한 바 있었던 영흥도에 상륙하여 현지 청년들을 정보원으로 고용해 인천과 그 주변에 대한 정보를 수집했다. 이들은 9월 1일 영흥도에 상륙해 활동을 개시하고 젊은 청년들을 인천 시가와 서울 지역까지 침투시켜 적정을 수집, 극동군사령부로 타전했다. 클라크 중위의 정보팀을 이용해 인천에 주둔하는 부대들의 규모, 인천항 해안암벽에 대한 자세한 정보를 입수할 수 있었다.

그러나 국군과 미군이 8월 중순부터 시행한 정찰활동은 북한의 신경을 곤두서게 했다. 8월 18일에 PC 702함이 유엔 해군 함대의 지원하에

군함위에서 상륙을 준비하는 장병들

1개 중대 규모의 육전대를 덕적도에 상륙시켜 이를 점령했던 사실, 8월 20일에 한국해군 함정들이 영흥도에 상륙해 23일까지 이를 점령한 후 모종의 활동을 하고 있다는 사실, 그리고 9월초에 유엔군 정보대가 영흥도에서 모종의 활동을 하고 있다는 사실 등은 북한군 수뇌부에게 유엔군이 조만간 상륙작전을 할지도 모른다는 점을 일깨우기에 충분했다. 더구나 북한측은 일본에 있던 첩자들로부터 미군이 일본의 사가미 해안에서 상륙작전 연습을 한다는 첩보도 입수했다. 이러한 첩보를 입수한 김일성은 8월 하순 들어 남북한의 해안 중 미군의 상륙가능성이 높은 지역들을 거명하면서 남북한의 전 해안 지역에 대한 해안방어를 강화하고자 하는 조치를 취했다. 김일성은 8월 29일 한 연설에서 유엔군의 상륙 가능지점으로 인천, 초도, 남포, 안주, 철산, 다사도, 동해안 원산, 함흥, 신포의 아홉 곳을 열거했다. 그는 지금까지 남한 점령지역 후방경계를 책임 맡고 있던 전선지구경비사령관 박훈일 중장(전 내무성 경비국장)을 인천지구경비사령관으로 임명하고 그가 인천지구경비사령부를 편성해 인천에서 장항까지의 서해안 지역 경비를 전담하도록 했다. 다른 지역들은 각 도에 창설한 5개 경비여단들이 해안선과 후방경계를 책임지도록 했다. 박훈일은 인천에 있던 모든 부대들에게 적의 상륙에 대비하여 경계수준을 높이며 방어시설 공사를 9월 15일까지 마치라는 명령을 내렸다. 이 시점에 북한은 남북한 전체 해안의 대상륙대책을 강화하는데 신경을 썼다. 인천은 상륙가능 지점 중 1순위의 장소였다.

하지만 9월초부터 북한군 최고사령관 김일성은 낙동강전선에서 부산 점령을 위한 '최후공세'를 준비하는데 몰두하여 인천상륙의 가능성에 대해서는 관심을 두지 않았다. 중국에서 마오쩌둥(毛澤東)과 저우언라이(周恩來)는 인민해방군 작전총국의 판단에 입각해 유엔군이 조만간 인천 혹은 진남포에 상륙할 가능성이 높으니 이에 대비해야 할 것이라는 의견을 북경을 방문한 북한 상업부상 이상조에게 말하며 그 의견을 김일성에게 전하라고 했다. 그러나 이상조가 귀국하여 김일성에게 이 말을 전했을 때 김일성은 그럴 가능성은 없다고 일축했다. 낙동강전선에 모든 역량을 쏟아 붓느라 인천의 방어공사에 대한 추가적인 자재 지원이나 인원 증원은 없었다.

북한군의 서해안 방어는 인천항에 주둔한 제64해안연대, 그리고 월미도에 1개의 대대 및 포병중대 병력이 있었고, 강화도와 인천-김포해안의 경비를 맡은 제107경비연대, 인천항 남쪽의 서해안 방어를 담당한 제106경비연대 등이었다. 인천항 방면에는 76㎜ 포 7문, 고사포 6문이 있었고, 월미도에는 76㎜ 포 3문, 37미리 포 2문이 배치되었다. 인천지역의 방어진지에는 34개의 토치카가 준비되었으나, 진지공사는 40~50%만 이루어졌다. 해안으로부터 항구에 이르는 접근로에는 26개의 부유기뢰가 설치되었다. 월미도에는 병력이 400명, 인천에는 약 3,000명의 병력이 있었다. 그것은 매우 미약한 방어병력이었다.

맥아더 사령부는 각종 첩보를 종합해 9월초에는 인천에 대한 비교적 정확한 정보를 얻었다. 8월 28일 현재 미 제10군단 정보처는 인천지역에 약 1,000명, 김포비행장에 약 500명, 서울 일원에 약 5,000명의 병력이 있다고 판단했다. 그 후로 획득한 정보에 입각해 9월 4일 극동사령부는 인천지역의 적 방어병력이 1,800~2,500명이라고 판단을 수정했다. 후일 밝혀진 실제와 큰 차이 없이 적 규모를 판단한 것이다. 인천상륙작전 명령에 첨부된 적정 부록에는 월미도와 인천 지역의 적 포 1문의 위치까지 정확히 표시하고 있었다. 맥아더는 9월초에 인천의 방어가 미약한 것에 대해 좀더 상세한 정보를 갖고 있었고, 인천상륙작전의 성공에 대해 확신을 갖을 수 있었다.

인천상륙을 위한 미군의 준비는 매우 규모가 크고, 세심한 것이었다. 병력은 최초 상륙부대로 미 제1해병사단이 지정되고 상륙 이후 미 제7사단이 후속하게 되어있었다. 교두보를 확보한 이후 이 두 사단은 상륙부대 사령관인 제10군단장의 지휘를 받게 되어 있었다. 여기에 국군 제1해병연대, 국군 제17연대가 후속부대로 참가하게 되어있었다. 전투부대의 규모는 5만 명 정도였고, 각종 지원부대를 포함하면 총규모 7만 5천명이었다. 작전에 투입된 함정은 미군을 중심으로 한 유엔군 해군의 전함, 순양함, 구축함, 상륙함, 소해함, 상륙정, 지원함 등을 포함해 약 260척이었다. 상륙군이 보유한 탱크는 500대에 이르렀다.

상륙작전을 지원하기 위해 미 해병 항공대가 상륙부대를 직접 지원하고, 제5공군은 서울로부터 인천, 수원으로부터 인천에 이르는 도로 등 모든 접근로 상의 교량을 파괴함으로써 인천을 고립시키는 임무를 맡았다. 미 공군은 상륙지점을 적이 사전에 눈치채지 못하도록 진남포, 인천, 군산 지역의 항공지원 할당량을 30:40:30으로 배분했다.

상륙단계까지 모든 부대에 대한 지휘는 합동기동부대 사령관인 스트러블 제독이 맡았다. 상륙이후 교두보 확보가 이루어지면 미 제1해병사단장 스미스(Oliver P. Smith)의 지휘하에 들어가며, 후속부대인 제7보병사단이 상륙한 후 전체 지상부대에 대한 지휘는 제10군단장 알몬드(Edward Almond)소장이 맡게 되어 있었다.

상륙작전은 9월 15일 아침과 저녁의 만조시간을 이용해 시작하며, 아침의 만조시간에는 제5해병연대 제3대대가 월미도(Green Beach)를 점령하는 작전을 수행하고, 저녁의 만조시간에는 제5해병연대 본대

월미도에 상륙한 미 제5해병연대 제3대대(1950. 9. 15)

가 인천항 북쪽 해안(Red Beach), 제1해병연대가 주안 염전 지역(Blue Beach)에 상륙하고, 상륙부대가 해안에 교두보를 마련한 뒤에 지원함들은 인원과 물자를 양륙하기 위한 인천부두(Yellow Beach)를 사용하도록 했다. 인천에 대한 상륙작전을 위해 양동작전으로써 전함 미주리호가 상륙작전 전날 동해안의 삼척을 포격하고, 소규모의 침투부대로 9월 12일 군산 해변에 침투했다가 흔적을 남기고 철수하게 했다. 공군은 상륙작전 이전에 상륙지역의 적을 무력화하기 위해 월미도를 포함한 중요 지역에 집중적인 폭격을 하도록 했고, 해군 함정들은 공격 2일전부터 해안에 접근하여 함포와 로켓으로써 해안지대에 대한 포격을 함으로써 적의 저항을 약화시키는 임무를 맡았다.

실제 상륙은 9월 15일 새벽에 시작되었다. 이날 02시 월미도에 상륙할 미 제5해병연대 제3대대는 미 해군 정보장교 클라크와 국군 KLO요

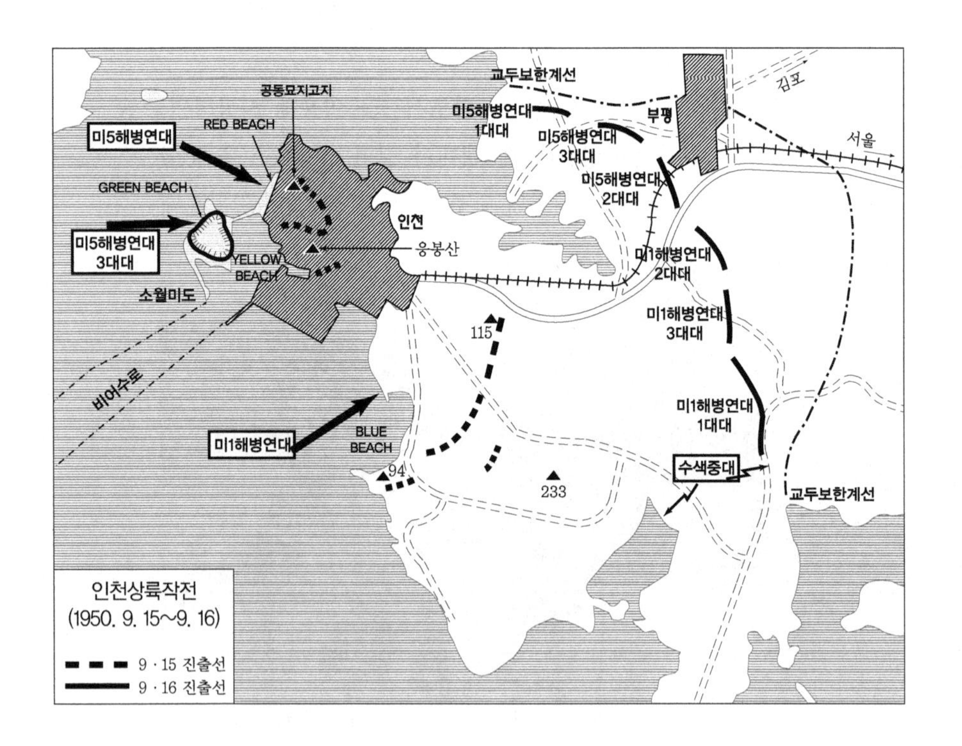

원들이 미리 침투해 밝힌 팔미도(八尾島) 등대불의 인도를 받아 인천수로에 진입했다. 05시에 항모 함재기들이 월미도와 인천에 대한 상륙전 폭격을 시행했다. 상륙부대는 7척의 상륙주정에 옮겨탄 다음 06시 33분에 월미도 해안에 상륙해 섬 내부 소탕에 들어갔다. 이를 후속해 미군 전차 10대가 해안에 상륙하여 작전에 가담했다. 이미 압도적인 공중폭격과 함포사격으로 쑥밭이 되어 있던 월미도에서 북한군 병사들은 전의를 잃고 대부분 투항했다. 그러나 지하 참호에 숨어 저항하는 자들에 대해서는 불도저전차가 그 입구를 흙으로 덮어버렸다. 월미도 점령은 성공적으로 이루어졌다.

상륙부대의 제2파는 이날 16시 45분에 상륙주정에 옮겨탄 후 해상 공격개시선을 통과해 목표를 향해 돌진했다. 상륙주정들이 움직이는 동안 로켓포와 항공기의 폭격이 해안지대에 가해짐으로써 상륙부대는 엄호를 받았다. 17시 32분과 33분에 제1해병연대와 제5해병연대 본대는 각각 목표해안에 상륙했다. 양 연대는 북한군의 약한 저항을 받았으나 큰 손실없이 해안 상륙에 성공했다. 상륙 첫날밤까지 13,000명이 상륙했고, 많은 보급품의 양륙이 이루어졌다. 전투 간 미 제1해병사단은 전사 21명, 실종 1명, 부상 174명을 냈고, 300여 명의 북한군 병사를 포로로 잡았다. 이렇게 미미한 손실로 인천해안에 상륙한 것은 대성공이었다.

인천상륙작전은 완벽한 기습이었다. 당시 북한의 소련 군사고문단장이었던 바실리예프 장군은 훗날 다음과 같이 회고했다.

> …우리는 미국인들의 전술을 잘 알고 있었다. 부산을 방어하고 있던 미군이 다른 공격을 준비하고 있으리란 사실을 짐작은 했지만 정확한 시간과 장소, 그리고 공격부대 규모를 알 수는 없었다.
>
> …신속한 인천상륙작전은 전혀 예상치 못하고 있었다. 대규모의 해군부대가 상륙하였던 것이다. 그 결과 남쪽 주둔[낙동강 전선] 병력에 대한 통제력에 문제가 발생하게 되었다. [평양에서] 서울과의 통신은 아직 유지되고 있던 상태였지만 그곳에서의 소식은 점점 처참한 것이었다…

인천에 있던 북한군 병력들은 어마어마한 규모의 공중폭격, 함포사격이 이루어지는 가운데 오케스트라와 같이 펼쳐지는 대규모 상륙작전에 넋을 잃었다. 북한은 9월 13일부터 미군 함정들 여러 척이 인천 전방 해상에 나타나 함포사격을 퍼붓기 시작하자, 서울에 있던 제18사단 한 개 연대에게 인천으로 이동할 것을 명령했지만 서울-인천 지역에 퍼부어진 항공폭격에 이동도 어려웠다. 상륙 당일에 서울에 있던 북한의 전선사령부 후방지휘소는 9월 15일 밤 한 개의 전차부대(T-34 전차 6대)를 급히 인천으로 투입했으나 이들은 16일 아침 인천으로부터 내륙으로 진출하는 해병연대를 지원하는 항공기들에 의해 모두 파괴되었다. 두 개의 미 해병연대는 16일 내륙으로의 공격을 재개했다. 이들을 후속해 인천항에 상륙한 국군 제1해병연대는 인천시가에 남아있는 북한군 병력과 적색분자의 소탕에 나섰다. 인천방어의 책임을 맡은 북한 제64해안육전연대는 인천을 방어하다 "전원이 전사했다"고 보고되었으나, 실제 그들은 일부가 포로가 되었고 나머지는 사방으로 분산해 도주했다.

상륙군은 9월 16일부터 작전의 최종목표인 서울을 향해 진격했다. 미 제1해병사단은 제5해병연대에게 김포비행장 탈환을, 제1해병연대에게는 영등포 탈환의 임무를 맡겼다. 김포비행장을 탈환한 후 제5해병연대는 행주나루를 도하해 서울 서측방으로 공격할 예정이었다. 9월 17일 제5해병연대는 강력한 항공지원 하에 비행장을 탈환하는데 성공했다. 북한측은 후퇴한 제107경비연대를 모아 김포비행장을 탈환하라는 반격명령을 내렸지만, 이미 지리멸렬 상태에 빠진 부대의 반격이 성공할 리 없었다.

9월 15일과 그 다음날까지 상륙작전의 충격으로 허둥대던 북한측이 미군의 진격작전을 어느 정도 지연시킬 여유를 갖게 된 것은 미 제1해병사단이 극도로 조심스러운 진격작전을 펼쳤기 때문이다. 8~9월의 낙동강 방어전투에서 북한군의 침투와 야간 기습으로부터 많은 피해를 입었던 경험 때문에 미군은 주간에만 진격작전을 수행하고, 야간에는 그 자리에서 참호를 파고 들어앉아 주변의 움직이는 모든 물체에 사격함으로써 자기 보존을 꾀하는 전술로 일관했다. 다음날 동이 틀 때부터 항공폭격과 포격의 지원 하에 공격은 재개되었다.

미군의 바로 이러한 전술로 인해 북한군은 야간을 이용하여 주요 도로에 대인 및 대전차 지뢰를 매설하는 작업을 수행했다. 야간 행동에 숙달된 북한군 병력은 미군이 쉬고 있던 밤 시간을 이용해 철원으로부터 서울로 행군해온 제25여단을 서울 서측방 연희동 구 일본군 훈련장에 투입할 수 있었다. 한편 김천 지역에 있던 제9사단 제87연대는 9월 20일 영등포에 도달해 방어진지를 점령할 수 있었다. 9월 16일 밤부터 북한군 공병대대는 서울-영등포간 도로에 지뢰지대를 구축할 수 있었다.

영등포 탈환의 임무를 가진 미 제1해병연대는 9월 18일 아침 탱크를 앞세우고 소사 동쪽으로 진출하다가 북한이 매설한 대전차지뢰를 밟아 3대의 탱크가 파괴되었다. 이러한 피해를 막기 위해 미군은 공병이 대검과 지뢰탐지기로 일일이 진격로 상의 지뢰를 제거하면서 전진해야 했다. 이 결과 진격은 하루 2~3km로 제한되었다. 늦은 미군의 진격속도를 이용해 북한군은 영등포에 제18사단의 한 개 연대와 북상해 온 제9사단 제87연대의 두 개 연대로써 영등포 서측에 방어진지를 구축할 수 있었다.

북한의 최고사령부는 인천 상륙작전의 첫날과 다음날 혼란에 빠져있었으나, 9월 17일 최고사령관 김일성은 수습책을 마련했다. 그는 이날 민족보위상 최용건을 서해안방어사령관으로 임명해 인천과 서울 주변의 병력을 통합지휘하여 서울을 방어하라는 임무를 부여했다. 김일성은 인천상륙의 심각성에 대한 몰이해와 낙동강에서 부산으로의 재차 진격에 대한 욕심 때문에 낙동강에서 병력의 전환 없이 서울과 그 주변에서 예비 병력만을 끌어 모아 사태를 해결하고자 했다. 최용건은 우선 수원, 개성, 철원 등에 있는 예비병력(제70예비연대, 제78예비연대, 제25교육여단, 제27교육여단 등)을 서울로 전환시켜 한강선-영등포를 연해 방어선을 구축했다. 그는 북한에서 6개의 신편사단을, 남한에서 9개의 신편사단을 창설함으로써 방어병력 부족을 해소하고자 했다. 최용건에게는 전자에 대한 책임이 맡겨졌고, 전선사령관 김책에게는 후자의 책임이 맡겨졌다. 기한은 9월 30일까지였다. 서울 방어를 놓고 볼 때 이것은 미봉책에 불과했다. 예비연대들의 전투력은 보잘 것 없고, 신편사단의 편성은 그렇게 쉽게 이루어질 수 있는 것이 못되었다.

스탈린과 소련 총참모부는 다음날인 9월 18일 북한의 조치가 인천에 상륙한 미군 병력의 규모나 전투력을 감안할 때 턱없이 부족한 조치라는 것을 판단하고 김일성에게 기본전선(낙동강 전선)에서 4개 사단을 끌어올려 서울 서측방 방어를 강화하라는 전문을 보냈다. 이 전문을 받은 김일성은 전선사령관 김책에게 "현전선을 확보함과 동시에 가급적 많은 병력을 서울로 북상시키라"고 명령했다. 전선사령관 김책과 참모장 김웅은 낙동강전선에서 4개 사단을 빼낼 경우 차후 공세가 불가하고 전선 유지조차 어렵다고 판단했던 것 같다. 이들은 결국 20여대의 전차를 보유해 이미 전투력이 바닥에 떨어져있던 제105전차사단과 제9사단 제87연대를 올려 보내는 것으로 상부의 지시에 응하는 시늉만을 한 결정을 내렸다. 스탈린은 아마도 전투력이 있는 약 30,000여명의 병력이 서울로 증원되어야 서울방어가 가능하다고 판단했을 것이나, 실제 서울로 북상한 것은 보병 1개 연대 약 3,000명과 탱크 20여대였다. 그나마 제105전차사단은 조치원에서 항공폭격을 받아 분산함으로써 서울에 도달하지도 못했다. 최고사령관 김일성과 전선사령관 김책, 전선사 참모장 김웅의 미온적인 조치로 전력의 전환을 통해 서울에 대한 유엔군의 위협을 막아보고자 한 소련측의 구도는 물거품이 되었다.

미 제5해병연대는 김포비행장에서 18일 다음 목표인 행주로 향했다. 이곳에서 9월 19일 밤 정찰병력 선발대에 의해 시도된 야간 정밀 도하는 대안에 배치된 적의 저항을 받아 실패로 돌아갔다. 9월 20일 06시 45분에 시작한 주간 강습도하에서 연대는 해병이 보유한 무한궤도수륙

양용차를 다수 동원해 행주대안을 점령하는데 성공했다. 이들은 여기서 수색을 거쳐 서울 서측방으로 진출했다.

영등포를 목표로 전진한 제1해병연대는 영등포 전방에서 비교적 강력하게 구축된 북한군의 방어선에 마주쳤다. 방어병력은 북한군 제18사단의 한 개 연대였고 후에 금천에서 북상해 가까스로 20일까지 영등포에 도착한 제9사단 제87연대가 합류했다. 미 제1해병연대는 19일 안양천에서 어려운 전투를 벌였지만 그중 일부부대가 방어선 사이의 빈 공간을 발견해 영등포시가로 진입함으로써 방어선 돌파의 전기를 마련했다. 21일까지 격렬한 시가 전투를 벌인 후 제1해병연대는 22일 노량진에 도달해 한강교 남안을 확보함으로써 서울에 있는 북한군과 낙동강 전선의 북한군의 연결을 끊을 수 있었다. 18~19일에 인천항에 후속 상륙한 미 제7사단 병력이 제1해병연대를 후속해 소사까지 진출한 다음, 제31연대는 수원으로 남하해 낙동강에서 올라오는 우군 병력과 연결을 꾀했고, 제32연대는 서울-수원도로 동쪽의 적을 섬멸하는 작전을 펼쳤다.

9월 20일 수색에 진출한 제5해병연대는 9월 21일 점증하는 북한군의 저항을 극복하면서 신촌 북쪽의 백련산, 안산, 신촌 서남쪽 68고지, 신촌 서쪽의 104고지로 진출하였다. 신촌 서쪽의 고지군에는 철원에서 이동해 온 제25교육여단을 포함해 서울에 있던 다양한 병력들이 9월 19일에 배치되었다. 이들은 훈련은 미숙한 병력이었으나, 일제 때 일본군이 훈련장으로 쓰던 콘크리트 참호 등을 활용해 비교적 견고한 진지를 구축했다. 이들은 76㎜ 포병대대, 122㎜ 포병대대, 4개의 중기관총 대대 등으로 만만치 않는 화력지원을 받고 있었다. 미 제5해병연대는 이 강점에 대한 정면공격을 시도했다. 미군은 강력한 항공폭격의 지원 하에 이 고지들을 탈취하기 위한 반복적인 공격을 했지만 피해만 쌓여갔다. 스미스 제1해병사단장은 예비로 있던 국군 제1해병연대를 증원해 공격을 계속하고자 했다. 안산과 연희고지 일대에서 9월 22일부터 23일까지 한미 해병의 분전에도 불구하고, 북한군의 조직적인 탄막사격과 중기관총의 위력에 의해 공격은 성과를 내지 못했고, 사상자는 쌓여갔다.

9월 23일 인천에서 부평으로 지휘소를 옮긴 미 제10군단장 알몬드 소장은 해병사단의 서울 서측방 공격 진척이 없는 것에 실망하고 스미스 해병사단장에게 제1해병연대를 한강 남쪽으로 우회시키는 안을 고려하라고 했다. 스미스 소장은 그보다는 예비인 제7해병연대를 제5해병연대와 마포 쪽에 나란히 배치해 병행 공격하는 안을 고집했다. 그는 서울 점령은 제1해병사단의 몫이라고 생각하고 상관인 알몬드사령관의 간섭에 못마땅해 했다. 알몬드 장군은 만약 24시간 내에 해병의 서울 서측방 진격이 성과가 없으면 사단 전투지경선을 조정해 미 제7사단 제32연대를 서울 남쪽 포위부대로 전투에 투입시키겠다고 통보했다. 9월 24일 전투에서 미 해병은 전열을 가다듬어 연희고지에 대한 공격을 재개했다. 연희고지 정상을 탈취하기 위한 돌격에서 주공을 맡은 D중대는 남은 중대원 44명이 돌격을 개시했으나, 중대장은 전사하고 26명만이 고지 정상을 밟았다. 결국 이날 늦게 연희고지 정상을 탈취하기는 했지만 다른 고지들의 북한군은 견고히 버티고 있어 서울 서측방 돌파는 이루어지지 않았다.

결국 서울 서측방 돌파가 이루어지지 않은 가운데 알몬드 소장은 9월 24일 아침 자신의 구상대로 서울 남측방 포위공격을 시행하기로 하고, 이를 해병사단장에게 통보했다. 그는 국군 제17연대를 미 제7사단 32연대에 배속하고 한강 남안 한남동 남쪽 신사리에서 도강해 남산과 응봉을 탈취하고 서울 시가로 진출하는 한편, 일부 부대는 서울 동측의 용마산을 점령함으로써 중앙선과 경춘선을 감제하고자 했다. 공격은 25일 06시 30분에 개시되었다. 도하는 병력 손실 없이 이루어졌고, 도하부대는 즉시 남산을 공격했다. 미 제32연대의 우측에서 전개한 국군 제17연대는 응봉을 점령하고, 26일 새벽에는 중랑교에 도달해 이날 오후에는 용마산과 망우리의 292고지를 점령함으로써 경춘가도와 철도를 감제할 수 있게 되었다. 남산에서 북한군의 야간 역습을 격퇴하고 9월 26일 새벽 정상을 점령한 미 제32연대는 서울 시가로 진입할 수 있었다. 9월 26일 오후에 제32연대는 남산 서측에서 마포 쪽으로 공격해 오던 미 제1해병연대 병력과 연결을 이루었다.

이날 미 제7사단 제31연대는 퇴각하는 북한군을 추격해 올라온 미 제1기병사단 제7연대 전투단(777부대)과 수원에서 연결함으로써 적의 퇴로를 차단하는데 성공했다. 완전한 포위망에 빠진 북한군 제1군단뿐만 아니라 경부 축선 동측의 북한군 제2군단도 모든 중장비를 유기한 채 각 사단의 지휘부와 소수 병력들이 산길을 따라 소그룹을 지어 북으로 도주했다. 미 제1군단과 그 서측의 제9군단, 대구 동쪽의 국군 제2군단, 동해안 가도의 국군 제1군단은 모든 주요 도로로 신속히 적을 추격하며 잃었던 국토를 되찾았다. 맥아더가 예견했듯이 서울을 차단함으로써 북한군은 유류 및 탄약의 추가 공급이 불가능해졌고 많은 장비는 보유해 보았자 무용지물로 변해가고 있었다.

서울 남측에서의 공격과 서측방에서 동시에 공격을 받은 북한군은 9월 26일부터 서측방 진지들을 포기하고 서서히 후퇴하며 서울 시가지에서 저항을 계속하고자 했다. 서울시가의 도로에는 서울방어사령관 최광이 9월 17일 이후 서울 시민 100,000여명을 동원해 구축한 바리케이드 700개가 주요 도로 곳곳에 산재해 있었다. 9월 26일부터 서울 시가지로 진입한 미 제1해병사단, 미 제7사단, 국군 해병대와 제17연대원들은 흙을 담은 마대와 전신주들을 결합해 만든 바리케이드를 하나하나씩 제거하며 시내 중심부로 진출하느라 많은 시간을 소모했다. 시내의 높은 건물에서는 북한군 저격병들의 사격이 보병의 진출을 어렵게 했다. 9월 27일 한국 해병대는 중앙청에 진입해 태극기를 게양함으로써 시가전 승리는 확실해졌다. 북한의 주요 당원들과 조직원들은 9월 27일부터 서울 동북쪽으로 대규모로 빠져나가기 시작했지만, 서울 시가에서 적의 마지막 저항은 서울 환도식이 열리고 있던 9월 29일까지도 계속되었다.

마침내 맥아더 유엔사령관과 주요 지휘관들과 참모들, 그리고 이승

서울 수복 직후 중앙청에서 국군의 감격적인 태극기 게양

만 대통령과 한국의 주요 각료들은 아직 화약 냄새가 완전히 가시지 않는 중앙청에서 9월 29일 감격의 서울 환도식을 가졌다. 맥아더 원수는 유엔의 깃발아래 한국의 고도 서울을 수복하였고 공산 침략을 저지하기 위해 세계 여러 나라가 대한민국을 지원하고 있다는 요지의 연설을 하였다. 이승만 대통령은 맥아더 원수의 지도력과 공로를 찬양하며 감사하고 있다는 것과, 이 작전 간 전사한 유가족들에게 위로와 애도를 표하는 연설을 했다. 이 자리에서 이승만 대통령은 맥아더 원수에게 태극무공훈장을 수여했다.

기만과 기습에 힘입어 대성공을 이룬 인천상륙에서부터 서울 탈환까지 상륙군은 많은 성과를 얻었다. 무엇보다도 낙동강전선에 대부분의 병력이 몰려 있는 상황에서 적 배후의 측방에 형성된 약점을 타격함으로써 적의 주력을 포위하고 전세를 일거에 역전시키는 성과를 거둘 수 있었던 것이 가장 큰 성과였다.

인천상륙작전의 준비 과정은 기습과 기만을 활용하고 조직적인 지형 분석과 적정 수집을 통해 작전의 성공으로 연결시킨 대표적인 성공 사례이다. 맥아더의 극동사령부는 미 제8군이 획득한 포로들을 조직적으로 심문해 북한군의 거의 전 전투 사단들이 8월말과 9월초에 낙동강에 집결해 있다는 것을 알고 있었다. 그리고 이 시기에 서해안 도서들을 기지로 하여 인천과 서울에 대한 침투 정찰을 수행하고, 이를 항공정찰 결과와 교차 대조함으로써 인천의 방어 상황, 화기 배치, 해안 상태 등 매우 세부적인 정보를 갖고 있었다. 또한 기만과 양동작전을 활용해 상륙 직전까지 적이 인천을 상륙지점으로 인지하지 못하게 했다. 조직적인 공중폭격이 주요 도로에 가해짐으로써 인천을 주변지역으로부터 고립시키는 데 성공했다.

북한 지도부는 인천 상륙이 시행되기 하루 전까지도 상륙군의 규모나 정확한 상륙 지점, 일자에 대해서는 확실한 정보를 갖지 못했다. 8월말에 북한은 서해안에서의 유엔군의 해상활동 등에 긴장해 인천 및 주요 해안 지점들에 대한 상륙가능성에 대비하는 조치를 취하기는 했지만, 그것이 확실한 정보를 입수했기 때문이 아니라 전반적인 후방 방어를 강화하고자 한데서 나온 행동이었다. 김일성은 중국의 마오쩌둥, 소련대사 등 식견 있는 사람들이 낙동강에서 철수하며 유엔군을 유인함으로써 타격을 가하는 방법으로 전략을 수정하는 한편 취약점인 인천, 진남포 등의 방어를 강화해야 한다는 조언을 했지만, 김일성은 부산 점령에 대한 집착 때문에 그러한 조언을 일축했다. 8월말부터 9월 초에 걸쳐 김일성과 북한 고위군사지도부는 보급상의 어려움, 전력에서의 열세 등 불리한 상황을 도외시하고 정신력에 입각해 '낙동강에서의 최후공세'라는 한 가지 망상에 사로잡혀 있었다. 손자의 지피지기(知彼知己)의 경고를 도외시한 전쟁지도였다.

인천상륙에서 서울탈환까지 유엔군의 작전은 전반적으로 성공리에 진행되었지만, 아쉬운 점이 없는 것은 아니었다. 유엔군은 전체 15일간의 작전에서 경인지역에 투입된 약 30,000명의 적 병력 중 사상 14,000여명, 포로 7,000명에 달하는 전과가 있었지만, 유엔군도 3,500명 정도의 피해를 입었다. 가장 어려운 상륙단계에서 200명 미만의 경미한 손실을 입은 반면, 피해의 대부분은 미 제1해병사단의 서울 서측방 정면 공격으로 발생한 것이다. 후에 알몬드 장군의 방침에 의해 시행된 서울 남측 포위 작전이 낸 성과를 생각한다면 역시 손자의 우직지계(迂直之計)의 원칙은 서울 탈환 전투에서도 입증되었다고 할 수 있다.

또 하나의 교훈은 추격 작전에 관한 것이다. 사후적으로 검토해보면 북한군이 주변 지역인 철원, 원산, 개성 등지에서 이동 시킨 병력을 서울과 영등포에 투입할 수 있었던 것은 9월 19일 경부터였다. 상륙작전이 이루어진 후 4일째에야 이 병력들이 방어진지에 투입될 수 있었다. 이를 두고 본다면 상륙 직후 조금 더 과감하고 빠르게 내륙으로의 진격작전에서 속도를 냈다면 북한군의 서울과 영등포 방어는 좀 더 취약한 상태가 되었을 것이다. 물론 미 해병이 낙동강 전투에서 북한군의 야간 기습과 침투에 많이 당했던 경험에 비추어 주간 작전에 의존했던 것에는 이해가 가는 면이 있다. 그러나 상륙 이후 미 해병은 야간 시간을 북한군이 방어를 강화하는 데 사용하는 것을 허용했다. 소사 부근의 대전차지뢰 매설과 서울 서측방 방어진지 강화, 영등포 방어진지 강화에 이 시간은 활용되었다. 이런 점을 고려한다면 인천상륙 이후 기습의 충격을 살려 2~3일간 좀 더 과감한 추격작전을 했다면 서울탈환은 좀 더 일찍, 좀 더 적은 병력 손실로 달성할 수 있었을지도 모른다. 그렇기 때문에 모든 국가의 군사교리는 추격작전은 신속하고 과감하게 이루어져야 한다고 강조하고 있는 것이다.

물론 9월 18일 소사 동쪽에서 북한군 대전차지뢰에 의해 3대의 전차가 파괴된 후 지뢰지대를 개척하는데 시간을 소모할 수밖에 없었던 것은 불가피한 측면이 있다. 그점에서 상륙 다음날 미 제1해병연대가 하루에 불과 2~3km 진출에 그쳤다는 것은 아쉬운 부분이다. 이런 조심스런 작전 수행, 야간기동을 포기한 것이 후일 서울 서측방 전투에서 미 해병이 많은 손실을 입게 된 이유라 할 수 있다. 야간전투 훈련은 반드시 중시되어야 한다. 또한 미군은 이 전투 후에 지뢰제거용 롤러를 단 전차의 필요성을 절감하게 되었다. 제2차 세계대전 이후에 그러한 도구 개발에 등한히 한 것이 6·25 전쟁에서 많은 미군 전차들이 북한군 지뢰지대에 걸려 파괴되고, 또 그로 인해 전차가 그 속도의 효과를 내지 못했던 이유가 되었다.

16

포항-38도선 진격작전

일　시	1950. 9. 16. ~ 9. 30.
장　소	경상북도 포항시 - 강원도 양양군
교전부대	국군 제3사단 vs. 북한군 제5사단
특　징	국군 제3사단의 성공적인 낙동강 방어선 돌파 및 38도선까지 진격작전

낙동강 전선을 방어하고 있던 국군과 유엔군은 인천상륙작전과 더불어 9월 16일에 낙동강 방어선을 돌파하기로 결정하고, 09시 폭우가 쏟아지는 가운데 돌파작전을 감행했다. 그러나 악화된 기상조건으로 함포와 항공지원이 한계가 있었고 인천상륙작전의 결과를 비밀에 붙이고 독전을 계속하던 북한군의 저항으로 전선을 쉽게 돌파할 수 없었다. 현장에서 상륙작전을 지휘하고 있던 맥아더 장군도 군산에 제2의 상륙작전이 필요하지 않나하는 우려를 가질 정도였으나, 9월 18일부터 일기가 호전되고 9월 20일부터는 인천상륙작전의 효과도 나타나 한국군과 유엔군은 9월 21일부터 전 전선에 걸쳐서 방어선을 돌파했다. 부산을 점령하기 위한 두 차례의 전면공격으로 전력을 소진한 북한군은 종심 방어선을 구축할 여력이 없었기 때문에, 돌파를 감행한 한국군과 유엔군은 신속하고 과감한 반격과 추격을 실시할 수 있었다.

동해안에서 북한군 제5사단의 진격을 저지하고 있던 국군 제3사단은 형산강 남안의 서측으로부터 제23, 22, 26연대를 배치하고 9월 16일 비가 억수처럼 쏟아지는 가운데 형산강 도하작전을 감행했다. 그러나 형산강 북안에서 방어진지를 구축하고 있던 북한군의 완강한 저항으로 오후에 도하에 성공한 일부 병력마저 철수시켜야 했다. 제3사단은 9월 18일 날씨가 호전되자 항공과 함포지원을 받으면서 사단장 이종찬 대령의 진두지휘 아래 도하작전을 실시하여 제23연대가 최초로 도하에 성공하였다. 특히 31명의 결사대원들이 채 파괴되지 않은 형산강교의 북단을 장악한 제26연대에 이어 제22연대도 도하에 성공함으로써 3사단은 형산강 대안에 교두보를 확보하고 차후작전을 계속해 나갔다.

국군 제1군단 예하 제3사단은 서측의 수도사단과 더불어 차후 반격작전을 위하여 신속하게 진지를 확보했다. 도하를 계속하면서도 제3사단은 도하한 병력을 진격시켜 9월 20일 포항을 탈환하고, 21일에는 포항 북방 덕순산에 지연진지를 구축하고 저항하던 북한군 제5사단 병력을 우회하여 22일 새벽에 흥해를 탈환했다. 이 과정에서 해군과 공군의 집중적인 포격과 폭격을 받으면서도 완강하게 저항하던 북한군 제5사단은 치명적인 타격을 입고 동해안 도로를 따라 울진으로 철수하거나 비학산으로 도피할 수 밖에 없었다. 이로써 국군 제3사단은 과감한 반격을 위한 진지와 태세를 갖추게 되었다.

동해안에서 반격에 나선 국군 제1군단 제3사단의 진격은 매우 신속했다. 흥해를 수복한 제3사단은 9월 25일 영덕을 점령하고, 27일에는 울진, 29일에는 삼척까지 탈환한 후에 9월 30일에는 국군과 유엔군 중에서 최초로 38도선에 도착했다. 특히 제3사단 제23연대는 전진을 계속하여 38도선 남쪽 2km 지점인 인구리에 도착했고, 제3대대의 전초중대는 이미 38도선을 넘어 양양교 부근까지 진출해 있었다. 제3사단의 진격속도가 하도 빨라 영덕을 탈취했을 때 시동이 걸려있던 수대의 북한군 트럭과 탄약이 장전된 야포를 노획하기도 했으며, 북한군이 소유한 수 십 마리의 말과 소를 획득하기도 했다. 그리하여 제3사단에는 "말탄 대대장"이 나타나기도 하고, 미처 철수하지 못한 북한군 지휘소로 대피했다가 아직 도망가지 못한 북한군과 마주치기도 하는 촌극이 연출되기도 했다.

국군 제3사단의 신속한 진격은 함포와 항공지원의 도움이 매우 중요했지만, 수송력과 기동장비가 매우 부족한 국군 사단으로서 빠른 추격을 감행할 수 있었던 가장 중요한 요인은 국군 장병의 드높은 사기와 왕성한 공격정신을 들지 않을 수 없었다. 칭찬에 인색한 미 제8군사령관 워커 중장도 국군 제1군단의 탁월한 반격작전 수행을 극구 칭찬할 정도였다.

국군 제3사단은 포항-38도선 진격작전에서 북한군 1,351명을 사살하고 230명의 포로를 획득하는 전과를 달성했으며, 로켓포, 박격포, 대전차포 등 178문의 각종 포와 650여 정의 각종 기관총 및 소총과 15만 발의 총탄 및 1,500여 발의 포탄을 노획했으나, 71명의 전사와 2명의 실종자, 그리고 477명의 부상피해를 감수해야만 했다. 국군 제3사단의 동해안 진격작전은 장병들의 높은 사기와 왕성한 공격정신, 엄청난 지상과 해 · 공군의 화력지원, 그리고 과감한 추격을 실시한 사단장 및 예하 지휘관들의 지휘결심이 얼마나 중요한가를 입증해 주었으며, 한국군의 성공적인 작전 결과만이 한국군의 명예와 자존심을 지켜줄 수 있다는 사실을 드러내 주었다.

17

북진-평양탈환작전

일　　시 1950. 10. 1. ~ 10. 20.
장　　소 38도선 - 황해도 - 평안남도 - 평양 일대
교전부대 미 제1군단 vs. 북한군 서해안방어사령부 예하 부대
특　　징 신속한 추격작전과 우회기동으로 작전 개시 약 13일 만에 평양탈환에 성공한 작전

1950년 9월 27일 서울 탈환이 거의 확실시 되었을 때, 유엔군은 다음 단계의 작전에 대해 심각하게 고민해야 했다. 유엔군은 지금까지의 승세를 몰아 북한 점령 작전에 들어가야 할 것인가, 아니면 38도선을 경계로 남한 지역을 회복한 것에 대해 만족하고 작전을 마무리해야 할 것인가를 검토하였다.

이 문제는 사실상 미국 행정부와 합참 내에서는 9월 초에 대체적인 의견 조율이 이루어진 안건이었다. 낙동강 방어선에서 북한군의 8월 공세를 저지하고 승리를 확신하고 있던 차에 인천상륙작전계획에 대해 논의하기 위해 도쿄를 방문했던 셔먼 제독과 콜린스 장군들과 의견을 나누는 자리에서 맥아더는 "나는 북한 전역의 점령을 필요로 할지도 모른다"고 인천상륙 이후의 작전 전망에 대해 말했다. 셔먼 제독과 콜린스 장군은 본국에 돌아가 합참에서 북한군을 완전히 격멸하지 않는다면 북한군은 한국의 독립에 반복적인 위협이 될 것이라는 맥아더의 의견을

존중하고 그에 적합하도록 38도선 이북에서의 작전을 승인해야 한다고 주장했다.

또한 9월 초에 한반도에서 차후 미국의 정책과 전략적 방책을 검토한 국가안보회의가 NSC-81/1의 정책문서를 검토할 때 국무장관 애치슨(Dean Gooderham Acheson)도 그러한 합참의 의견에 동의하면서도 그러한 작전은 유엔회원국들의 동의를 얻은 후에 가능할 것이라고 못박아두었다. 또한 합참이나 국무부 모두 소련과의 직접적인 충돌 가능성이 없을 경우에만 허용될 수 있고, 그 작전 범위는 한반도 국경을 넘어서는 것이 안된다는 점에서는 의견 일치를 이루고 있었다. 하지만 미 행정부의 일각에서는 6월 27일에 유엔이 결의한 바대로 북한군의 침략을 결정하고 전전상태를 회복한다는 결정에 따라 유엔군의 군사작전은 38도선 이남으로 한정되어야 한다는 주장도 있었다.

그런데 인천상륙이 성공한 것이 확실해 진 9월 15일 이후에 미국 행정부 내에서 38도선 돌파와 북한으로의 전쟁확대에 관한 문제에 대해 '전한반도의 통일과 유엔감시 하 총선거 실시에 의한 단일정부 수립'을 천명했던 유엔의 1948년 결정이 38도선 돌파와 북한군 격멸후의 통일한국 수립의 명분이 된다는 쪽으로 여론이 기울었다. 이러한 분위기 하에서 9월 27일 합참은 맥아더 장군에게 국군만의 북진작전은 허용하되, 유엔군의 38도선 이북으로의 진격은 소련 개입의 가능성이 없을 경우에 한해서만, 그리고 38도선 이북의 육해공군 작전이 한만국경과 한소국경을 넘어서거나 또는 유엔군 부대가 직접 한만국경에 접근하지 않는다는 조건으로 38도선의 북진작전이 트루먼 대통령에 의해 승인되었음을 알렸다. 하지만 아직까지 남아있는 문제는 국무부가 주장한 바처럼 38도선 이북 작전에 대한 유엔의 승인 문제였다. 유엔에서는 미국측의 입장을 대부분 수용한 한반도 처리안을 9월 29일 영국이 상정했다. 이 안에 대해 소련과 공산권 국가들은 명백한 반대의사를 표명하는 가운데 열띤 토론이 벌어졌지만, 결국 10월 7일 영국의 제안이 유엔에서 다수의 지지를 얻음으로써 한반도에서 유엔의 목표가 '전한국의 통일'로 확정되었고, 그 목적을 달성하기 위해 유엔군사령관에게 북한에 대한 군사작전을 승인했다.

이승만 대통령은 물론 유엔군의 북한으로의 진격은 당연히 이루어져야 할 일이며, 북한군 격멸 이후에는 당연히 대한민국 정부가 한반도 전체에서 그 권능을 행사할 권리가 있고, 북한에서는 대한민국의 헌법에 입각해 통일을 이룰 때까지 공석으로 남겨 둔 북한지역 국회의원 선거를 통해 대한민국 국회에 대표를 보내면 된다는 입장이었다.

맥아더는 서울 탈환작전이 진행되고 있던 9월 27일 극동사 참모들에게 또 하나의 상륙작전을 통해 북한군의 남은 병력을 괴멸시키고 신속히 북한을 해방할 수 있는 계획을 수립하도록 지시했다. 맥아더 장군의 북한으로의 진격계획은 북한의 동해안 지역에 인천상륙과 유사한 상륙작전을 통해 적의 배후에 대한 공격을 시행한다는 것이었다. 그 계획은 북한의 지형이 낭림산맥과 태백산맥으로 인해 동서 연결이 어렵기 때문에 불가피하게 서해안 지역과 동해안 지역의 작전을 분리된 형태로 진행하는 것이 낫다는 판단에 근거하고 있었다. 그는 이에 따라 인천에 상륙했던 미 제10군단(미 제1해병사단, 제7사단)을 원산에 상륙시켜 이 항구를 장악한 뒤 북한의 동북부 지역으로 진출시키고, 미 제8군은 서측에서 평양을 장악한 후 압록강까지 진출하게 한다는 구상이었다. 그는 서해안의 제8군과 동해안의 제10군단을 직접 지휘할 계획이었다. 극동사와 제8군 참모들간에는 이렇게 하면 북한지역에서 작전을 수행하는 지상부대들이 지휘권의 통일을 가져오지 못할 뿐만 아니라 이미 서울에 들어와 있던 제10군단이 상륙작전을 위한 승선작업을 하느라 인천항과 경부 철도를 사용함으로써 미 제8군의 보급기능에 큰 무리를 가져올 것이라는 취지의 반대의견이 있었지만, 인천상륙작전을 성공시킨 맥아더의 권위에 도전할 수는 없었다.

서울이 유엔군의 수중에 들어간 이후 북한 지도부는 극심한 절망상태에 빠져 있었다. 김일성은 인천 상륙이후 9월 17일 후방에서 급히 15개 사단을 창설해 이에 대응해보고자 했다. 그는 전선사령관 김책에게는 남한에서 징집한 병력으로 9개 신편 사단을 편성할 책임을 맡기고, 서해안방어사령관으로 임명된 최용건에게는 북한 지역에서 징집한 인원으로 6개의 신편 사단을 창설할 책임을 지웠다. 그것은 허황된 계획이었다. 이 사단들을 편성할 무기도 장비도 없었고, 이 사단들을 채우고 훈련시킬 간부들도 부족한 상태였다. 스탈린의 지시를 받고 평양에 도착한 소련군 특사 자하로프 장군(소련군 참모차장)은 9월 26일 평양을 방문해 혼란에 빠진 북한군 지휘부를 점검하면서 소련이 6개 사단분의 무기와 장비를 10월 중순까지 공급하기로 약속했지만 장비를 수송하고 신편부대에 지급할 시간이 부족했다. 북한은 가용한 모든 남자들을 동원했으나 9월말과 10월초에 급히 창설한 사단들은 제대로 훈련이 이루어지지 않은 이름만의 사단이었다.

9월 말에 서울 함락이 거의 기정사실화 되어갈 무렵 불안한 김일성은 소련대사 슈티코프에게 유엔군이 정말 38도선을 넘어 북진해 올 것인가에 대해 그의 의견을 구했다. 슈티코프는 김일성에게 자신도 그것은 알 수 없지만 "북한은 최악의 경우에 대해 대비해야 한다"고 조언했다. 그러나 그도 김일성의 뒤늦은 철수명령에 의해 낙동강 전선의 대부분의 병력이 포위망에 갇힌 상황에서 만약 유엔군이 38도선을 넘어 북진해 온다면 북한이 패배를 면할 길이 없음을 깊이 감지하고 있었다. 김일성과 박헌영은 노동당 중앙 정치위원회의 의결을 거쳐 공동명의로 스탈린과 마오쩌둥(毛澤東)에게 북한의 위기를 면하기 위해 파병해 달라는 서한을 발송했다. 슈티코프 대사는 스탈린에게 유엔군이 북진해 올 경우 북한에 있는 소련 고문들 및 기술고문들을 본국으로 철수시키는 것이 좋겠다는 건의를 할 정도로 유엔군이 공격해 올 경우 북한 방어는 자신이 없는 문제였다.

9월말 소련대사 슈티코프와 북한특사 자하로프장군로부터 비관적인 북한 상황을 보고 받은 스탈린은 10월 1일 두 사람에게 전문을 보내 그러한 태도를 질책하고 북한의 모든 자원을 동원해 방어를 강화하라는 엄명을 내렸다. 이에 따라 소련고문들과 북한지도부는 가용한 부대들을 38도선 진지에 배치하고 평양 방어를 위한 계획수립에 들어갔다.

김일성은 10월 1일 서울 북방에서 후퇴하던 부대들과 후방의 신편부대들을 38도선 부근에 재배치하도록 명령했다. 10월 5일까지 38도선에 배치된 병력들은 다음과 같다.

(1) 개성-금천 방면 : 제19사단, 제27교육여단(후에 사단으로 승격)
(2) 철원 방면 : 제25교육여단(후에 사단으로 승격), 제26교육여단, 제31사단(철원), 제32사단(평강), 제33독립연대, 제18사단 잔여부대.
(3) 춘천 방면 : 제92예비연대(화천), 제1, 제3, 제8, 제9, 제12, 제15사단 패잔부대

또한 유엔군의 상륙작전을 대비해 주요 항구 중심으로 신편 사단들과 일부의 독립탱크대대들을 배치했다.

(1) 해주 : 제43사단, 제41독립탱크연대
(2) 원산 : 제42사단, 제45독립탱크연대, 제24해군육전연대, 제96예비연대
(3) 진남포 : 제46사단
(4) 나남 : 제41사단
(5) 청진 : "청진여단"
(6) 신의주 : 제47사단
(7) 서해안(해주-남포간) : 제25해군 육전여단

평양방어를 위해서는 3선의 방어선이 구축되었다. 평양시가지, 그리고 그 외곽 5~6km 반경, 그리고 그 외곽 20km 반경에 고지대와 도

로접근로를 연결하는 3중의 원형방어선을 구축했다. 그러나 평양 방어를 담당할 부대는 민족보위성 경비연대, 내무성 경비연대, 각종 군관학교 군관후보생들밖에 없었다. 포로 진술에 의하면 평양에는 이 부대들을 묶어 '평양경위여단'이 편성되었는데, 6개의 소총대대, 1개의 포병대대, 1개의 독립탱크중대, 6개의 박격포중대가 전체 전력이었다. 평양 외곽방어를 위해서 10월 8일 20여대의 전차와 자주포로 4개의 탱크중대, 2개의 자주포중대로 구성된 '평양방어탱크연대'를 편성해, 제1선의 흑교리와 제2선의 중화에 배치했다. 평양 방어를 위해 배치된 병력 규모는 10,000명 남짓이었던 것으로 보인다. 모든 부대들은 대부분 훈련받지 않은 신병들로 편성되었고, 전체 규모는 서울 방어에 투입한 병력보다 훨씬 적었다.

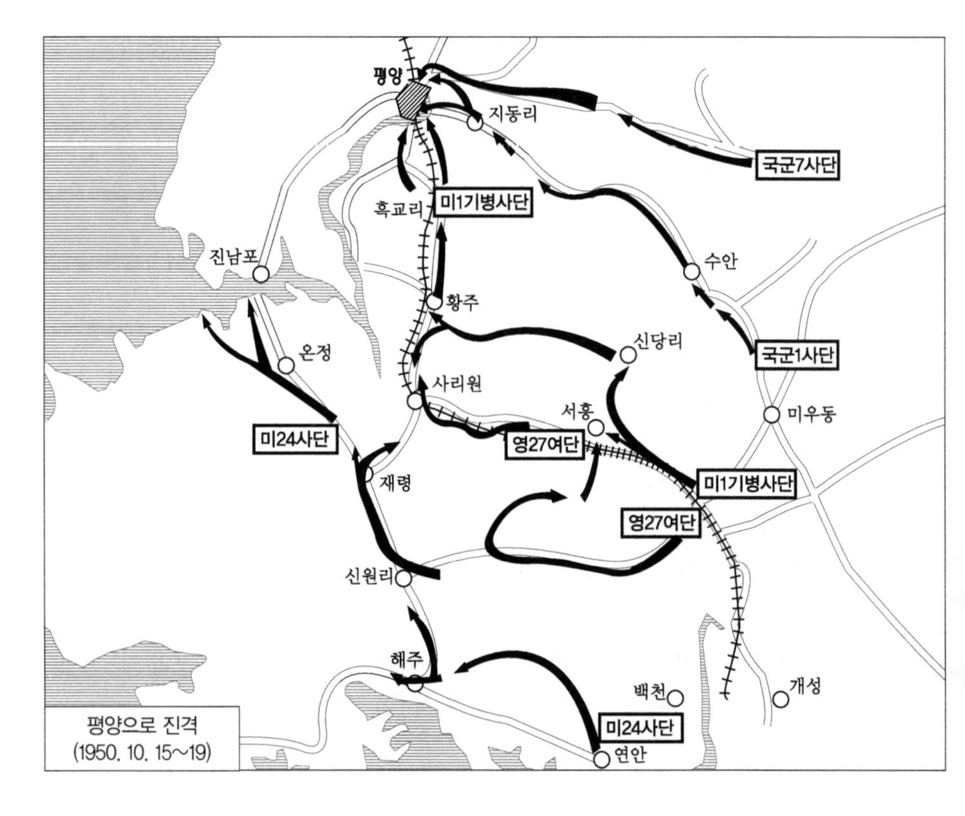

평양으로 진격
(1950. 10. 15~19)

미 제8군은 서울 탈환 후 즉시 북진 작전계획의 수립에 들어갔다. 워커 장군은 평양 점령에 주안점을 두어 3개 군단(미 제1군단, 국군 제2군단, 국군 제1군단)을 북진 작전부대로 편성하고, 그 중 미 제1군단이 개성에서 금천 사리원을 거쳐 평양을 점령하는 주공부대였다. 국군 제2군단(제6, 7, 8사단)은 중부전선을 담당하고 동해안과 태백산맥 서측에는 국군 제1군단(제3, 수도사단)이 담당하도록 했다. 제8군은 예하의 미 제9군단(제2, 25사단)에게 후방 지역의 경계와 적 패잔병 및 게릴라 소탕 임무를 부여할 계획이었다. 워커장군은 이러한 작전계획을 10월 5일 예하 부대들에게 하달했다.

평양 점령의 주공으로 선정된 미 제1군단은 10월 초 청주에 머무르며 북진작전을 준비하고 있었다. 군단장 밀번 장군은 최초 계획에서 주공을 제1기병사단으로 삼고, 제24사단이 그 우익에서 공격하며, 국군 제1사단에게는 황해도 해방 임무를 맡길 예정이었다. 그러나 평양만은 우리 손으로 해방해야 한다는 백선엽 장군의 눈물어린 호소를 받아들여 미 제24사단과 국군 제1사단의 진격로와 작전 책임지역을 바꾸어 수정된 명령서를 작성해 하달했다. 백 장군은 미군보다도 열세한 장비와 차량을 갖고 있지만 어떤 일이 있어도 가장 먼저 평양에 입성하도록 하겠다는 다짐을 했다. 이승만 대통령도 평양 해방에 국군이 선봉에 서야 한다는 점을 국군 부대 모두에게 역설했다.

유엔군의 북진작전은 국군 제1군단이 10월 1일 38도선을 넘어 원산을 향해 진격함으로써 시작되었다. 아직 유엔에 의해 유엔군의 지상부대가 38도선을 넘는 것을 결정하지 않았기 때문에 국군 부대의 38도선 돌파도 미묘한 문제였지만 이미 미 합참에서 한국군에 의한 북한 진격은 문제가 없는 것으로 보았다. 그러나 유엔군사령부는 유엔에서 한반도 북부에서의 작전이 회원국의 결의에 의해 허용될 때까지 기다려야 했다. 유엔은 10월 7일 유엔군의 한반도에서 통일된 정부를 구성하기 위해 38도선 이북으로의 유엔군 진격이 필요하다는 취지의 결의안을 통과시켰다. 이미 북진작전의 모든 계획을 세워놓고 있던 미 제8군에게 맥아더는 준비가 끝나는 대로 작전을 개시해도 된다는 전문을 보냈다.

10월 8일 진격명령을 받은 미 제1군단장은 예하 사단들에게 공격 개시를 명령함으로써 미 제1군단의 평양으로의 진격작전이 시작되었다. 미 제1기병사단장 게이(Hobart Gay)는 10월 8일 오후 늦게 수색대를 38도선 이북으로 침투시킨 다음 그날 밤부터 주력부대의 진격작전을 시작했고, 다음날 09시에 총 공격명령을 내렸다. 국군 제1사단도 10월 11일 고랑포에서 38도선을 돌파하여 미 제1기병사단의 우측 시변리-신계-수안 가도를 따라 북진작전을 개시했다.

공격의 선봉에 선 미 제1기병사단은 공격 첫날 개성을 거의 무혈로 점령했지만, 개성을 지나 금천으로 북상하면서부터 강력한 저항을 받았다. 북한군 지도부는 금천의 방어에 큰 비중을 두고 이곳에서 북한군 제19사단장 김창봉 소장으로 하여금 제27교육여단, 제17기계화사단의 보병연대들과 해주에서 옮겨 온 제41독립탱크연대(탱크 약 15대)를 직접 지휘하게 했다. 북한군이 그만큼 금천 방어를 중시했다는 것을 보여

개성 북방에서 진격하고 있는 미 제1기병사단(1950. 10. 17)

준다. 개성과 금천 중간 지점에서 10월 12일 미 제1기병사단은 전차, 자주포, 고사포로 무장한 북한군의 강력한 저항에 직면하여 미 제8기병연대 제1대대장이 중상을 당하는 정도의 격렬한 전투를 수행했다. 그 우측에서 진격하던 미 제5기병연대도 북한군의 강렬한 저항에 직면하여 고전하였으나, 이를 극복하고 10월 12일에는 구화리에서 국군 제1사단과 합류할 수 있었다.

이 진격작전에서 미 제1기병사단에 배속된 제70전차대대 B중대는 송현리에서 북한군 제41독립탱크연대를 마주쳐 전차전이 벌어졌다. 북한군 제41독립탱크 연대는 보병, 전차, 포병의 협동동작을 교범적으로 시행하면서 은폐된 진지에 탱크를 숨겼다가 불시에 기습공격을 가하는 방식으로 전투를 수행했다. 송현리에 진출하던 B중대 M-26전차대는 매복해 있던 북한 대전차총에 의해 기습사격을 받아 2대의 M-26전차가 파괴되었다. 이에 의해 부대의 전진은 정지되고 날이 어두워져 그곳에서 숙영한 후, 다음날 진격을 재개했다. B중대는 10월 12일 06시 30분에 안개 속에서 북한군 전차부대와 근거리 조우전을 벌였다. 이때 M-4전차가 전차포로 2대의 T-34전차를 파괴할 수 있었다. B중대는 송현리 마을로 진입해 벌인 북한군 T-34전차와의 전차전에서 추가적으로 5대의 탱크를 파괴하였다. 다음날인 10월 13일 아침 제8기병연대와 제70전차대대 B중대 전차들이 금천의 외곽에 접근했을 때, 북한군 T-34 전차 8대가 선제공격으로 나왔다. 미군 전차들은 적과의 상호거리 50미터의 전차전에서 아무 손실을 내지 않은 채 T-34전차 7대를 격파해버렸고, 다른 한 대는 지원 항공기가 파괴하였다. 창설된 지 얼마 되지 않은 북한군 탱크부대는 사격술, 전차운용능력 면에서 미군에 필적하지 못했다. 이로 인해 금천 전방에서 북한군은 14대의 전차를 상실했다.

금천으로 진입하던 미 제1기병사단은 전면에서 강력한 북한군의 저항을 받았지만, 미 제1기병사단이 제7기병연대로 하여금 임진강을 이용하여 강을 거슬러 올라간 다음 백천으로 우회한 뒤 금천 북쪽의 한포리로 교량을 장악케 함으로써 비교적 수월하게 점령할 수 있었다. 제7기병연대는 10월 9일 많은 희생을 무릅쓰고 파괴되지 않은 예성강 교량을 통과하여 10일에는 백천을 점령하고, 12일 아침에 한포리로 진출하여 예성강 상류의 교량을 장악했다. 이는 금천에 있던 북한군의 북쪽 퇴로를 차단한 것이었다. 한포리에서 미 제7기병연대는 북쪽으로 퇴각하던 북한군 차량 4대를 파괴하고 4대를 노획하였으며, 50명을 사살하고 50명을 사로잡은 전과를 거둘 수 있었다. 이곳이 차단되자 금천에 있던 북한군 병력은 동북쪽 산간지대로 분산 도주하였다. 또한 금천시가에 있던 북한군은 이곳에 집중적인 폭격을 시행하는 미 공군의 폭격에 압도되었다. 미 제1기병사단은 항공 폭격과 포병의 포격 지원을 받으면서 10월 14일 마침내 금천을 점령하는데 성공했다.

북한군은 많은 병력을 동원해 중점 방어했던 금천을 상실한 후로는 더 이상 미군을 저지할 수단을 찾기가 어려웠다. 김일성은 금천이 점령당한 10월 14일 예하 부대들에게 더 이상 후퇴할 수 없으며 후퇴를 선동하는 자와 부대를 이탈하는 자들을 즉결처분할 것이라는 명령을 내렸다. 예하부대들에게는 독전대를 편성해 이 명령을 집행할 것을 명령했다. 그렇지만 이미 북한군 중에서 자진해서 포로가 되는 자가 부지기수였고, 부대들의 전의는 땅에 떨어졌다.

제1기병사단보다 이틀 늦게 고랑포에서 38도선을 돌파했던 국군 제1사단은 사단장 이하 전 장병이 미 제1기병사단에 앞서 평양을 탈환하기 위해 어떠한 고통도 참아낼 각오가 되어있었다. 사단장 백선엽 장군은 첫날 강행군을 했음에도 불구하고 진격속도가 매우 느리다는 점에 낙담하고 있었다. 이때 그는 제1사단을 지원하는 미 포병연대장 헤닉 대령의 제안에 따라 보전포 협동작전으로 부대의 진격속도를 높이고자 했다. 헤닉 대령은 백선엽 장군에게 제2차 세계대전 당시 '패튼식 진격'을 상기시키면서, 국군 보병이 미군 전차에 탑승해 진격하고 이를 포병이 지원함으로서 급속한 전진이 가능할 것이라는 제안을 했다. 백 장군은 밀번 군단장에게 전차의 지원을 요청해 2개 중대의 전차(제6전차대대 B 중대) 50대를 배속받을 수 있었다. 전차와의 작전이 처음이었던 백 사단장은 제1사단 병사들에게 전차에 탑승했다가 하차해 싸우고 다시 탑승해 진격하는 연습을 반복시킴으로써 제1사단 제12연대 병사들은 점차 보전 협동작전에 익숙해졌다.

국군 제1사단의 선두부대의 진격은 이런 방식으로 급속히 미 제1기병사단의 진격속도를 따라잡을 수 있었다. 진격하다가 적을 만나면 후속하는 포병이 포격 지원을 하고 보병은 전차를 엄호하면서 적 보병을 소탕한 다음 다시 전차에 탑승해 다음 적을 만날 때까지 질주하는 전법을 사용해 성과를 보았다. 그러나 후속하는 대부분 병사들은 발이 짓무르도록 강행군을 했음에도 불구하고 뒤처지기 마련이었다. 제1사단은 사단 차량을 맨 후미에서 행군하는 병력들을 전방으로 교대로 수송하는 방법을 사용해 조금이라도 부대 진격속도를 높이고자 했다. 국군 제1사단은 평양까지 약 10일간 일일 25km의 경이적인 속도의 행군 능력을 보여주었는데, 그것은 사기의 힘이었다. 당시 국군 제1사단 내에서는 '평양!'이라고 외치면 피로에 지친 병사들이 벌떡 일어나 걸음을 재촉했다. 장교들은 공동 목표와 사기의 힘이 얼마나 크다는 것을 알았다.

금천 점령 후에 미 제1군단의 작전은 추격작전의 전형적인 드라이브나 마찬가지였다. 곳곳에서 간헐적인 북한군 소부대의 저항이 있었지만, 그 전투는 오래가지 못했다. 10월 14일 공격을 개시한 미 제24사단도 제21연대가 해주를 목표로 진격하고, 제19연대가 사리원을 경유, 재령, 은율 방향으로 진격했다. 이 두 연대는 10월 17일에 각각 해주와 재령을 점령했다. 이미 사리원이 유엔군 수중에 떨어졌다는 것을 알고 후퇴를 시작했던 북한군 제43사단은 후퇴 중에 재령에서 차단당해 한 개 연대규모가 포로로 잡혔다. 미 제8군은 10월 한 달 동안 하루 평균 수천 명씩의 포로를 잡았다.

사실상 미 제1군단장 밀번 장군은 미 제1기병사단과 국군 제1사단에게 평양 선점의 경쟁을 붙이고 있었기 때문에 양 개 사단 사이에는 속도 경쟁이 붙어있었다. 10월 17일 현재 미 제1기병사단은 사리원을 점령하고 수천 명의 포로를 잡으면서 황주를 향하고 있었다. 이날 국군 제1사단은 율리를 점령하고 있었다. 이제 평양까지는 약 20km를 남겨두고 있었다. 평양이 고향이라서 평양 주변 지형을 잘 알고 있었고, 대동강의 어느 지점이 도섭이 가능한지를 잘 알고 있었던 백선엽 장군의 국군 제1사단은 평양 선점 경쟁에서 지형 숙지의 이점을 활용할 수 있었다.

10월 17일 황주에서 평양을 향해 진격하던 미 제1기병사단은 흑교리에서 북한군의 완강한 저항을 받아 하루를 소모했다. 북한군은 이곳에 은폐된 탱크 진지를 파고 보병과 같이 방어선을 구축하고 있었고, 전면에서 광범한 지뢰지대를 구축해 놓고 있었다. 또한 중포병의 지원도 받고 있었다. 미군은 이 진지를 파괴하기 위해 항공폭격을 시행하며 적을 무력화시키고 진지를 탈취하고자 했지만 그것은 쉽지 않았다. 탱크가 적진지를 점령하기 위해서는 우선 지뢰를 하나하나 제거하는 지루한 작업을 해야만 했다. 보병이 우회하고 공병이 지뢰지대를 제거하며 이곳에서 적의 저항을 종식시키는데 하루 동안의 시간이 걸렸다.

10월 17일 오후 늦게 율리를 점령한 국군 제1사단은 평양공격을 위한 계획을 확정했다. 백선엽 사단장은 지금까지 사단 예비로서 선봉부대인 제12연대를 뒤따르던 제15연대를 본대로부터 분진시켜 서북쪽으로 진출 한 뒤, 강동군의 대동강 상류에서 강을 도섭한 후 본평양의 동쪽으로 진출할 것을 명령했다. 제12연대와 사단 주력은 전차를 이용한 '패튼 전법'을 계속 사용하면서 상원을 거쳐 미림비행장과 문수리비행장이 있는 남평양으로 진출하도록 했다.

이러한 분진합격의 조치는 제1사단이 평양 선점 경쟁에서 유리한 고지를 장악할 수 있게 했다. 특히 도하작전의 필요 없이 대동강 하천 장애물을 도섭으로 가볍게 극복하고 평양의 동측방으로 접근한 제15연대의 진격속도는 빨랐다. 국군 제1사단 주력은 상원 전방에서 5대의

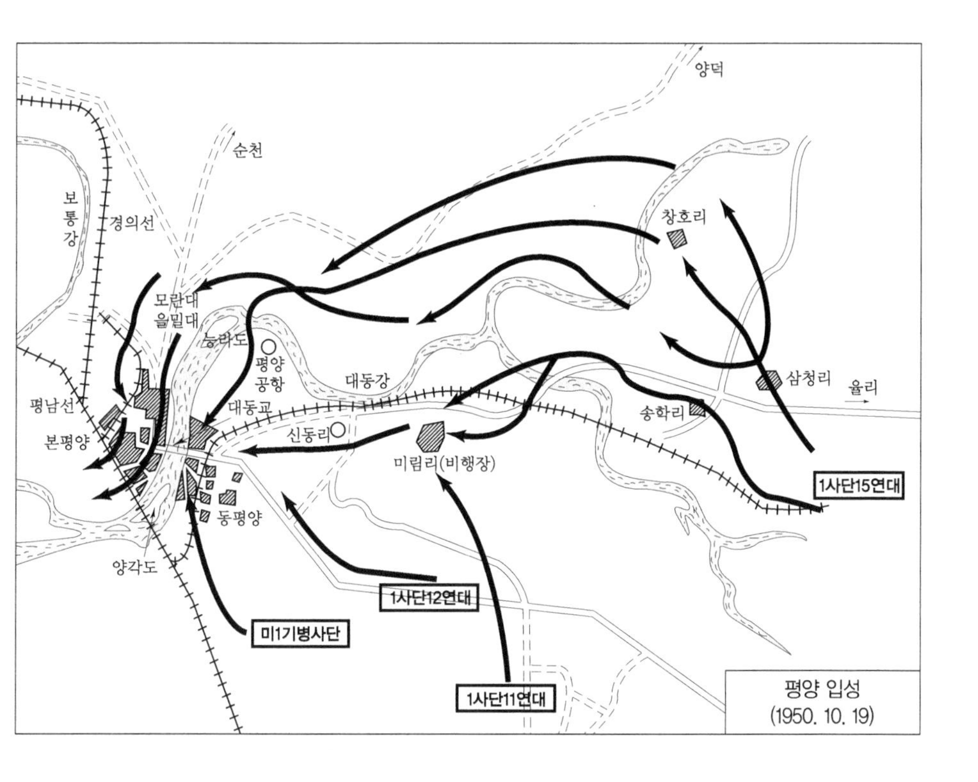

T-34 전차와 조우했으나, 미군 전차소대장은 기동이 늦었던 북한 전차에 대해 재빨리 전차포의 집중 사격을 명령함으로써 쉽게 적의 저항을 극복할 수 있었다. 미 제1기병사단은 흑교리에서 잘 구축된 북한군 전차 진지와 지뢰지대에 봉착해 이를 개척하느라 하루의 시간을 지체하게 됨으로써 10월 18일 국군 제1사단은 하루 행군 일정 정도로 미 제1기병사단보다 평양에 가까이 접근했다.

평양이 가까워지자 국군 제1사단 예하부대들은 연대별로 뿐만 아니라 대대별로도 평양 선두 입성의 경쟁을 벌였다. 이 경쟁에서 승리자는 강동으로 우회로를 택한 제15연대였다. 제15연대의 1개 대대는 10월 19일 12시경에 이미 미림비행장을 공격해 확보하고, 30분쯤 뒤늦게 이곳에 도착한 제11연대에게 비행장을 인계하고 본평양 시가지로 진출을 서둘렀다. 제11연대는 본평양에서 북한 민족보위성과 총참모부가 자리 잡고 있는 추을미에서 3,000명 정도의 북한군을 포로로 잡고, 문수리 비행장을 장악했다. 이로써 대동강 이동의 동평양은 국군 제1사단의 수중에 들어왔다. 그 동안 대동강 서쪽의 본평양에 진입한 제15연대는 12시경 김일성 대학에 진입한 뒤 14시에는 모란봉을 장악했고, 15시에는 평양의 심장부로 들어갔다. 평양 심장부로 들어온 제15연대 병력은 평양시청과 최고인민위원회 건물을 점령한 뒤 옥상에 태극기를 게양함으로써 평양 탈환의 선봉부대가 되었다.

흑교리 통과 이후에는 미 제1기병사단도 급속히 평양으로 달려 19일 11시에는 동평양 선교리 로터리까지 진격함으로써 대동강에 도달했다. 그러나 북한군은 미군이 대동강 대안에 나타나자 때맞추어 대동교를 폭파함으로써 미 제1기병사단은 도하 주정을 준비해 대동강을 도하해야 했다.

국군 제2군단의 선두부대인 제7사단 제8연대도 어떤 일이 있어도 평양은 우리 국군이 선점해야 한다는 이승만 대통령의 의지를 실현시키기 위해 전투지경선을 위반하면서까지 이날 평양에 진입했으나 그들은 제1사단 제15연대보다 한 발짝 늦었다.

평양 시가지의 본격적인 소탕은 다음날인 10월 20일부터 시작되었다. 주정으로 대동강을 도강한 미 제1기병사단, 국군 제1사단 병력은 시가에서 패잔병과 골수 공산주의 분자들을 찾아냈으나 이미 적의 조직적인 저항은 종식되었다. 야간에는 가끔 시가지에 숨어 있던 패잔병 게릴라들이 갑작스럽게 사격하는 등 간헐적 저항을 했지만 그것은 곧 제압되었다.

평양 소탕작전이 완전히 완료되어 평양이 안정을 찾아가던 10월 30일 이승만 대통령은 직접 평양을 방문해 평양시청(평양시인민위원회) 건물의 발코니에 올라 수많은 평양시민들이 운집한 가운데 평양 탈환 환영식을 가졌다. 이 대통령은 일제치하와 공산당 치하에서 억압받은 평양시민의 마음을 어루만지고 앞으로 공산당이 발붙이지 못하게 하자는 취지의 심금을 울리는 연설을 했다. 이승만 대통령의 절절한 호소에 이곳에 운집한 평양 시민들은 갈채와 환호로 화답했다.

38도선을 통과하여 북쪽으로 행군하고 있는 국군

돌이켜볼 때, 유엔군의 38도선 이북으로의 북진작전과 평양탈환작전은 추격작전의 전형적인 모습을 띠었다. 북한군의 저항 능력은 사실상 인천상륙작전으로 결과로 인해 주력부대 대부분이 포위망에 빠졌던 때부터 이미 상실되었다고 보아야 한다. 그나마 전투력을 보유한 예비부대들도 서울 방어작전에 투입되어 소모되었다. 9월말부터 북한이 신편한 사단들은 무기, 장비도 제대로 갖추지 않았고, 훈련도 거의 받지 못한 채 전선에 투입되었다. 이러한 가운데 소련군은 신편 사단 일부에게 제공할 무기를 철도로 수송했으나, 국군과 미군의 급속한 전진으로 열차에 실린 채로 노획된 경우도 허다했다. 미 제1군단과 국군 제1, 2군단의 북진 작전이 비교적 순조롭고 빠른 속도로 전개된 것은 이런 이유 때문이기도 했다.

몇몇 지점에서 북한군은 완강한 저항을 했지만, 유엔군에게 금천을 상실한 이후로는 급속히 전의가 떨어졌다. 금천 함락 다음날 북한군 최고사령관 김일성은 무전통신차량도 대동하지 않은 채 몇몇 참모들과 함께 덕천 부근의 옥천역 터널에 숨어버림으로써 북한군의 지휘체계는 완전히 붕괴되었다. 평양을 떠나기 전 김일성은 후퇴해 온 제2군단장 김무정(혹은 무정)에게 평양방어의 임무를 맡기고자 했지만, 이미 전세가 기울었다는 것을 감지한 무정은 이 임무를 맡으려하지 않았다. 그는 중국쪽으로 피신하기 위해 북쪽으로 향했다. 평양 위수사령관에 임명된 오백룡조차 유엔군이 평양에 진입하기 이전에 평양을 포기하고 도주했다. 내부 붕괴의 조짐을 완연했다.

평양으로의 진격작전에서 또 한 번 적의 의표를 찌르는 공격 방법과 작전선을 선택하는 것이 효과를 낸다는 오래된 원칙이 입증되었다. 금천전투에서 미 제1기병사단이 제7기병연대를 백천으로 우회시킨 다음 금천 북방의 한포리에서 퇴로를 차단한 것은 금천을 방어하고 있던 북한군의 저항의지를 뺏는 효과를 나타냈다. 국군 제1사단은 율리에서 제15연대를 대동강 상류로 우회 기동하게 함으로써 제15연대는 큰 저항을 받지 않고 평양 시가에 선두로 입성할 수 있었다. 맥아더 장군이 서울 점령 이후 차후 작전에서 원산 상륙작전을 기획한 것은 소련군에게 그 의도가 노출되었고, 소련 군사고문단은 북한에게 기뢰 수천 발을 주어 원산 앞바다에 다량으로 매설했다. 오히려 내륙의 도로를 따라 북상한 국군 제1군단은 10월 10~12일간의 작전으로 비교적 손쉽게 원산을 점령할 수 있었다. "돌아가는 것이 빠른 길이 된다"(迂直之計)는 손자의 경구가 그대로 증명되었다. 인천상륙작전 이후 다시 한 번 상륙작전을 고집했던 맥아더에게 손자병법은 "전쟁에게 같은 방법을 반복하는 것은 효과가 나지 않는다"(戰勝不復)라고 말하고 있다.

18

원산 전투

일　　시 1950. 10. 1. ~ 10. 9.
장　　소 강원도 동해안 및 함경남도 원산시 일대
교전부대 국군 제3, 수도사단 vs. 북한군 제5, 12, 42사단, 제249여단, 기타 패잔병 및 독립부대
특　　징 국군의 신속한 진격과 협동공격으로 미 제10군단의 상륙작전 이전에 동해안 요충지인 원산을 점령한 전투

국군 부대들이 38도선을 돌파하고 북진을 시작한 것은 10월 1일 부터였다. 국군에 대한 작전통제권이 맥아더에게 있으므로 38도선 돌파에 신중을 기하는 상황에서 38도선 돌파의 정치적, 군사적 의미를 일축하고 재촉한 사람은 맥아더가 아닌 바로 이승만 대통령이었다. 9월 30일에 이 대통령은 '지휘권 위임은 대통령이 자진해서 한 것이므로 되찾아오는 것도 대통령 뜻이며, 지금 국군은 대한민국 대통령의 명령을 따를 것'을 당부하였고, 이에 정일권 육군참모총장도 북진명령에 '유엔군의 지휘권 문제가 있지만…… 대통령 명령에 따라 책임지고 결정하겠다'고 하여 북진명령을 수행하였다. 이에 따라 동부전선에서는 국군 제1군단 예하 제3사단이 10월 1일 정오에 38도선을 돌파하였다. 동부전선의 38도선 돌파는 중부전선 선봉인 국군 제6사단이 6일, 서부전선 미 제1기병사단이 8일에 38도선을 돌파한 것에 비해 약 5~7일 정도 빠른 속도

였으며, 다른 전선에서 38도선을 돌파할 시점에 제3사단은 6일에 통천, 8일에는 원산에 근접한 쌍음까지 진격하였다.

원산 앞바다에는 북한군이 유엔군의 상륙을 저지하기 위하여 기뢰를 부설했기 때문에 미 제10군단은 기뢰를 제거하면서 시간을 낭비 – 일명 '요요(YoYo) 작전' – 하고 있었다. 한편 북한군은 해상뿐만 아니라 육상에서도 국군의 진격을 저지하고자 하였다. 북한군 제5, 12, 15사단 주력이 원산으로 북상하면서 지연전을 수행하였기 때문에 진격이 용이하지 않았다.

그럼에도 불구하고 국군 제1군단 예하 제3사단과 수도사단은 성공적인 작전수행으로 양양에서 원산일대까지 신속하게 진격하여 원산 점령에 기여하였다. 먼저 38도선 돌파 이후 제3사단은 북한군의 후퇴 속도를 앞지른 신속한 진격속도로 동해안가도를 따라 10월 3일에 간성, 6일에 통천, 7일에 패천, 그리고 8일에는 쌍음까지 진격하였다. 북한군을 격멸하여 통일을 이룩할 수 있다는 희망을 갖고 북진하던 국군 부대들은 군화 대신 보급된 훈련화의 바닥이 해어져 발이 아프고 피가 흘러도 헝겊으로 싸매고 주야를 구별하지 않고 하루 평균 26km의 진격 속도로 진격하였다. 비록 북한군이 진지 구축, 지뢰 매설, 측방 위협사격 등의 저항을 하였으나, 이들은 대부분 국군의 진격에 기(氣)가 꺾여 도주하는 것이 통상이었다.

국군 수도사단은 예하 제18연대를 독립전투단으로 편성하여 4일에 간성에서 대암산–가칠봉–금강산으로 이어지는 태백산맥의 좌측 내륙으로 분진시켰다. 또한 주력인 제1, 기갑연대는 제3사단을 후속하다가 6일에는 통천에서 좌측으로 방향을 전환하여 7일에 화천을 점령하면서 제18연대와 합류하였다. 화천을 점령한 수도사단은 화천에서 원산 방향이 아닌 철령을 넘어 북한군의 퇴로인 경원선을 차단할 수 있는 신고산으로 진격하였다. 이와 같이 수도사단의 화천에서 신고산 방향으로의 우회 진격으로 북한군은 혼비백산하여 도주하면서 버리고 간 다발총

38도선 돌파(1950. 10. 1)

3,000정, 전차 6대, 야포 4문 등 1개 사단분의 보급품을 노획하는 "개전 이래 최대 전과"를 거두었다. 이렇게 국군 제1군단은 10월 9일 아침까지 쌍음-안변-신고산을 잇는 선까지 진출하여 원산 공격준비를 완료하였고, 우회 기동을 통하여 적의 퇴로인 경원선까지 차단하였다.

한편 국군 제1군단이 비록 원산일대까지 신속하게 진격하였지만, 북한군은 원산의 전략적, 전술적 중요성 때문에 각지의 패잔병들을 합류시켜 완강하게 사수하려 하였다. 즉 제249여단으로 원산방어사령부를 설치하고, 제5, 12, 15사단의 패잔병을 수습하여 쌍음-안변-신고산 선에서 지연전을 전개하며, 제599보병연대, 제588포병연대, 제590해안방위연대로 제42사단을 급편하고 강릉여단, 제945육전연대 등 기타 독립부대로 동해안과 남대천 제방일대에서 방어하였다. 이상과 같이 북한군은 약 2만여 명 이상의 병력과 전차 12대, 76㎜ 및 122㎜포 3개 대대의 장비로 방어선을 구축하여 완강히 저지하고자 하였다.

국군 제1군단은 북한의 주저항선인 쌍음-안변을 연결하는 남대천 일대를 포위공격하기 위하여 제3사단은 좌일선에, 수도수단은 우일

38도선을 돌파한 지 10일 만에 원산에 입성한 국군 제3사단과 수도사단(1950. 10. 10)

선에 중점을 두고 진격하도록 하였다. 즉, 원산 동단의 73고지-136고지-189고지군을 제3사단에게, 원산 서단의 여왕산(355고지)을 수도사단에 부여하여 원산 일대 감제고지를 점령한 이후, 원산으로 협격(協擊)하도록 한 것이었다. 이런 군단의 작전계획 하에 제3사단의 제22, 23연대는 각각 쌍음-원산방향과 안변-원산방향으로, 수도사단의 제1, 18, 기갑연대는 신고산-원산방향으로, 기갑연대 제1대대는 안변-원산방향으로 공격하였다.

10월 10일 새벽 국군 제3사단과 수도사단의 협동공격이 개시되었다. 제3사단 제23연대가 05시에 공격을 개시하여 원산 비행장 일대 북한군 방어선을 격파하고 07시에 시가전에 돌입하였다. 기갑연대는 북한의 전차포와 직사포의 포격으로 진출이 저지되었으나, 제3사단 제22연대의 지원으로 이를 제압하고 진출이 재개되어 원산에 진입하였고, 기갑연대 제1대대는 장갑차량 기동타격부대로 가장하여 원산비행장에 돌진하여 시가전을 전개하였다. 수도사단 제18연대와 제3사단 제26연대는 여왕산을 목표로 공격하였으나, 적의 완강한 저항으로 진출이 저지되었다. 이 때 폴리곤(Polygon)호의 유도로 미해병 항공단의 F-4U기 편대가 적 진지를 공격하여 진로 개척을 도와줌에 따라 제18연대가 여왕산을 점령할 수 있었다. 이와 같은 혼전 끝에 국군 제3, 수도사단이 시가지 중심부를 거의 동시에 점령하여 원산에 입성하였다. 원산을 점령한 국군 제1군단은 제3사단으로 하여금 원산 일대를 경비하면서 미 제10군단의 원산상륙을 엄호하고, 수도사단은 동해안을 따라 북상하여 10월 17일에 함흥과 흥남을 점령하였다. 원산전투의 승리는 국군의 38도선 조기 돌파와 원산으로의 신속한 진격, 군단의 협동공격 계획, 미 함대의 지원, 북한군의 해상 위주 방어와 패잔병 편성에 따른 방어체계 미흡 등에 의하여 달성될 수 있었다.

국군의 원산 점령은 군사적으로 커다란 의의를 지닌다. 첫째, 국군의 전력과 기세가 건재함을 과시하였으며, 둘째, 원산 조기 점령으로 북한군 보급 지원 감소시키고 전력을 약화시켰고, 셋째, 원산과 원산 비행장 확보로 원활한 보급 지원은 물론 동해 제해권과 제공권 장악을 확고하게 해주었으며, 마지막으로 소련과 북한의 내륙 병참선인 블라디보스토크-나진-원산-평양에서 원산을 장악하여 적의 병참선을 차단하였던 것이다. 원산 점령의 의미는 이승만 대통령이 10월 12일 직접 원산으로 날아가 국군 제1군단 전 장병들에게 1계급 특진의 영예를 수여한 것에서도 알 수 있다.

제2부

중공군 참전 이후의 격전들

1950년 10월 말에 중공군이 비밀리에 참전한 이후로부터 1951년 6월에 이르기까지 6·25전쟁은 또 한 차례의 전선 격동기로 진행되었다. 중공군은 참전 직후부터 5~6차례의 대규모 공세를 주도하면서 전세를 주도하려 하였다. 특히 유엔군을 청천강으로부터 38도선까지 밀어붙인 제2차 공세, 유엔군을 37도선까지 물러나게 했던 신정 공세, 동부전선의 국군을 집중 공격하여 돌파에 성공한 5월 공세 등에서는 우세한 병력을 바탕으로 운동전(運動戰)을 수행하는 중공군 전술의 진면목을 엿볼 수 있었다. 한편 리지웨이 사령관의 취임을 계기로 유엔군도 공세적인 반격을 전개하였는데, 특히 기동과 화력에 기반한 공격전술을 도입하여 중공군을 압도하고 전선을 다시 38도선까지 북상시키는데 성공하였다.

선별된 24개의 전투들 중에서 중공군 제2차 공세와 청천강 전투, 미 제23연대 전투단이 수행한 지평리 전투, 그리고 전투력이 취약한 국군부대들을 집중적으로 공격하여 동부전선에서 돌파구 형성에 성공한 중공군 5월 공세중의 현리 전투 등을 주요전투로 선정하여 자세하게 분석하였다.

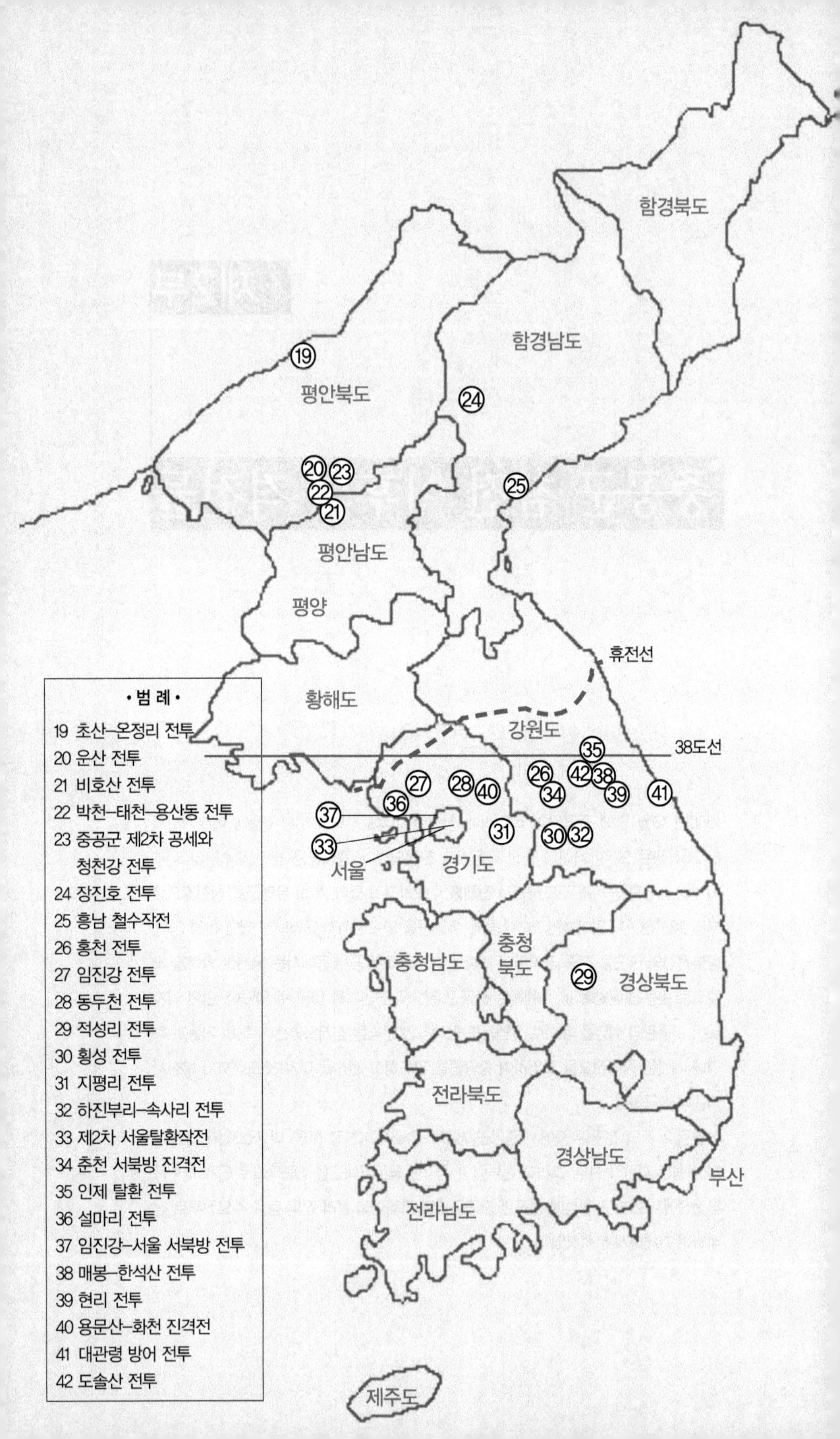
함경북도
함경남도
19
평안북도
24
20
23
22
21
25
평안남도
평양
휴전선
황해도
강원도
35
38도선
26
42
38
27
28
40
34
39
41
37
36
31
30
32
33
서울
경기도
충청
북도
충청남도
29
경상북도
전라북도
경상남도
부산
전라남도
제주도
• 범 례 •
19 초산–온정리 전투
20 운산 전투
21 비호산 전투
22 박천–태천–용산동 전투
23 중공군 제2차 공세와
청천강 전투
24 장진호 전투
25 흥남 철수작전
26 홍천 전투
27 임진강 전투
28 동두천 전투
29 적성리 전투
30 횡성 전투
31 지평리 전투
32 하진부리–속사리 전투
33 제2차 서울탈환작전
34 춘천 서북방 진격전
35 인제 탈환 전투
36 설마리 전투
37 임진강–서울 서북방 전투
38 매봉–한석산 전투
39 현리 전투
40 용문산–화천 진격전
41 대관령 방어 전투
42 도솔산 전투

19
초산-온정리 전투

일 시 1950. 10. 26. ~ 10. 27.
장 소 평안북도 초산군 온정리 일대
교전부대 국군 제6사단 vs. 중공군 제40군
특 징 국군 제6사단이 최초로 압록강변 초산까지 진출하여 주둔하던 중 중공군 초기 참전부대와 치룬 전투

인천상륙작전의 성공과 더불어 낙동강 방어선을 돌파한 국군 제1군단은 1950년 10월 1일 동해안 지역에서 38도선을 돌파하고 10월 10일에는 원산을 점령하는 쾌거를 기록했다. 서부전선의 미 제8군도 10월 8일 38도선을 돌파하여 10월 19일에는 미 제1군단 예하에 속해있던 국군 제1사단과 뒤를 이어 미 제1기병사단이 평양에 입성했다. 미 제8군과 국군 제1군단 사이 중부 지역으로 진출한 국군 제2군단도 제6, 8사단을 투입하여 희천-강계 방향으로 북진했으며, 미 제10군단도 10월 26일 원산에 주력인 미 제1해병사단을 상륙시켜 한반도 동북 지역으로 진격할 채비를 갖추었다. 실로 국군과 미군을 비롯한 유엔군은 마치 우군 부대 간 경주(競走)하는 식으로 북진작전을 수행했다.

희천(熙川)과 온정리(溫井里)를 경유하여 압록강으로 진격하라는 명령을 받은 제6사단장은 우측에 제7연대로 하여금 풍장(豊場)과 고장(古場)을 경유하여 초산(楚山)을 목표로 진격하도록 하고, 좌일선 제2연대

는 온정리와 북진(北鎭)을 거쳐 벽동(碧潼)을 점령하고 19연대를 예비로 삼아 온정리에 사단 사령부를 설치하려는 복안을 수립하고 예하 연대에게 공격명령을 하달했다.

사단이 희천에 지휘소를 설치한 10월 26일 사단장은 희비(喜悲)가 교차되는 두 보고를 받았다. 제7연대로부터 초산을 점령하고 압록강에 진출했다는 보고와, 온정리 서북방 동림산(東林山)에 배치된 중공군 대병력과 격돌하면서 고전중이라는 제2연대의 보고가 동시에 접수되었기 때문이었다. 이에 사단장은 희천에 위치한 예비대인 제19연대를 온정리에 급파하여 제2연대를 증원하도록 했으나 제대로 뜻을 이루지 못하고 국경까지 진출한 제7연대를 철수시켜야 하는 명령을 하달했다. 통일을 이룰 수 있다는 감격으로 압록강 물을 수통에 담아 경무대 이승만 대통령에게 전달했던 제7연대는 퇴로까지 차단된 상태에서 철수해야 하는 고난을 극복해야만 했다.

북한 수상 김일성과 부수상 겸 외상 박헌영의 간곡한 도움 요청 서신을 받은 중공 마오쩌둥은 내전을 종식하고 국가건설에 매진해야 하는 시점에서 소련의 공중엄호가 없이는 작전을 수행하기 어렵다는 내부 반발을 무마하고, '항미원조 보가위국(抗美援朝 保家衛國)'이라는 국가목표를 세운 다음, 이른바 항미원조전쟁(抗美援朝戰爭)에 참전하기로 결정하였다. 따라서 중공군은 중국인민지원군(中國人民志願軍)이라는 명목으로 1950년 10월 19일 압록강을 도하하여, 10월 25일부터 작전을 개시했다.

진지전(陣地戰)과 운동전(運動戰)을 배합하여 한반도에서 작전지역을 확보한 후에 한국과 유엔군의 유생역량(有生力量)을 소멸시켜 유엔군을 한반도에서 축출한다는 목표를 세운 중공군은 전역분할(戰役分割)을 통하여 한국군과 미군을 분할하고, 상대적으로 전력이 약한 한국군을 우선 소멸시킴으로써 전력이 강한 미군을 전후좌우에서 공격하여 이들도 섬멸한다는 개념 하에 한국군을 주 공격대상으로 삼고 작전을 수행했다. 그리하여 북쪽으로 돌출되어 김일성이 숨어 있던 벽동과 북한 임시정부가 위치한 만포진을 위협하는 국군 제2군단 제6사단을 우선 주 공격목표로 삼았다.

고장에서 10월 27일 철수를 개시한 제7연대는 풍장에서 퇴로가 차단된 것을 확인하고, 조직적인 부대별 철수를 포기하고 분산돌파를 통한 각개철수를 할 수밖에 없었다. 당시 제7연대 병사들은 자질이 우수하고 용감하여 혹한의 고난 속에서 산악철수를 감행했으며, 특히 의용군으로 북한군에 끌려갔다가 귀순한 남한 출신 귀순병들도 한국군 병사들을 안내하면서 끝까지 행동을 같이했다. 퇴로가 차단된 상태에서 희천 북쪽을 거쳐 산악지역으로 철수하는 이들은 극심한 혹한과 보급난을 극복하면서 초인적(超人的)인 철수를 강행하여 우측 묘향산 제8사단 제21연대 지역을 통하여 약 130km의 산악지역 철수를 감행한 후에 개천(价川)에 집결하였다. 한편 제6사단 제2연대와 제19연대 역시 온정리 부근에서 병력을 수습하여 사주경계를 실시하다가 명에 의거 집중을 통한 포위망의 돌파와 각개 분산 철수를 병행하여 개천에 집결했으며, 집결을 완료한 제6사단은 군단의 예비가 되어 부대를 재편성하고 청천강 선 방어에 투입되었다.

국군 제6사단 각 부대는 대부분의 주요장비와 보급품은 거의 포기해야만 했으나, 인명 손실은 그렇게 많지는 않았다. 그러나 제7연대는 최초 장교 119명, 사병 2,926명으로 편제되었으나, 분산 철수 후 북창에서 최초 부대를 재편성할 때에는 1,900여 명만이 집결하고 많은 병력은 후에 합류하는 경우가 발생했다. 퇴로가 완전히 차단된 상태에서 6사단 장병이 보여준 산악철수 요령과 인내는 이들이 평소 지니고 있었던 6·25전쟁 초기 춘천에서 선전한 "춘천바위사단"으로서의 긍지와 이에서 비롯된 사기가 원천이 되었다. 선전을 통해서 획득한 높은 사기는 고전을 이기는 전기의 모체가 된다는 명제가 입증된 셈이다.

20

운산 전투

일 시	1950. 11. 1. ~ 11. 2.
장 소	평안북도 운산군 일대
교전부대	미 제1기병사단, 국군 제1사단 vs. 중공군 제39군 제115, 116, 117사단
특 징	중공군 참전 이후 최초로 국군 및 미군이 중공군과 치룬 대규모 전투

마오쩌둥은 10월 13일에 6·25전쟁 참전을 최종적으로 결정하고 정규군을 '인민지원군'이라는 이름으로 한반도에 파견하였다. 10월 16일의 선발대에 이어 19일 본대가 압록강을 도하하여 한반도 북부의 산악 속으로 잠입해 들어갔다. 제13병단(兵團) 예하의 4개 군이 투입되어 물밀듯이 진격하고 있는 국군 및 유엔군을 저지하고자 하였다. 그러나 이러한 사실을 파악하지 못한 유엔군은 10월 20일 평양을 점령하고 국경선으로 계속해서 진격하고 있었으며, 이제 종전이 눈앞에 다가 온 것처럼 보였다.

서부에서는 제8군 소속의 미 제1군단이, 중부에서는 국군 제2군단이, 그리고 동부에서는 미 제10군단과 국군 제1군단이 거의 저항을 받지 않고 주로 도로를 따라 경쟁적으로 나아가고 있었다. 특히 10월 24일에 맥아더 장군은 중국 및 소련을 자극하지 않기 위해 설정한 유엔군의 전진한계선을 철폐하며 국경으로의 총공격을 지시하였다.

미 제1군단은 좌전방에 미 제24사단을 배치하여 신의주 방면으로 공격하게 하고, 우전방에는 국군 제1사단으로 하여금 운산을 거쳐 수풍발전소 방향으로 진출하게 하였다. 안주에서 청천강을 도하하여 10월 25일 오전 운산에 도착한 제1사단(최영희 준장)은 제12연대와 제15연대를 전방연대로 하여 북진을 계속하였다. 그러나 11시경에 운산 북방 고지의 적에 의한 강력한 공격을 받으면서 진격이 정지되었다. 이는 북한군이 국경에 인접하면서 최후의 저항을 실시하는 것으로 예측되었지만 11시 30분경에 생포된 포로는 북한군이 아닌 중공군이었다. 중공군 개입의 우려가 현실로 나타난 것이다. 제2군단장으로 전보되었다가 전황의 급박함으로 인해 다시 제1사단장으로 복귀한 백선엽 준장은 이들을 직접 심문해서 중공군 정규군임을 알고 군단에 보고하였으나, 미군은 이러한 사실을 믿지 않으려 하였다.

제1사단이 운산 북방에서 적과 일진일퇴를 벌이는 사이, 미 제1군단장은 최초의 계획대로 공격하기 위해 후방의 미 제1기병사단을 투입하여 초월공격을 지시하였다. 그리하여 30일 운산에 도착한 제8기병연대가 운산에서 서북쪽으로 진출하고 국군 제1사단은 동북쪽으로 공격하도록 지시하였다. 그리고 제5기병연대는 운산 서남부에서 후방지역을 방어하도록 하였다. 그러나 중공군도 이 지역에 병력을 집중하였다. 제39군 예하의 3개 사단을 투입한 중공군은 제116사단으로 하여금 국군 제1사단을 공격하고, 제115사단은 제8기병연대를 공격하며, 제117사단은 제8기병연대와 제5기병연대의 간격을 공격하여 제8기병연대의 측후방을 공격함과 동시에 아군의 퇴로를 차단하려 하였다.

11월 1일에 미 제1군단장은 우측의 국군 제2군단이 초산-온정리 전투로 인해 퇴각한 상태에서 군단이 돌출되어 고립될 우려가 있다고 판단하고, 군단을 청천강 북안으로 철수시켜 방어진지를 구축하기로 결심하고 이를 각 사단에게 지시하였다. 사단장 회의 결과 국군 제1사단 제15연대가 엄호하는 사이 나머지 부대들이 철수하기로 결정하였다. 그러나 최종 엄호부대인 제15연대는 그날 밤 22시경부터 시작된 중공군의 공격으로 진지가 돌파되고 와해되기 시작하였다. 이로 인해 좌인접 제8기병연대가 철수하지 못하고 적중에 고립되는 상황이 전개되고 말았다.

미 제1기병사단은 2일 새벽에 제8기병연대의 철수를 위해 제5기병연대를 남쪽에서 공격하여 양 기병연대의 협조 속에 퇴로를 확보하고자 하였다. 제8기병연대는 이러한 상황 속에서 철수에 성공하였으나 제3대대는 여전히 적의 포위망 속에 갇혀 있었으며, 제5기병연대의 공격도 돈좌되고 말았다. 결국 사단장은 제3대대의 구출작전을 포기하고 나머지 부대를 청천강 남안으로 철수시켜 재정비에 들어갔다. 제3대대는 대부분이 전사하거나 포로가 되었으며, 국군 제1사단의 제15연대도 커다란 타격을 받았다.

운산 전투는 6 · 25전쟁에서 국군 및 미군이 중공군과 벌인 최초의 교전으로 중공군 개입이 증명된 전투였으며, 차후의 작전에도 많은 영향을 주었다. 중공군은 미군의 화력과 기동력을 실감하고 이를 약화시킬 수 있는 전술을 고안해 냈으며, 미군 역시 중공군의 야간전투 및 근접전투 능력, 그리고 후방 침투와 퇴로 차단 등이 뛰어남을 알게 되었다.

그럼에도 불구하고 유엔군은 중공군이 본격적으로 참전했다는 사실을 믿으려 하지 않았다. 특히 유엔군은 중공의 외교적 위협과 만주에 병력 집중 사실 등을 알았음에도 불구하고, 중공군 개입 가능성을 부정하였을 뿐만 아니라 중공군의 10월 공세도 하나의 외교적인 제스처로 판단하고 말았다. 이와 같은 정보판단의 실수는 유엔군의 11월 말 총공세에서 입게 되는 피해와 더불어 38도선 이북 지역에서의 철수라는 전략적인 결과를 가져오게 되었다.

21

비호산 전투

일 시 1950. 11. 3. ~ 11. 6.
장 소 평안북도 개천군 군우리 일대
교전부대 국군 제7사단 vs. 중공군 제38군
특 징 중공군 참전 초기에 국군 제7사단이 거둔 승전이며, 국군과 유엔군이 청천강 교두보를 확보할 수 있는 계기 마련

국군과 유엔군이 한만(韓滿) 국경선을 목표로 진격하던 1950년 10월 말, 동부전선에서는 국군 제1군단과 미 제10군단이 순조롭게 진격하였으며, 서부전선에서는 미 제8군의 지휘 하에 국군 제2군단이 우익부대로 초산-만포진 방면으로 진격하고, 미 제1군단이 좌익부대로 신의주-벽동 방면으로 공격하였다. 한편 이 시기에 북한군은 이미 붕괴되어 흩어졌으나, 예기치 못했던 중공군이 10월 19일 경에 개입한 이후 제13병단 소속의 제39군과 제40군이 신의주로, 제38군과 제42군이 만포진으로 침투하여 서부지역에서 전투할 준비를 갖춤으로써 전쟁이 점차 새로운 국면으로 접어들게 되었다.

중공군은 일찍이 10월 25일과 26일부터 국군 및 유엔군과 접전을 시도하였는데, 이들의 작전계획은 서부전선에서 지형이 양호한 지대를 개방하여 기계화 부대와 강력한 화력을 가진 미 제1군단을 구성-선천 지역으로 유인함에 따라 산악지대를 거쳐 오는 국군 제2군단과 분리하고

한편, 이를 역으로 이용하여 주력방향을 기만하고 고지대에서 저지대를 향해 기습함으로써 서부전선 전체에서 아군을 포위하려고 하였다.

이처럼 예상치 못한 적의 출현으로 인해 미 제8군의 우측이 적에게 위협을 받자, 워커 미 제8군 사령관은 특히 희천 방면에서 침공하는 적에 대처해야 했다. 이를 위해 그는 국군 제7사단에게 개천-희천 사이의 도로를 경계토록 지시한 다음, 국군 제2군단의 전력을 강화하기 위해서 국군 제7사단을 기존의 미 제1군단에서 국군 제2군단으로 배속 변경하였다. 당시 국군 제2군단은 제6사단 제2연대가 온정리에서 철수 중이었고, 국군 제19연대와 국군 제8사단 제10연대는 이를 증원하기 위하여 역습을 시도하였으나 실패하였다. 이어서 국군 제8사단 제16연대와 제21연대를 투입하여 적을 저지하고자 하였으나, 설상가상으로 적이 희천 남쪽의 태평으로 진출함에 따라 자칫 군단 전체의 퇴로가 차단될 위기에 직면하였다.

이 상황을 타개하기 위하여 제2군단장은 제7사단에 조속히 구장동-덕천 간의 저지 진지를 점령하여 군단 동측방면으로 진출을 기도하는 중공군을 저지하도록 명령하였다. 이에 제7사단은 적정도 파악할 겨를 없이 11월 1일에 공격을 개시하였다. 제3연대와 제8연대가 일시적으로 백령천과 1,190고지를 점령하였으나, 중공군의 야간공격으로 인해서 각각 영변과 원리로 철수하고 말았다. 결국 구장동-덕천 지역 점령이 실패로 돌아가자 군단장은 11월 2일에 제7사단에게 군우리 북쪽의 비호산(飛虎山) 일대에 방어진지를 구축하여 적을 저지하라고 지시하였다.

국군 제7사단이 방어진지를 편성할 비호산은 이 일대의 평야지대에서 제일 높은 감제고지(622m)였다. 특히 군우리로 연결되는 도로와 철로를 통제할 수 있을 뿐만 아니라, 전술적 요충지인 군우리를 확보하기 위해서 필히 확보해야 할 중요한 고지이므로 미 제8군 사령부도 이 지역의 중요성을 여러 차례 강조한 바 있다. 임무를 부여받은 사단장 신상철 준장은 사기가 저하된 군단의 명예를 회복하기 위해서도 기필코 이

고지를 사수할 것을 결의하고, 방어진지를 강화하는데 주력하면서 적의 야간공격에 대비하였다. 이를 위해 제3연대는 비호산 일대에, 제5연대는 비호산 동쪽의 760고지에 각각 방어진지를 구축하고, 제8연대는 사단 예비로 군우리 남쪽의 용현리에 대기하였다.

드디어 11월 3일 새벽에 중공군 제38군이 1개 사단 규모를 동원하여 제3연대 방면을 공격하기 시작했고, 대대 규모의 적이 제5연대를 동시에 공격해 왔다. 제5연대는 쉽게 적을 격퇴하였으나, 적의 주공으로부터 공격을 받은 제3연대는 새벽까지 혈전을 펼치지 않을 수 없었다. 결국 비호산 정상에서 3차례나 주인이 바뀌는 밀고 밀리는 치열한 근접전투를 벌인 끝에 제3연대는 비호산을 지켜냈고, 적이 전선에서 물러나 11월 4일 오전부터 소강상태를 지속하자 제8연대와 임무를 교대하였다.

11월 5일 새벽에 재개된 적의 두 번째 공격은 규모나 전술면에서 이전 공격과 차이가 없었으나, 이번에는 산악의 능선을 따라서 제5연대를 집중적으로 공격해 왔다. 제5연대는 사력을 다해 격전을 펼쳤으나 수적인 열세를 극복하지 못하고 철수하였고, 그 여파는 비호산의 제8연대에까지 미쳐 새벽 무렵에는 비호산 정상이 적의 수중에 들어가고 말았다. 이처럼 상황이 불리하게 전개되자 사단장은 즉시 제3연대를 비호산 남쪽으로 진출시켜 제5연대의 철수를 엄호하고, 군우리 일대에 배치된 사단의 포병화력으로 비호산을 집중 포격하였다. 이후 포병 화력의 엄호하에 제3연대가 반격을 시도하였으나, 고지에 배치된 적의 완강한 저항에 의해 고전을 면치 못하였다. 하지만 다행스럽게도 때마침 재정비를 마친 제5연대와 제8연대가 11월 6일 아침부터 공격을 병행하여, 마침내 제7사단은 격전 끝에 중공군을 격퇴하고 다시 비호산을 확보할 수 있었다. 이처럼 두 차례에 걸친 비호산 공방전에서 참패한 중공군 제38군은 서서히 전선에서 이탈하기 시작하였다.

국군 제7사단이 중공군 제38군을 상대로 비호산 전투에서 거둔 승리는 실로 소중한 것이었는데, 이를 통해 중공군 참전 초기에 중공군에 대해 공포심을 느끼고 있던 국군 및 유엔군에게 자신감을 심어주었다. 또한 참전 초기에 운산과 온정리 일대에서 파란을 일으켰던 중공군의 공세는 비호산에서 막혔고, 이를 계기로 국군과 유엔군은 청천강 교두보를 확보할 수 있었다.

22

박천-태천-용산동 전투

일　　시 1950. 11. 6. ~ 11. 30.
장　　소 평안북도 박천군 - 태천군 - 평안남도 대동군 용산면
교전부대 국군 제1사단 vs. 중공군 초기 참전부대
특　　징 국군 제1사단이 적극적인 위력수색, 공격, 방어 등을 통해 적에게 심각한 타격을 입힌 일련의 전투

10월 19일 압록강을 도하한 중공군은 10월 25일부터 작전을 개시하여 우선 압록강 초산(楚山)까지 진출한 국군 제6사단의 배후를 차단하고, 이어서 국군 제2군단(제6, 7, 8사단)에게 섬멸적 타격을 가할 계획이었다. 또한 국군 제1사단도 공격한 다음, 이를 지원하는 미군도 측후방에서 공격함으로써 제8군을 후퇴시켜 차후 작전을 위한 기지를 확보하려 했다. 전력이 약한 국군을 먼저 공격하여 전역을 분할하고 전선의 균형을 무너뜨림으로써 국군과 유엔군을 동시에 후퇴, 섬멸시킨다는 전법(避實擊虛)을 적용한 것이다. 중공이 항미원조전쟁(抗美援朝戰爭)을 시작함에 따라 국군과 유엔군은, 맥아더의 표현대로, 새로운 적과 싸우는 "새로운 전쟁"을 수행하게 되었다.

중공군의 개입 의도와 규모에 대한 정확한 판단을 내리지 못하고 있던 유엔군 사령부는 중공군이 서부 전선에서 국군을 집중 공격하고 이를 지원하려던 미 제1기병사단에게 심대한 타격을 입힌 11월 5일 이후

공격을 중단하고 산 속으로 모습을 감추자, 청천강 선에서 방어선을 구축하고 차후 공격작전을 준비하였다. 이를 위해서 청천강 북안(北岸) 박천(博川) 지역에 교두보를 확보하고 있던 미 제1군단 소속 국군 제1사단도 적극적인 위력수색작전과 제한적인 공세작전을 수행해 나갔다.

그리하여 제1사단은 11월 17일까지 제15연대가 박천 서남쪽 일대를 장악하고, 제12연대는 박천에 연대본부를 설치하고 제15연대와 연결했다. 이 과정에서 국군 제1사단은 박천에 사령부를 두고 중공군 주력의 산악 철수를 엄호하던 북한군 제17사단을 격멸하는 전과를 거두었으나, 중공군이 대규모 공세를 준비하고 있다는 사실도 확인했다. 미 제1군단은 운산 지역에서 막대한 타격을 입은 군단 우측 미 제1기병사단을 예비로 전환하고 국군 제1사단을 우익으로 용산동-대령강 선에서 태천-구성-삭주 방향으로 공격시키고, 미 제24사단을 좌익으로 대령강 서쪽 해안지역 신의주로 진격하도록 계획을 세우고 국군 제1사단으로 하여금 미 제1기병사단 지역을 인수하도록 했다. 유엔군 사령관 맥아더 장군은 미 제8군이 청천강에서 전선을 정비하는 동안 압록강 철교를 폭격하여 중공군의 증원과 보급을 차단하는 조치를 취하면서 공세준비를 진행시켰다.

크리스마스 전까지 미군 병사를 귀가시키겠다(Home by X-Mas)는 맥아더 장군의 구상에 따라 이름까지 크리스마스 공세로 명명된 국군과 유엔군의 공세는 11월 24일(11월 15일 계획이었으나 미 제9군단 북진 지연으로 24일로 결정됨) 시작됐다. 공격 당일 국군 제1사단 제11연대는 일부 적을 격파하고 태천(泰川) 동북방에 진출하고, 제12연대도 태천 남쪽까지 진출했으며, 제15연대 역시 제12연대 좌측방을 방호하면서 진격했다. 11월 25일, 태천을 목전에 둔 제1사단은 심한 적의 저항을 받았으나, 이를 격퇴하고 진지를 구축하면서 태천 탈환준비를 서둘렀다. 11월 27일에 이르러서는 제12연대를 제외한 전 지역에서 적의 압력이 가중되면서 제1사단을 공격해왔고, 28일 아침에는 사단 전 접촉선에서 근접

전투를 반복하면서 북진을 계속하려 했으나, 제11연대가 적에게 포위당할 위험에 처하게 되었다. 그리하여 사단은 일단 철수를 실시하여 용산동(龍山洞)에서 고창리(古倉里)에 이르는 방어선을 설정하고, 대령강(大寧江) 동쪽에 제15, 11연대, 강 서쪽에 제12연대를 배치하여 방어진지를 점령하도록 조치했다.

이러할 즈음에, 중공군의 대규모 개입을 확인한 맥아더 장군은 서부전선의 미 제8군과 동부전선의 미 제10군단의 전면적 철수를 명령하기에 이르렀다. 이에 따라 국군 제1사단은 12월 1일 숙천(肅川)을 중심으로 동쪽에 제12연대, 서측에 제15연대를 배치하고 제11연대를 예비로 영유(永柔)에 위치시켜 우측의 미 제9군단과 더불어 평양 북방에서 방어선을 구축하면서 통일의 꿈이 무산된 것 같아 안타까운 마음을 쓰다듬고 있었다.

이른바 10월 공세로 불린 1차 전역을 치르고 중공군이 산악으로 자취를 감춘 11월 6일 이후부터 크리스마스 공세를 치른 직후인 11월 30일까지 국군 제1사단은 적극적인 위력수색과 공격, 방어, 및 철수 등의 작전을 수행하면서 북한군과 중공군에게 심대한 타격을 입혔다. 전사 50명, 전상 187명, 실종자 165명의 피해를 감수했지만, 제1사단은 적 사살 1,353명, 포로 71명을 획득하고, 각종 장비와 무기(소총 177정, 경기관총 11정, 박격포 3문, 지뢰 150발, 무전기 2대)를 노획하는 전과를 거두었다. 낙동강 전선의 다부동 전투 승리이후에 평양에 제일 먼저 입성한 병사들의 긍지와 "지휘관은 항상 병사들과 더불어 가장 위험한 곳에 위치해야 한다"는 백선엽 사단장의 신념이 이를 가능하게 만들었다.

23

중공군 제2차 공세와 청천강 전투

일 시 1950. 11. 25.~12. 4.
장 소 평안남북도의 청천강 남북 일대
교전부대 미 제8군 vs. 중국 제13병단
특 징 기습, 기만, 유인, 침투 및 포위를 잘 활용한 중국군의 공세로서 미 제8군의 평양 포기와 38선으로의 후퇴를 야기했던 전역

1950년 10월 말부터 약 10일 동안 운산, 초산, 온정, 희천에서 공세를 퍼붓던 중공군이 11월 5일부터 갑자기 퇴각하기 시작했다. 이번의 공세의 충격으로 11월 6일 '완전히 새로운 전쟁'에 돌입했다고 선언한 바 있는 유엔군사령관 맥아더는 그 동안 나타났던 중공군의 실체는 무엇이며, 그들의 궁극적 의도가 무엇인지에 대해 판단하는데 고민에 빠졌다.

펑더화이는 11월 5일 제1차공세의 종결을 예하 부대들에 알리며 차후에는 각 군이 한 개 사단을 전방에 두어 기동방어를 수행함으로써 주력부대가 후퇴하는 것을 엄호하도록 했다. 제39군 제117사단, 제40군 제119사단도 일부 병력으로 하여금 박천, 영변을 공격하는 유엔군을 저지하도록 했다. 동부전선의 제42군 부대는 황초령 이북 지역에서 미 제1해병사단의 공격을 저지했다. 펑더화이는 11월 9일에는 제125사단에게는 덕천 진지를 계속 고수하도록 명령하는 한편, 서부전선 청천강 지구에서는 모든 부대들이 후방으로 한 걸음 물러나 적의 전진을 유인하면

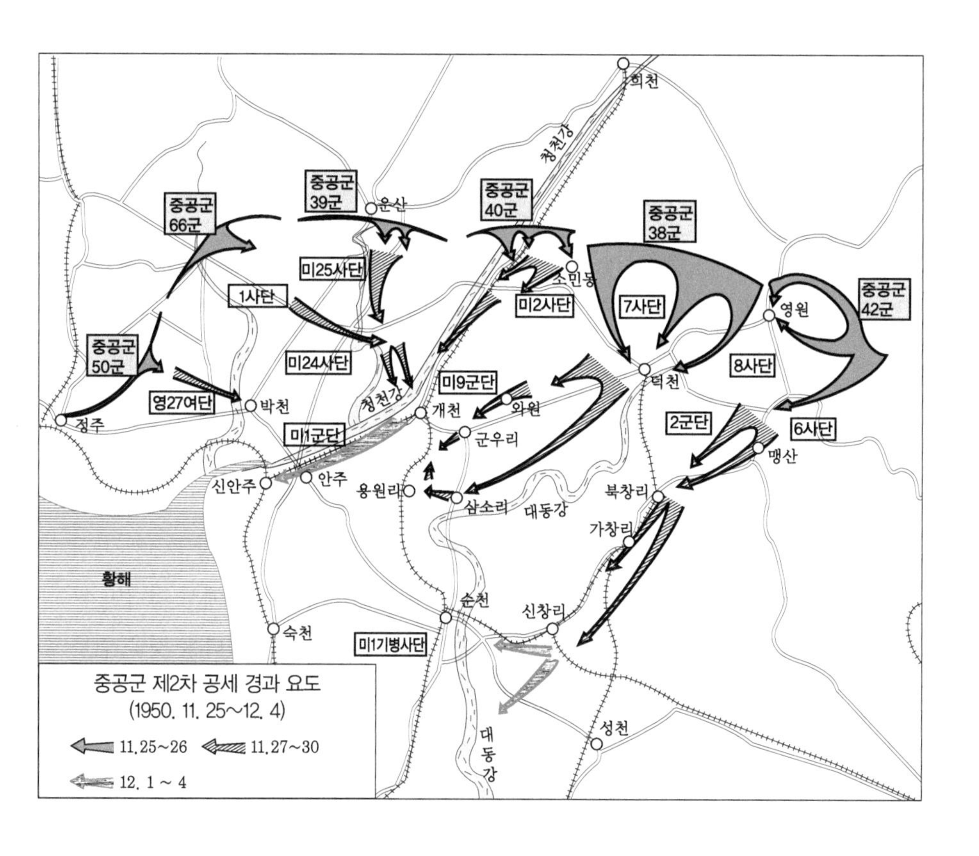

서 계속 저지하도록 했다.

적이 후방으로 후퇴하는 징후가 확실해졌지만, 미 극동군과 제8군은 상황을 신중하게 고려하기 시작했다. 며칠 전에 초산, 온정, 희천에서 국군 제6사단에게 심대한 타격을 입히고, 운산에서는 미 제1기병사단 제8기병연대 일부를 포위했던 병력들은 무엇을 위해 개입했나? 실제로 그들의 규모는 얼마나 되는 것인가? 지금까지의 전투에서 사로잡은 포로 심문을 통해 그동안 활동한 중공군 부대들은 정규사단 명칭을 쓰고 있는 것이 분명했지만, 그들은 자신들이 '중국인민지원군'에 속한다고 진술했다. 맥아더는 여러 가지로 중국 개입의 의도를 추측해보고자 했다. 10월 말에 나타났던 중공군은 압록강 수풍댐을 확보하고자 유엔군이 진출하는 것을 미연에 방지하기 위해 제한적인 규모만 투입한 중국정부의 개입이었나? 앞으로 중국은 어떤 방식으로 나올까? 이번에 개입한 적의 규모는 얼마나 되는 것인가? 이 모든 것이 차후작전을 위해 판단을 내려야 할 사항이었다.

맥아더는 제8군사령관 워커 장군에서 일단 진격을 중지하고 청천강 북안의 교두보를 유지하는 한편, 주력부대는 청천강 이남에서 재정비를 하도록 했다. 맥아더는 11월 6일 재공격의 의지를 표명했고, 워커도 같은 날 "후방에서 평정작전을 수행하던 제9군단을 북상시켜 3개 군단으로 공격작전을 실시하되 제1군단을 서, 제9군단을 중앙, 국군 제2군단을 동으로 하여 상호 협조된 공격으로 한만국경선까지 진격하려 한다. 공격개시일은 준비가 완료되는 대로 정하겠다"고 맥아더 장군에게 작전계획을 보고했다. 워커는 지난번 압록강으로의 진격작전에서 병력이 부족하여 병력들 사이의 간격으로 중공군이 침투공격을 했다는 것을 염두에 두고 있었다.

제1차 작전을 종결하면서 마오쩌둥과 펑더화이는 차후의 한 차례 작전에서 유엔군에 큰 타격을 가하기 위해서는 적극적으로 적을 유인할 필요가 있다는 사실에 완전히 일치된 생각을 갖고 있었다. 이미 1930년대의 국민당군과의 내전에서 중국 홍군은 "적을 깊숙이 끌어들여 타격한다"는 '유적심입'(誘敵深入)의 작전방법을 사용해 효과를 본 바 있었다. 펑더화이는 차후작전에서 중공군이 자체적으로 후퇴함으로써 미군을 깊숙이 끌어들인 다음 공세를 취하겠다는 작전구상을 마오쩌둥에게 보고했다. 마오쩌둥은 11월 9일 이러한 펑더화이의 구상에 동의하면서 차후작전에서 덕천, 영원, 맹산 지역을 장악하는 것이 중요하다고 강조하고 "이달 안이나 12월 초까지 한 달 안에 동서 양 전선에서 각각 한두 차례 전투하고 적 총 7, 8개 연대를 섬멸하여 전선을 평양-원산 간 철도선 구역까지 전진하게 된다면 아군이 근본적 승리를 하게 된다"고 전략 구상을 밝혔다.

압록강을 건너는 중공군(1950. 10. 19)

한편 중공군 지도부는 차후작전에서 동부지역을 담당하게 될 쑹스룬(宋時輪)의 제9병단(제20, 26, 27군의 12개 사단)을 압록강을 건너 장진호 지구를 향해 전진하게 했다. 제27군은 신의주에서 11월 7일에 도강하여 동측으로 이동했고, 제20, 27군은 11월 12일 임강에서 압록강을 도강해 작전지역으로 이동했다. 이들은 주간에는 철저히 은폐하고 야간에만 은밀히 기동하여 미군의 공중정찰에 노출되지 않은 채 11월 21일까지는 작전 지역에 전개를 완료했다.

펑더화이는 11월 13일에 중국인민지원군 제1차 당위원회를 열고 1차 작전의 결과에 대해 결산하는 한편, 그의 차후 구상을 밝혔다. 그는 유엔군의 진격을 틈 타 강계로 집결하고 있는 북한군 패잔사단들의 상황을 염두에 두고 차후작전에서 중국지원군 제13병단과 제9병단이 전방에서 전진해오는 유엔군 부대들을 분할 포위하여 섬멸하는 한편, 이와 동시에 유엔군 부대 후방에서는 북한 북한군이 유격전을 전개해 정보를 수집하고 배후 교란을 하게 한다는 작전 방침을 구상했다. 중국 홍군이 국공내전과 항일전쟁에서 주로 쓰던 '배합전'이었다.

우리들은 현재 적 후방을 정찰하고 적의 병참선을 공격할 항공정찰 수단이 없다. 그러므로 반드시 조직적인 유격전을 시행하여 적 후방의 운수와 교통을 습격 · 파괴하고, 적의 병력을 분산시키며, 적정을 정찰함으로써 직접 배합작전을 시행해야 한다.......각군은 현 정찰조직을 활용하여 북한군 부대와 지방공작인원과 함께 적 후방에 들어가 활동한다면 그 작용은 매우 클 것이다.

남조선 후방에 들어가 적후보장 유격활동을 하는 것은 중차대한 전략적 의의가 있다. 이렇게 되면 적의 점령지역을 축소하여 아측의 점령지역을 확대하는 결과가 될 것이다. 자기의 인력과 물력(物力)을 확립하고 자기의 역량을 축척하는 것이다. 적의 인력과 물력을 쇠약하게 만듦으로써 전략상 적의 병력을 분산하고 주전장과 배합하여 적을 섬멸하는 것이다.

펑더화이는 북한주재 소련대사 슈티코프, 김일성과 11월 15일에 만나 이러한 배합작전의 개념을 설명하고 협조를 구했다. 북한군은 그 동안 강계에 모여든 부대들을 급히 5개 군단으로 재편성했다. 그 중 중공군의 공세에 호응해 덕천, 영원 지역에서 적 측방과 배후에 진출할 부대는 방호산의 제5군단(제6, 12, 24, 38사단)이었다. 한편 38도선 북방에서 유격활동을 하던 '적후부대'들은 최현의 통제 하에 제2군단으로 편성되어 중국지원군의 공세와 함께 38도선 북쪽에서 주요 도로를 파괴하고 유엔군 후방부대를 교란하여 공세를 지원하는 임무를 부여받았다. 제1군단은 중공군 제13병단의 통제를 받아 움직이고, 제4군단은 동해안에서 지연전 임무를 수행하게 되었다. 제3군단은 강계에서 아직 재편성 중이었다.

펑더화이는 공세준비를 하는 동안 유엔군 부대들을 유인하고 기만하기 위한 조치를 취했다. 11월 17일까지 소규모 부대 활동을 통해 유엔군의 진출을 유인했으나, 11월 17일에는 유엔군의 판단을 더욱 흐리게 하고자 모든 부대들을 은폐함으로써 중공군이 완전히 철수한 것 같은 인상을 주고자 했다. 모든 부대들은 위장을 철저히 하고 주간 활동을 엄금함으로써 유엔군의 공중정찰에 은폐지가 노출되지 않도록 했다.

중공군 측의 이처럼 철저한 기만과 은폐로 인해 유엔군은 중공군의 실체를 완전히 오해했다. 맥아더는 직접 항공기로 압록강 남쪽 지역에 대한 정찰비행을 하는 한편, 수많은 미군 정찰기들이 많은 수의 항공사진을 찍어 이를 분석했지만 중공군의 대병력이 주둔한다는 어떠한 징후도 발견할 수 없었다. 정말 그들은 연기처럼 사라졌다. 미국 정보기관들은 만주에 수십만 명의 병력이 집결해 있다는 것을 알고 있으면서도, 막상 압록강 이남으로는 50,000~70,000명의 병력밖에 들어와 있지 않다고 잘못 알고 있었다. 이 군대는 보급을 제대로 받지 못해 보급에 어려움이 있고, 날씨가 추운 것이 철수한 원인이라고 생각했다. 중공군의 참전 의도에 대해서는 압록강 수풍댐의 보호와 유엔군의 국경접근에 대한 견제가 근본적 개입 동기라고 판단했다. 유엔군의 공세준비가 완료된 11월 24일 동경의 극동군사령부는 적의 총병력을 북한군 83,000명, 중공군 40,000~79,935명으로 평가하고 있었다. 그러나 실제로 이때까지 압록강을 넘은 중공군 병력은 약 380,000명 정도였다. 맥아더는 11월 17일 주한 미국대사 무초에게 만약에 30,000명 이상의 중공군이 북한에 침투할 경우 그것은 미 공군의 정찰에 노출될 수밖에 없다고 공언했으나, 그것은 공군 정찰능력을 너무나 과신한 것이었다.

유엔군의 이른바 '크리스마스 공세'는 이런 판단에 입각해 준비되었다. 미군은 군수지원에 충분한 준비를 해 11월 17일경에는 매일 열차편으로 2,000톤의 군수품이 평양으로 수송되고 있었고, 해상으로도 매일 1,500톤씩 진남포항에 상륙시킬 수 있었다. 제8군의 공세는 좌전방에서 미 제1군단(미 제24사단, 국군 제1사단, 영 제27여단)은 신의주-평양 도로를 중심으로 서해안을 따라 진출하고, 중앙의 미 제9군단(미 제2, 24사단, 터키 여단)은 군우리-희천 도로 좌측으로 진출하도록 했다. 우전방 국군 제2군단(제7, 8, 6사단)은 이 도로 동쪽의 산악지대에서 우인접의 미 제10군단과의 긴밀한 협조 아래 덕천, 영원 지역에서 북상하도록 했다. 이와 동시에 동해안의 미 제10군단(미 제1해병사단, 제7사단)의 미 제1해병사단이 장진호를 경유 강계 남쪽의 무평에서 미 제8군과 합류하고, 제7사단 주력은 혜산진으로 진격하며, 그 동쪽의 국군 제1군단(제3, 수도사단)은 두만강을 향해 북진할 임무를 부여받았다. 이번 공세에 투입된 병력은 미 제8군 예하에 250,000명, 미 제10군단(국군 1군단 포함)이 80,000명으로 공세에 참가하는 총병력은 약 330,000명이었다. 공군과 해군, 그리고 후방의 경계 병력을 포함하면 유엔측의 총 병력규모는 553,000명이었다.

공세에 앞서 미 제8군사령관 워커 장군은 부대 간에 간격이 없이 서로 연결을 유지하며 진출할 것을 강조했지만, 그것은 작전지형의 특성상 매우 어려운 것이었다. 강남산맥과 묘향산맥에는 도로들이 좌우 1,000고지 이상의 험준한 산들 사이를 통과하고 있었다. 대부분 차량기동에 의존하고 있는 미군 부대로서 그 주변지역의 고지대를 모두 수색하면서 인접부대와 연결을 유지하며 진출하는 것은 이론상으로나 가능한 것이었다.

중공측에서는 소련군의 무선 감청수단과 중국과 북한 군관으로 편성해 유엔군 배후에 침투시킨 정찰조가 제공한 정확한 정보를 갖고 미군의 공세가 시작되기를 기다리고 있었다. 소련군은 미군에 대한 통신 감청과 암호 해독, 간첩 운용에 의해 유엔군의 이동 상황을 소상히 파악하고 있었고, 이를 마오쩌둥에게 제공했다. 예를 들면 11월 18일 마오쩌둥은 미군이 한반도에 참전해 있는 중국병력 규모를 50,000~70,000명으로 잘못 파악하고 있다는 것을 알고, 이를 이용할 것을 펑더화이에 말했다. 소련군 총참모부는 미군과 국군 부대의 사단급 이동 상황을 세밀히 추적하고 있었고, 유엔군의 공세 시작 하루 전인 11월 23일에는 "11월 24일 아침에 공세가 시작될 것"이라는 사실을 파악함과 동시에 그 전투서열에 대해서도 세세하게 파악하고 있었다. 중국측은 손자(孫子)

가 말하는 “적의 형태는 드러내되 나의 형태는 감춘다”(形人而我無形)의 경구를 완전히 실현한 것이다.

펑더화이는 제2차 작전 전역 방침을 “내선으로 적을 깊이 유인하여 적을 각개 섬멸”하는 것으로 정했다. 주력은 제1차 전역 당시에 익숙해진 지구에 은폐해 휴식과 정비를 시행하며 반격진지를 구축하고, 고의로 약점을 보여 적을 교만하게 하여 유인하고자 했다. 서부전선에서는 제13병단이 UN군을 대관동, 온정, 묘향산, 평남진 지구까지 끌어들이고, 동부전선에서는 장진호로 끌어들여 기습반격을 시행하고자 했다.

중국인민지원군 사령부는 이 개념에 따라 11월 21일 다음과 같은 작전계획을 확정했다. 먼저 청천강 동안의 국군 제2군단을 섬멸하여 전역 돌파구를 열고, 차후 전역에서 전과를 확대할 수 있는 전기(戰機)를 만든다. 제38, 42군과 제40군 일부를 집중하여 국군 제6, 7, 8사단이 희천 이남 호랑령, 묘향산, 하행동을 연하는 선에 도착하면 제38군 주력으로 내창, 고성산 이북, 구장을 향해 공격하고, 1개 사단은 정면의 적을 포착 분할한다. 제42군 주력은 대동강 양안을 끼고 영원, 덕천을 향해 공격하고, 1개 사단은 맹산, 신창리를 향해 공격 전진한다. 제40군은 구장을 향해 신흥동과 그 이북 지구까지 공격하여 제38, 42군의 행동과 배합한다. 덕천, 영원을 점령한 후 제42군은 각각 군우리, 삼소리 방향으로 공격 전진하여 적 퇴로를 차단한다. 제38군은 구장을 경유하여 영변, 박천을 향해 직진한다. 제40군은 제38군과 협동하여 영변, 용산동을 향해 공격 전진한다. 각 군에 소속한 공격 사단들은 일부 연대로 적을 공격하여 저지한 후 부대와 부대의 간격으로 대대 혹은 연대 규모의 부대가 침투해 들어가 유엔군 부대를 잘게 분할하여 포위하라는 명령을 받았다. 제39, 50, 66군은 조공으로서 서부전선의 미 제1군단을 압박하는 임무를 받았다.

펑더화이는 이번의 전역에서 UN군의 약점은 국군 제2군단에 있으며, 초기에 국군 사단들을 포위 섬멸하는 것이 전역 성공의 관건이라고 인식했다. 11월 22일 13시에 중국인민지원군 사령부는 제38군과 제42군을 통합 지휘하게 된 부사령관 한선초에게 전문을 보내 "덕천 지구의 국군 제7, 8 양 개 사단을 전멸시킬 목표로 한다."는 점을 강조했다. 이 때 펑더화이는 공격 개시 시간을 25일 저녁으로 하고, 동부전선의 제9병단은 26일에 공세를 시작하라고 명령했다.

유엔군은 11월 24일 아침부터 공군의 지원을 받으며 자신 있게 공세를 시작했다. 첫날 공격에서 유엔군 부대들은 25일 낮까지 순조로운 진격을 계속해 11월 25일까지 미 제8군 부대들은 정주와 그 동북 안심동, 태천 동쪽의 연흥동, 태천 동북쪽의 기우산, 운산 동남쪽의 상구동, 구장 이북의 신흥동, 덕천 이북의 우현동, 영원 이북의 풍전리와 봉덕산 일선에 도착했다. 미 제8군의 공격 정면은 최초 약 80km에서 약 300km로 확대되어 있었고, 각 사단 간에는 넓은 공간이 있었다. 미 제8군과 제10군단 사이의 간격이 더욱 벌어졌고, 각 부대들이 도로를 중심으로 진격함으로써 부대와 부대 사이에도 큰 공간이 생겼다.

중공군 제13병단의 공세는 11월 25일 황혼 무렵부터 시작되었다. 국군 제 7사단을 포위 섬멸할 임무를 맡은 제38군은 공격전부터 세밀하게 정찰을 시행하여 제7사단 부대들의 움직임을 면밀하게 살피고 있었고, 특히 정면의 국군 부대 배치와 부대와 부대 간의 접합부(전투지경선)가 어디인지를 정확히 파악했다. 제114사단이 정면돌격으로 덕천지구에서 국군 제7사단 부대들을 고착시키는 동안 제112, 113사단은 국군 제7사단의 양익을 공격해 신속하게 덕천 서쪽과 남쪽 지역으로 진출해 이를 섬멸하기로 했다.

전투가 시작되자 제113사단은 거문동, 송하리에서 공격해 들어가 국군 제7사단 우익과 제8사단 좌익의 사이로 침투하는데 성공했다. 다음 날 아침 이 부대는 08시까지 덕천 남쪽의 제남리, 차일봉과 용동 남산 지구에 도달함으로써 덕천, 영원 간 국군의 연결을 차단하는 한편, 덕천으로부터 제7사단의 남쪽으로의 퇴로를 차단하는데 성공했다. 정면에서 제114사단은 국군 제8연대 2개 대대를 공격해 이를 격파하고 덕천으로 압박해 들어갔다. 예하의 제341연대는 제7사단의 사단 포병대대 진지 위치를 정확히 파악한 후 정예 소분대를 조직해 26일 07시에 포병대대를 기습했다. 제7사단은 A, C포대가 이 공격에 의해 거의 대부분의 포를 상실했다.

공격의 우익을 담당했던 중공군 제112사단은 야음을 이용 1,200m의 형제봉을 넘어 26일 05시경에는 백령천을 따라 덕천에서 구장으로 연결되는 도로를 차단함으로써 국군 제7사단의 서측방 연결통로를 차단했다. 26일 새벽 제7사단의 우익으로 우회한 제113사단 예하 1개 대대 규모의 병력이 덕천에 있던 사단 사령부를 급습함으로써 제7사단은 심각한 위기에 봉착했다. 사단장은 급히 덕천 뒷산으로 빠져나간 후 사단 예비인 제5연대 제3대대 병력으로 이들을 격퇴하라고 명령했다. 제5연대 제3대대의 분전으로 덕천 남쪽 2km 지점인 제남리의 중공군 봉쇄망을 뚫고 사단 사령부, 직할중대, 제18포병대대 B포대가 덕천을 빠져나가 북창으로의 철수로를 개척할 수 있었지만, 이들이 철수한 후 중공군은 다시 이 봉쇄망을 장악함으로써 전방에서 후퇴하던 제8연대와 제5연대 주력은 퇴로가 막힌 채 분산 후퇴하게 되었다. 사단 좌익의 제7연대 제3대대는 구장동으로 철수하고 제5연대 제3대대는 군우리로 철수 할 수 있었지만, 제8연대 전체와 제5연대 주력, 수색중대는 많은 인원들이 포로로 잡히고 부대들은 분산 탈출해야 했다.

동쪽의 영원에 있던 국군 제8사단도 25일 밤 중공군 제42군의 기습적 포위 공격을 받았다. 제8사단은 정면에 제10연대가 하령곡산에 있었고, 제2연대는 영원 동북의 신기산, 덕인봉 일대에서 공격작전을 전개하고 있었다. 제16연대는 영원과 맹산 간 도로 측방을 경계하고 있었다. 그 동쪽으로는 아군 부대가 없는 열린 공간이었다. 중공군 제42군은 좌익(동쪽)에서 제126사단이 넓게 우회하여 애창천, 상화리 방향으로 퇴로를 차단하고자 했다. 제126사단의 우회는 애창천 측방을 방호하고 있던 제16연대 제1, 2대대에 의해 저지되었으나, 제8사단은 사단 후방이 적에 의해 차단될 위기에 빠졌다는 보고를 받고 심각하게 동요했다. 중공군 제126사단 이날 저녁 영원 북방 5㎞ 지점의 국군 제10연대 정면을 공격하는 한편 일부 부대는 영원 서북방의 하령곡산 부근으로 우회하여 제10연대의 영원으로의 퇴로를 차단하고자 했다. 위기를 직감한 제10연대는 영원 방향으로 철수를 결정했지만 연대 후방까지 침투에 성공한 중공군 제125사단 제374연대 첨병 중대는 급속히 영원읍으로 쇄도해 들어갔다.

제10연대장은 지휘소 인원과 직할대 병력으로 시가에 나타난 중공군 부대와 격렬한 시가전을 벌였으나 제10연대장 고근홍 대령이 포로로 잡히는 등 지휘체계가 급속히 붕괴되었다. 영원 읍내가 중공군의 수중에 들어감으로써 이곳에 있던 제50포병대대 역시 보유 화포를 모두 잃고 분산되었다. 맹산의 사단사령부에 있던 제8사단장은 제16연대장에게 "신속히 맹산-북창 도로의 매재령으로 철수하여 사단 주력 부대의 철수를 엄호하라"고 명령하고, 사단 예하의 모든 부대들은 가능한 최선의 방법을 강구해 남쪽의 가창으로 집결하도록 명령했다.

그러나 중공군의 우회부대가 이미 매재령을 장악함으로써 맹산-북창 간 도로도 차단되었다. 국군 제2군단장 유재흥 장군은 급히 군단 예비인 제6사단 제7, 19연대를 북창 주변에 배치하여 전방에서 철수하는 부대들을 엄호하도록 조치했다. 다음날 날이 밝은 후 제2군단은 미군의 항공지원을 요청하였고, 이에 힘입어 제8사단 제16연대는 매재령을 개통하고 북창 방면으로 빠져나갈 수 있었다. 영원에서 분산되었던 제10연대와 제21연대의 분산된 병력들도 소규모 그룹으로 북창과 가창으로 집결하기 시작했다. 제2군단은 추격하는 중공군 부대를 저지하기 위해 제6사단을 투입함으로써 위기를 벗어나고자 했다. 11월 29일 미명 중공군 약 4개 연대 이상의 추격부대가 제6사단의 2개 연대를 공격해오자 상황은 매우 어려워졌다. 이러한 동부지역의 위기를 타개하기 위해 미 제8군사령관 워커장군은 국군 제6사단을 미 제9군단의 통제 하에 작전 배속하는 한편, 평양에서 예비 부대로 있던 미 제1기병사단의 제7기병연대를 북창으로 투입하여 국군 제6사단을 증원하도록 했다. 국군 제6사단은 중공군의 추격을 따돌리고 신창에 도착하여 여기서 미 제7기병연대와 함께 순천-신창리 도로를 차단하는 방어진지를 구축함으로써 한숨 돌리게 되었다.

국군 제2군단의 붕괴로 인해 미 제8군의 전열은 크게 구멍이 났다. 중공군의 기습공세로 불과 하루 밤 만에 군의 우익이 크게 열림으로써 구장 북쪽 신흥동 일대에서 병렬로 진출하던 미 제2사단(제9군단 소속)의 측방이 크게 노출되었다. 운산을 공격하던 미 제25사단 역시 중공군 제39군의 야간공격에 전선의 여러 곳이 침투 당하였다. 태천을 공격하던 국군 제1사단, 박천 서쪽에서 정주를 향해 공격하던 미 제24사단과 영 제27여단 역시 곳곳에서 중공군의 야간 침투 공격으로 곤경에 빠졌지만, 지휘체계는 크게 붕괴되지 않았다.

그러나 이들 부대들은 중공군의 독특한 작전방식으로 인해 큰 심리적 충격을 받았다. 중공군은 야간 공격을 개시하기 전에 피리와 꽹과리를 치며 밤 공기를 이상한 분위기로 몰아넣었다. 공격이 시작되면 중공군은 연대가 불규칙적인 대형을 이루며 고지에서 함성을 지르며 저지대로 우뢰와 같이 쇄도해 뛰어 내려가다 고지를 향해 올라가는 전법을 썼다. 방어를 하던 국군과 미군 병사들은 이들이 달빛 속에서 뛰어 내리며 공격해 오는 것이 마치 산사태가 나는 것 같았다고 회고했다. 방어부대들은 기관총이 뜨거워질 때까지 이 거대한 인간 집단에 대해 사격을 해대고 또 해댔지만, 하나의 전열이 공격을 한 연후에는 잠시 후 또 하나의 부대가 전열을 이루어 제파공격을 해왔다. 방어부대들은 기관총 사격으로 상당수의 적에게 살상을 입혔지만 야간의 사격은 실제로 생각한 것만큼 정확하게 적에게 타격을 가할 수 없었다. 미군과 국군 병사들은 이러한 중공군의 전법을 인해전술(人海戰術)이라고 불렀다. 그러나 중공군이 그러한 공격방법을 택한 것은 야간에는 빠른 속도로 움직이는 공격방법이 오히려 사상자를 줄일 수 있음을 오랜 전쟁 경험에서 체득했기 때문이다. 2~3일 동안 중공군의 야간 공격을 경험한 유엔군 병사들은 그들의 피리와 꽹과리 소리만 들어도 기분 나빠하며 싸울 의지를 잃어버렸다.

약 이틀간의 전투에서 중공군의 공격에 시달린 미 제8군사령관 워커 장군은 11월 28일 청천강 하구-박천-북원-태을리를 연하는 선, 즉 청천강 북안(北岸) 교두보를 확보할 수 있는 곳으로 미 제1군단과 제9군단을 철수시킨 후 전선을 안정하고 이곳에서 다시 반격의 발판을 잡고자 했다. 이 명령을 내린 당일 워커 장군은 전황을 토의하고자 그를 호출한 맥아더 장군의 동경사령부에 도착해 사태에 대한 대응책을 의논했다.

이 동경 긴급작전회의에서 맥아더는 현 사태를 심각하게 받아들이며 평양-원산으로의 철수를 지시했다. 당시 상황은 유엔군이 다시 반격을 가할 수 있는 상황이 되지 못했다. 대동강 동쪽의 북창 지역으로 중공군의 대부대가 위협하고 있으며, 또한 중공군 제40군도 국군 제2군단이 붕괴된 공간으로 쇄도하며 미 제9군단(제25, 2사단)의 측방과 퇴로 차단을 위협하고 있는 상황이었다. 이날 회의에서 맥아더와 워커는 전(全) 전선에서 신속히 후퇴해 평양-원산 선으로 철수한다는 방침에 합의를 보았다. 11월 29일 평양으로 돌아온 워커장군은 상황이 매우 심각하게 전개되고 있음을 확인했다. 미 제9군단의 철수를 엄호하기 위해 와원 지역으로 진출시켰던 터키여단은 붕괴되었고, 북창지역에서도 국군 제6사단이 중공군의 부대를 차단하지 못하고 철수 했다. 워커는 청천강 북안 교두보를 확보한다는 기존 방침을 버리고, 청천강 이남으로 철수하여 제1군단은 숙천-순천간 도로를 차단하는 지역에서 방어로 전환하고, 제9군단은 순천-성천간을 방어하라는 철수 명령을 내렸다. 접적이 경미한 미 제24사단은 군의 예비로 삼았다.

미 제1군단은 미 제5연대전투단을 안주, 신안주 일대에 배치해 군단 주력의 청천강 도하를 엄호하도록 하고 국군 제1사단과 군단의 작전통제에 들어온 미 제25사단의 철수를 서둘렀다. 미 제25사단은 철수간 130여명의 손실을 냈으나, 미 제1군단은 큰 손실 없이 차량행군으로 적의 추격을 따돌리고 숙천-순천 지역에 도달해 방어진지를 구축했다.

미 제9군단의 철수는 매우 어려웠다. 제9군단장 쿨터(John B. Coulter) 장군은 국군 제2군단의 붕괴로 노출된 군단 우측을 방호하기 위해 터키여단을 와원으로 배치했으나, 터키여단은 덕천으로부터 하일령을 넘어 공격해 온 중공군 제38군 주력의 공격을 받아 붕괴된 상황이었다. 미 제2사단은 군우리에서 중공군의 집중적인 공격을 받고 있었다. 미 제2사단이 군우리에서 공방전을 벌이고 있는 동안 중공군 제38군 제113사단은 은밀하고 신속한 기동으로 군우리에서 순천에 이르는 철수로의 주요 고갯길인 삼소리-용원리를 차단하고, 미 제2사단이 철수하면 공격하고자 기다리고 있었다.

미 제2사단장 카이저(Laurence B. Keiser)장군은 11월 30일 제38연대를 선두로 하고 사단본부, 포병 및 지원부대, 터키여단, 배속된 국군 제7사단 제3연대 순서로 후속하게 하며, 사단의 후미에서는 제23연대가 후위를 담당하는 철수 계획을 수립했다. 전차부대가 전면에서 돌파를 담당하게 되어 있었다.

중공군 제113사단은 매복하여 미군의 선두전차가 고개를 통과한 후 즉시 후속부대에 중기관총과 박격포 사격을 가하며 미 제2사단의 철수 대열을 공격했다. 이 공격을 받은 미군 부대는 주간에는 지원항공기를 불러 고갯마루를 차단하고 있는 중공군 부대에 폭격을 가했지만, 이들은 공중공격이 끝날 때까지 주변 지역으로 분산 은폐해 있다가 항공기가 사라지면 다시 고갯길을 차단하여 차단막을 형성했다.

미 제2사단은 중공군 차단부대들에게 뭇매를 맞으며 군우리-순천의 애로를 통과하며 심각한 손실을 입었다. 이 철수간 미 제2사단은 무려 7,000명, 터키여단은 약 1,000명의 손실을 냈다. 뿐만 아니라 114문의 야포를 상실했다. 미 제2사단의 손실은 6·25 전쟁 중 사단이 입은 가장 심각한 손실이었고, 미군 지휘부에 큰 충격을 주었다. 후에 미군은 이 치욕적인 철수를 '인디언의 태형'(미 제2사단의 상징은 인디언 헤드였음)이라고 불렀다.

11월 29일까지 숙천-순천-신창선까지 후퇴한 미 제8군은 평양-원산 선을 새로운 방어선으로 삼아 일단 전선을 그 선에서 안정시키고자 했다. 그러나 제8군사령관 워커장군은 이날 이후 군의 측방과 배후에서 점증하는 적 활동에 큰 불안을 느꼈다. 당시 워커 장군은 평양의 동쪽과 동남쪽에서 활동하는 적이 중공군 대부대이며, 또한 이 지역에는 약 11,500~15,000명의 북한 게릴라 병력이 있다고 판단했다. 그러나 실제 그곳에서 활동한 것은 중공군 부대가 아니라 배후교란을 담당한 북한군 제5군단과 제2군단으로 총 병력규모는 40,000명 정도였다. 워커는 측후방 차단의 위협 때문에 12월 3일 최초의 평양-원산선 방어구상을 포기하고 38도선까지의 후퇴를 결심했다. 12월 4일부터 15일까지 미 제8군은 급속히 38도선으로 철수했다.

중공군의 제2차공세는 그들의 작전능력을 가장 잘 발휘한 전역이다. 공군, 해군, 기갑, 포병의 능력 등 모든 면에서 유엔군에 열세한 중공군이 한 번의 공세로 미 제8군을 38도선까지 후퇴하게 한 것은 누가 보더라도 놀라운 일이다. 흔히들 이 중공군의 공세가 수적 우세에 의한 '인해전술'에 의한 승리였다고 말하지만 공세 전 양측의 병력을 비교해 본다면 그것은 너무나 피상적인 관찰이며, 유엔측의 패배에 대한 궁색한 변명에 불과하다.

중국의 마오쩌둥과 펑더화이는 철저하게 자신들을 숨기면서 상대를 드러내는 손자병법의 '형인이무형'(形人而無形)의 원칙에 입각해 전쟁을 지도했다. 그들은 엄격한 은폐와 위장으로 미국의 항공정찰을 따돌렸고, 이익을 보여주어 적을 유인한다(以利誘之)는 방법으로 유엔군을 유인해 깊숙이 들어오게 했다. 피실이격허(避實而擊虛)의 원칙에 입각해 유엔군 중의 약점이라고 판단한 국군 제2군단의 두 개 사단에 역전의 전통에 빛나는 제42군과 제38군을 집중해 국군을 분할 포위했다. 부대 간의 간격으로 쇄도해 들어간 부대는 철저히 국군의 지휘소와 포병 부대가 있는 곳을 타격했다. 작전은 정면에서 견제하고 부대 간격으로 침투해 포위하는 방식으로 수행했다. 후방 차단을 담당한 부대는 어려움을 무릅쓰고 시간 내에 그 지역에 강행군해 도착함으로써 아군의 퇴로를 굳게 차단했다. 펑더화이는 국공내전 당시부터 중국 홍군의 트레이드 마크였던 배합전(配合戰)을 잘 활용했다. 이 전역에서는 주전선에서 중공군이 정규작전으로 미군을 압박, 포위하고, 북한군 '게릴라 군단'을 유엔군 측방에 침투시켜, 배후를 교란하게 하는 등의 유격작전으로 공세의 성과를 극대화했다. 전략에서부터 전술까지 뛰어났다.

이러한 작전의 수행은 평상시 철저하게 훈련된 부대들의 능력에 기초하고 있었고, 특히 정보 수집과 정찰에 단련된 결과였다. 중공군은 소련의 통신감청 결과를 활용함으로써 유엔군의 소재와 위치 변동을 파악하는데 큰 도움을 받았지만, 그들은 거기에 머무르지 않았다. 그들은 공세 전에 현지를 잘 아는 북한군 군관들과 중공군 간부를 팀으로 하는 정찰조를 적 후방에 침투시켜 유엔군의 소재와 동태를 파악하는데 노력했다. 공세 직전 하루 이틀 전에 사단장 또는 부사단장은 직접 돌파를 해야 할 지점 전방에 가서 은폐한 채 면밀히 적정을 관찰함으로써 유엔군 부대와 부대사이의 접점이 어딘지를 파악했다. 그들은 일부 부대로 정면에서 적을 고착시키고 돌파부대가 이 접점을 뚫고 들어가게 했다. 정보와 정찰에 숙련되고 지휘관이 직접 전투의 핵심이 되는 지점에 나아가 임무수행을 보장함으로써 반드시 돌파가 성공하도록 했다. 중공군의 포위작전은 매우 정밀하게 적의 소재와 배치상태를 사전에 확인하지 못했다면 이루어질 수 없는 것이었다. 그들은 그것을 정보획득과 면밀한 정찰로 가능케 했다.

중공군이 가진 하나의 강점이자 약점은 공세 시 병사들이 마대자루에

담은 식량을 몸에 두르고 나가 공세를 수행하며, 식량이 떨어지면 공세를 멈추어야 한다는 것이었다. 이런 보급방법은 차량이 부족한 중국의 현실 때문에 사용한 것으로 병력들이 대로(大路)로 기동에 의존하지 않고 산길을 이용하여 침투하는데 장점이었다. 그러나 차량으로 후퇴하는 적을 따라잡기가 어려웠다. 차량이 부족한 것과 개인이 휴대하는 식량의 양이 공세지속 기간을 7~10일로 한정했다. 그 동안 성과가 있던 없던 이 기간이 지나면 공세를 멈추어야 했다. 중공군의 제1, 2차 공세를 면밀히 연구해 이 약점을 발견하고 이것을 작전에 성공적으로 이용했던 인물은 바로 리지웨이(Matthew B. Ridgway) 장군으로, 그는 1950년 12월 말 교통사고로 사망한 워커 장군의 뒤를 이어 제8군사령관이 되어 전세를 뒤집었다.

전장에서 승패는 우연이나 수적 우세 등만으로 결정되지 않는다. 적을 면밀히 알아야 하고, 지휘관은 적을 내 의도대로 요리할 수 있도록 머리를 써야 하며, 병사들은 지휘관의 작전개념이 완전히 실현될 수 있도록 모든 전술 행동에 숙달되어 있어야 한다. 그것이 물질적, 기술적 열세를 딛고 중공군이 제2차 공세에서 미군에 대해 승리를 이룰 수 있는 비밀이었다.

24
장진호 전투

일　　시 1950. 11. 27. ~ 12. 11.
장　　소 함경남도 장진군 장진호 일대
교전부대 미 제1해병사단 vs. 중공군 제9병단 제20, 26, 27군
특　　징 미 제1해병사단이 중공군의 포위망을 뚫고 장진호 일대로부터 흥남까지 철수에 성공한 작전

장진호 전투는 미 제10군단 예하의 미 제1해병사단이 서부전선으로 진출하기 위해서 장진호 북방으로 이동하던 중 중공군 제9병단 소속의 9개 사단이 형성한 포위망에 막혀 진출이 저지되자, 이후 방향을 바꿔 약 2주에 걸쳐 해안 방면으로 공격하면서 철수하였던 독특한 형태의 철수작전이었다. 이 전투에서 미 제1해병사단은 한반도 북부의 험준한 산악지역과 혹독한 날씨 때문에 작전수행에 많은 어려움을 겪었지만, 유담리로부터 진흥리에 이르는 약 40km의 험준한 계곡지대에 이르는 중공군의 포위망을 뚫고 함흥을 거쳐 흥남까지 성공적으로 철수하는데 성공하였다.

11월 초에 한반도 북부의 산악지역에서 중공군이 출현하자, 유엔군은 각각 제8군과 제10군단으로 분리되어 진격하던 전선을 연결하기 위해서 제10군단 소속의 미 제1해병사단에게 서부전선에서 활동하고 있는 아군 부대와 연결하라고 지시하였다. 이에 따라서 미 제10군단장 알몬

드 소장은 크리스마스 공세가 시작되던 11월 27일에 공격을 개시하여, 미 제1해병사단에게 무평리를 목표로 공격을 개시하여 제8군과 연결하라고 명령하였다. 이에 제5, 7해병연대는 11월 25일 유담리까지 진출한 이후, 11월 27일 아침에 유담리에서 무평리를 향하여 공격을 개시하였으나, 바로 제2차 공세를 시작한 중공군의 강력한 저항에 부딪혔다.

장진호 일대에서 미 제1해병사단의 공격을 저지하는데 성공한 중공군 9병단장 송시륜은 서부전선의 제13병단을 지원하기 위해서 11월 초순에 제20, 26, 27군을 이끌고 임강과 집안에서 압록강을 도하한 이후, 낭림산맥을 따라 남하하면서 동부전선을 담당하게 되었다. 그는 국군과 미군이 분산 배치되어 있을 뿐만 아니라 중공군이 대규모로 참전한지를 아직 발견하지 못한 것으로 판단하였다.

제9병단장은 이동 중인 부대의 취약점을 공격하면 승리할 수 있다고 확신하고 예하의 3개 군 12개 사단 중 제27군의 4개 사단을 장진호 북방에 전개하여 유담리-하갈우리를 포위하라고 지시하였다. 또한 제20군 4개 사단은 장진호 서쪽으로 우회시켜 제27군보다 남쪽에서 해병사단의 유일한 철수로인 하갈우리-함흥 간의 산악도로를 분할 차단한 후 포위공격으로 미군 병력을 섬멸할 작전방침을 정하고 부대를 전개시켰다. 이때 제26군 4개 사단은 제9병단의 예비로 확보하였다. 중공군의 공격은 11월 27일 저녁부터 개시되었으나, 초기 전투에서 미 제1해병사단은 우세한 화력과 정신력으로 중공군을 압도하였다. 또한 많은 강설과 영하 30도까지 내려가는 혹한의 상황에서 동계작전에 대한 준비가 부족했던 중공군은 식량과 탄약이 부족하여 작전에 많은 어려움을 겪었다.

유담리에서 격전을 치룬 제5, 7해병연대는 12월 1일 08시경에 포병 및 박격포 사격의 엄호 아래 사단본부가 있는 하갈우리를 향하여 철수를 개시하였다. 이 부대들은 초기에 중공군이 파괴한 교량을 보수하거나 우회도로를 구축하는데 많은 시간이 소요되었고, 또한 도처에서 중

중공군이 장진호 부근에서 인해전술로 미 제1해병사단을 새까맣게 포위하고 있다.

공군의 매복공격을 받아 고전하였으나, 가까스로 12월 4일 오전까지 하갈우리에 집결할 수 있었다. 그러나 두 개 해병연대가 하갈우리에 성공적으로 도착한 것은 중공군의 포위망을 뚫고 해안으로 철수하는 작전의 1단계에 불과했다.

중공군은 4개 사단을 투입하여 미 해병연대 2개를 포위하여 공격하였으나 실패하자, 이를 만회하기 위해서 하갈우리에 집결한 미 해병사단의 철수를 저지하기 위해서 추가로 5개 사단을 투입하였다. 또한 중공군은 하갈우리-고토리-진흥리를 연결하는 도로 상에 모든 교량을 파괴하고 장애물을 설치하여 미군의 철수를 저지하려 하였다. 이러한 상황을 파악한 유엔군측에서는 '공수에 의한 철수'를 제의하기도 하였으나, 스미스 사단장은 이를 거절하고 '육로 철수'를 단행하기로 결심하였다. 그는 사단 병사들에게 '후퇴가 아닌 새로운 방향으로의 공격'이라고 강조하고, 장병들을 격려하면서 본격적인 철수작전을 지휘하였다. 결국 12월 6일 오전에 하갈우리를 출발한 미 해병사단과 미 제7사단 1개 연대는 11일까지 중공군의 깊은 포위망으로 둘러싸인 험준한 협곡인 '죽음의 통로'를 개척하고 철수작전을 성공적으로 완수하였다.

12월 11일에 최종 목적지인 함흥과 흥남 사이의 집결지에 도착한 미 해병사단은 14일간의 철수작전에서 전사 718명, 부상 3,504명, 실종 192명의 인명손실을 입었다. 이외에도 1,534명의 비전투 부상자가 발행하였으며, 이들은 대부분 동상환자였다. 한편 중공군 제9병단도 이 전투에서 전사 2,500명, 부상 12,500명 정도의 막대한 인명손실을 입어서 이후 약 4개월 동안 부대를 재정비하지 않을 수 없었다. 특히 이 과정에서 1951년 2월 공세 이전까지 주요한 작전에 참여하지 못하는 등 차후 작전에 막대한 지장을 초래하였다. 그 결과 1950년 12월 말에 시작된 3차 공세(신정공세)에서 중공군은 전체적인 병력부족으로 전과를 확대하지 못하고 수원일대에서 멈출 수밖에 없었다. 반면에 국군과 유엔군은 전열을 가다듬고 반격을 개시하여 이후 전장에서 다시 주도권을 차지할 수 있었다.

25
흥남 철수작전

일 시 1950. 12. 12. ~ 12. 24.
장 소 함경남도 흥남시 일대
교전부대 미 제10군단, 국군 제1군단 vs. 중공군 제9병단 제20, 26, 27군, 북한군 제4, 5군단
특 징 유엔군 해군과 공군의 지원에 힘입은 미 제10군단과 국군 제1군단의 성공적인 해상 철수작전

흥남(興南) 철수작전은 미 제10군단장 알몬드 소장과 국군 제1군단장 김백일 소장의 유기적인 협조 하에, 중공군 제9병단 예하 3개 군(제20, 26, 27군)과 북한군 제4, 5군단의 공격을 격퇴시키고 실시한 성공적인 해상 철수작전이다. 중공군은 미 제10군단과 국군 제1군단을 포위 섬멸시킴으로써 유엔군의 우익을 제거하여 전쟁에 유리한 전기를 마련하고자 하였다. 하지만 흥남철수작전 결과 오히려 중공군의 대병력이 이 지역에서 견제 및 흡수되어, 중공군 제9병단이 서부의 제13병단을 증원할 수 있는 가능성이 배제됨으로써 유엔군의 위기가 당분간 사라지게 되었다.

유엔군의 크리스마스 공세 바로 다음날 시작된 중공군의 제2차 공세에 의해서 전황이 급변하자, 11월 28일 밤 맥아더 장군은 동경에서 전략회의를 소집하여 전 전선에서의 철수를 결정하였고, 미 제10군단장 알

몬드 소장은 11월 30일 오후에 군단 철수명령을 하달하였다. 이에 따라 혜산진(惠山鎭)과 신갈파진(新乫波鎭)으로 진출하였던 미 제7사단 주력과 청진으로 진출하였던 국군 제1군단도 함흥과 흥남으로 철수를 서둘러 12월 10일까지 흥남으로의 철수를 완료하였다.

미 제1해병사단이 장진호 전투 이후 12월 12일까지 흥남으로 철수를 완료하자 제10군단장은 미 제3사단을 흥남 서쪽 연포비행장지역, 미 제7사단을 흥남 북쪽, 국군 제1군단(수도사단 1기갑연대와 제3사단 제26연대)을 함흥 동쪽과 동해안에 각각 배치하여 교두보를 구축하도록 하였다. 그리고 장진호 전투에서 피해가 컸던 미 제1해병사단을 선두로 군단사령부, 국군 제1군단, 미 제7사단, 미 제3사단 순의 철수작전을 계획하였는데, 병력의 축차적 철수로 인한 공간이 발생하지 않도록 3개의 통제선을 설정하였다. 미 제10군단의 안전한 철수를 엄호하기 위하여 흥남 근해에 항공모함 7척, 전함 1척, 순양함 2척, 구축함 7척, 로켓포함 3척을 배치하여 중공군의 공격으로부터 설정된 통제선을 화력으로 철저하게 보호하도록 하였다. 또한 109척의 수송선을 동원하여 병력 105,000명, 차량 17,500대, 350,000톤의 각종 전투 물자를 철수시키도록 하였고, 미 극동공군의 전투화물사령부도 철수 초기에 연포비행장을 통하여 철수를 지원하도록 계획하였다. 그야말로 엄청난 규모의 해상 철수작전이었다.

12월 12일부터 15일 사이에 승선과 탑재를 완료한 미 제1해병사단이 15일 09시 흥남을 떠났고, 12월 14일부터 장진호에서 철수한 미 제7사단 예하 제32연대와 제31연대 제1대대와 군단본부가 승선하기 시작하였다. 이 무렵, 중공군 제9병단 예하 3개 군이 주공이 되고 북한군 제4, 5군단 등이 조공이 되어 무자비한 인해전술로 흥남 교두보를 압박하였다. 적의 1차 공세는 아군의 함포사격과 항공폭격으로 예봉이 꺾인 후 다시 지상부대의 화력으로 저지되었다. 적은 12월 15일 접근이 보다 용이한 흥남 북쪽의 산악지대에서 2차 공세를 개시하였으나 아군은 해군과 공군의 지원포격에 힘입어 이를 저지하였다. 12월 16일 중공군은 이틀간의 손실을 감안하여 북한군을 선두로 공격을 재개하였으나, 이번에도 아군은 공중, 함대, 지상의 입체사격으로 격퇴하였다. 중공군의 공격을 저지하기 위하여 수도사단의 승선이 다소 늦어졌으나 17일 야간까지 승선을 완료하여 군단본부와 함께 흥남을 떠났다. 이어 미 제7사단(-)이 12월 21일에, 나머지 미 제3사단이 12월 24일에 흥남을 떠나자 그날 14시 30분 유엔군의 항만 폭파를 끝으로 흥남철수 작전은 성공적으로 막을 내리게 되었다.

유엔군 철수 이후 폭파되는 흥남항(1950. 12. 14)

특히 국군 제1군단장 김백일 소장은 철수작전을 실시하는 과정에서 끊임없이 운집하고 있던 피난민들을 안전지대로 해상수송하기 위하여 가능한 모든 역량을 총동원하여 91,000여명의 피난민 철수를 도왔다. 이는 당시 이승만 대통령의 특명이 있기도 하였지만, 자유민을 수호하려는 국군 장병들의 하나된 마음이 반영된 결과였다.

이후, 12월 10일 이미 흥남항에서 출항하여 12일에 구룡포 및 부산항에 상륙한 국군 제3사단은 제2군단에 배속되어 20일까지 새로운 담당지역인 홍천으로의 이동을 완료하였다. 수도사단은 17일 흥남항을 떠나 18일 15시경 동해안 묵호(墨湖)에 상륙하고 20일에는 이미 이 일대에 진지를 점령하고 있던 국군 제9사단과 진지를 교대하게 되었다. 이후 국군 제1군단은 38도선 북쪽 서림-현리선의 진지를 강화하여 적 제2전선 부대와 그들의 남하 및 정규군과의 연계를 차단, 격멸하는 임무를 수행하였다.

26
홍천 전투

일　　시　1950. 12. 23. ~ 12. 31.
장　　소　강원도 춘천시 – 홍천군 일대
교전부대　국군 제3사단 vs. 북한군 제2군단
특　　징　중공군 제2차 공세 막바지에 국군 제3사단이 38도선 북방에서 북한군 제2군단의 공격을 저지하여 전선 안정화에 기여한 전투

1950년 12월 중순, 양양–인제–화천 지구의 중동부전선은 원래 장진호 전투에 참가하였던 중공군 제9병단과 북한군 제3, 4, 5군단이 남하하여 이를 점령하려 하였으나, 이 부대들이 함흥–흥남 지구의 미 제10군단 철수저지작전에 투입됨으로써 대신 북한군 제2군단이 이 지역의 점령임무를 담당하게 되었다. 이에 대하여 12월 20일부로 국군 제2군단장 유재흥 소장은 예하 제7사단을 춘천 부근에서 계속해서 현행 임무수행토록 하고, 제3사단은 인제 남쪽의 38도선을 중심으로 하는 중동부전선에 투입하여 적의 공격에 대비토록 하였다.

따라서 함북 성진항에서 흥남을 거쳐 12월 12일 부산과 구룡포에 상륙한 국군 제3사단은 12월 15일에 '인제 지구의 38도선상에 배치하여 남진하는 적을 포착, 격멸하라'는 제2군단 작전명령 제100호에 의하여 부산–경주–영주–안동–제천–원주–홍천선을 따라 북상하여 20일까지 홍천에 집결하였다. 제3사단은 그동안 제1군단 소속이었으나, 12월 15

일부로 제2군단에 편제되어 중동부전선을 담당하게 되었으며, 이 과정에서 사단 예하 제26연대와 수도사단의 제18연대가 교대하였다.

12월 20일 제3사단장 최석 준장은 홍천에 사단 지휘소를 개설하고 예하 제22연대를 사단의 우전방 신풍리 일대에, 제18연대를 좌전방 자은리 일대에 배치하였다. 그리고 제23연대는 사단 예비로서 홍천 부근 경계임무를 부여하였다. 이후 제3사단 예하 각 부대는 담당지역으로 진출, 점령하여 진지를 구축하고 적을 찾는 노력과 기회교육을 통한 교육훈련을 계속하였다.

국군 제3사단이 점령, 방어할 작전지역은 정면에 소양강이 동쪽에서 서쪽으로 흐르고, 강의 북안에는 대소(大小)고지가 분포하였으며, 홍천에서 인제, 양구에 이르는 24, 92번 도로의 좌우측에는 해발 평균 700미터의 고지군이 종격실로 형성되었다. 또한 폭이 좁은 도로들과 적설 및 결빙, 도로 좌우측 산악의 울창한 산림은 적의 소규모 유격대 침투에 유리하고, 이를 포착하여 격멸하는 아군에게는 큰 장애요소였다.

홍천 전투는 23일부터 본격화되었다. 제3사단의 좌측 인접부대인 국군 제8사단 지역에 적이 출몰하자, 사단의 좌측부대인 제18연대 제1대대가 제8사단 제10연대와 연계한 반격작전을 통하여 적을 축출하였다. 또한 사단의 예비인 제23연대의 제2대대도 제8사단 지역을 통해 침투한 적이 제3사단 점령지역인 홍천고개에 나타나자 이를 격멸하기 위해 출동하였다. 24일 제18연대장은 제3사단 좌측의 제8사단 방어선을 돌파한 적을 소양강 북안까지 축출하기 위해 제8사단 제10연대 제1, 2대대를 통합 지휘하고, 제23연대는 제18연대를 지원하기 위해 예하 제2대대를 자은리 서쪽 4km 지점으로 배치하였다.

적의 공격양상은 소부대 단위 유격대를 아군 진지의 간격을 통해 후방까지 침투시켜 적극적인 후방교란에 역점을 둔 것이었다. 25일에는 제3사단의 우측연대인 제22연대에도 적의 침투와 기습공격이 시작되어 2개 소대 규모의 적이 연대 지휘소를 기습하였다가 격퇴되었으며, 예하 제1대대는 우측 인접부대인 국군 제9사단 제28연대 지역을 침투하여 사단 지역 내에 나타난 적을 아군 부대가 포착, 격멸하여 많은 전과를 올렸다. 그러나 적은 집요하게 제3사단의 좌우 인접부대와 예하 부대 간의 간격을 통해 침투하거나 사단의 일부진지를 돌파하여 퇴로를 차단하려는 시도를 지속하여 전방의 제18, 22연대는 일진일퇴의 접전이 계속되었다. 26일부터는 제3사단 전 전선에 적 유격대의 침투가 시도되었고, 사단의 각 부대는 적을 찾는 노력을 통하여 이를 격멸하는 한편, 퇴로가 차단되면 돌파하여 후방에 진지를 재편성하였다.

결국 국군 제2군단 내 전 지역이 적 유격대의 침투로 위협받게 되자 군단장은 전열을 정비하고 적 점령지역을 탈환하기 위해 27일 09시를 기해 38도선상을 연하는 선을 목표로 반격작전을 지시하였다. 이에 따라 27일부터 28일까지 제3사단 예하의 각 연대는 38도선상의 지정된 목표를 향하여 공격작전을 실시하였다. 이 과정에서 보병, 포병, 공병의 제병협동 및 미 공군과의 합동작전이 효과적으로 진행되어, 집결이 노출된 적은 괴멸적인 타격을 입었다. 29일부터 제3사단의 각 연대는 38도선상의 각 목표지역을 점령한 후 진지를 강화하는 한편, 적을 찾고 격멸하는 적극적인 공세행동을 계속하여 전선을 안정시켰다.

30일 제3사단의 우측인접 부대인 국군 제9사단 제28연대의 정면을 돌파한 적 1개 연대가 제3사단의 후방교란 및 보급로 차단을 목적으로 홍천을 향하여 북상하자 사단 예비인 제23연대가 이를 삼마치 고개에서 저지하였고, 31일에는 양덕원리와 한계리 동쪽의 용포동과 하송고개 방면으로 북상한 적을 각각 공격하여 격퇴하였다. 이 시기에 사단 전방의 제22연대와 제18연대는 계속 적과 교전하면서 진지를 확보하여 전선 안정화에 기여하였다. 그러나 12월 31일 중공군의 지원을 받은 북한군이 소위 '3단계 제3차 작전'을 감행하여 총 반격전을 전개하여 제3사단 좌우측의 국군 제7, 9사단이 돌파당하고, 제3사단의 퇴로가 차단당할 위기에 빠지자 어쩔 수 없이 유리한 차후작전을 위해 단계적인 철수작전을 단행하게 되었다.

27
임진강 전투

일　　시 1950. 12. 31. ~ 1951. 1. 2.
장　　소 경기도 파주시 임진강 일대
교전부대 국군 제1사단 vs. 중공군 제39군 제116사단
특　　징 중공군 제3차 공세(신정공세) 중 임진강 일대에서 국군 제1사단이 치른 방어작전, 중공군의 저돌적 도하와 돌파로 국군 및 유엔군의 1·4 후퇴로 이어진 전투

한국민들에게 1951년 1월 1일 신정(新正)은 희망과 함께가 아니라 고난과 함께 시작되었다. 전날 황혼 무렵부터 중공군 6개 군과 북한군 3개 군단은 38도선 전 전선에서 대공세를 시작했다. 임진강 하류지역을 방어하던 국군 제1사단은 엄청난 규모의 적을 맞아 분투했지만 적의 도하를 저지하지 못했다. 서울 전방 연천, 영평과 강원도 홍천, 인제에서도 이날 밤 적군은 아군 방어선에 균열을 내고 진격해왔다.

이 '중공군 신정공세'는 마오쩌둥의 전략적 판단에 의해 취해졌다. 그는 유엔군이 청천강 전투에서 대패한 뒤 미국의 조야와 군부가 한반도로부터 유엔군 철수 문제를 놓고 고심하고 있다는 정보를 입수했다. 이에 마오쩌둥은 38도선에서 유엔군이 방어선을 강화하기 전에 다시 한 번의 공세로써 충격을 가하고 서울을 점령한다면 미국 내에서 한반도 철수 주장이 더욱 거세질 것을 기대했다. 중공군 총사령관 펑더화이는

1950년 12월 22일 공세를 결정하고 계획을 확정했다. 그는 철저하게 미군을 피하고 전투력이 약한 국군 사단들에게 공격의 칼날을 겨누었다.

중공군 제39, 50군과 북한군 제1군단이 주공으로서 서울 서북측방을 방어하는 국군 제1사단을 공격하게 했다. 공격부대는 12월 30일에 은밀히 임진강 서안에 진출해 은폐한 채 이틀간 면밀하게 국군 진지의 간격을 정찰했다. 제39군은 공세 1~2일 전부터 제115, 117사단의 교란공격으로 국군의 주의를 분산시켰다. 돌파를 담당한 제116사단은 자체 화력 외에 제39군 보유화력 대부분을 돌파지점에 할당했다. 기습을 위해 도섭이 용이한 고랑포를 피하고 국군방어가 취약한 신대리, 토정리에서 강력한 포병 지원 하에 보병이 강 동안의 암벽을 타고 오르는 도하 방법을 선택했다. 제1사단은 나름대로 철조망, 지뢰지대를 구축했지만 강은 얼어붙어 큰 장애물이 되지 못했다.

12월 31일 17시에 갑작스런 포격과 함께 6배 이상으로 우세한 적의 공격을 받은 제1사단 제12연대 전방 대대들은 중공군의 저돌적 도하를 저지하지 못하고 후방으로 철수했다. 제12연대는 후방 예비대대를 동원해 후퇴하는 우군부대의 철수를 엄호하며, 대촌리, 무건리를 공격해온 적에게 큰 손실을 입혔다. 그러나 인접한 부대들에서도 곳곳에서 중공군의 돌파가 이루어져 더 이상의 방어가 어려웠다.

1월 1일 날이 밝은 후 유엔군은 항공폭격과 포격으로 적의 전진을 잠시 저지했지만 이미 곳곳에서 침투한 중공군은 아군의 후방을 위협했다. 신임 미 제8군사령관 리지웨이 장군은 서울 방어가 어렵다고 판단했다. 그는 병력을 보존하여 준비된 37도 진지선(삼척-원주-안성-평택)까지 지연전을 전개해 적의 병참부족을 야기한 뒤 반격으로 넘어갈 심산으로 서울의 포기를 결정했다. 백선엽 제1사단장은 비감한 심정으로 서울을 뒤로한 채 사단을 한강 남안으로 철수시켰다.

이승만 대통령과 서울 시민들의 '서울 사수' 희망에도 불구하고 리지웨이 사령관은 1월 2일에 서울 철수를 결심하고 군부대들에게 철수작전을 개시하도록 명했다. 서울 시민들은 1월 4일부터 영하 15도가 넘는 혹한 속에서 고난의 피난길에 올라야 했다. 전쟁을 겪은 사람들의 뇌리에 깊숙하게 박혀 잊히지 않는 1 · 4후퇴가 이렇게 이루어졌다.

28
동두천 전투

일　　시 1950. 12. 31. ~ 1951. 1. 6.
장　　소 경기도 동두천시 – 의정부시 일대
교전부대 국군 제6사단 vs. 중공군 제38군
특　　징 중공군 제3차 공세 시 국군 제6사단이 수행한 성공적인 방어작전

중공군의 제2차 공세가 시작된 이후 청천강 선에서부터 철수를 개시하여 12월 초순에 평양으로 집결한 국군 및 유엔군은 대동강 선에서 중공군의 남하를 저지하려 하였으나, 중공군이 서부의 전 전선을 통하여 신속히 공격하면서, 그 일부가 중부의 산악지대로 우회하자 유엔군의 전선이 급박해졌다. 유엔군은 방어계획을 변경하여 38도선에서 방어하기로 결정하고 12월 중순부터 지연전을 펼치면서 부대를 철수하기 시작하였다. 이와 같이 서부전선의 모든 부대를 축차적으로 철수하는 동시에, 동부전선에서는 12월 24일 흥남을 철수함으로써 전선은 동부의 양양으로부터 서부의 임진강에 연하는 선으로 결정한 다음 방어작전을 수행하였다.

이때 국군 제6사단은 미 제9군단으로부터 "동두천 북쪽 10~12km의 38도선 일대를 점령 방어하라"는 임무를 부여받았는데, 이 명령에 의해 연천, 포천, 양주가 상호 근접하는 서부전선의 요충지를 방어하는 임무가 주어진 것이다. 그런데 이 정면은 6 · 25전쟁 발발 당시 적의 주공이

지향하던 곳으로서, 보병부대 및 기계화부대의 기동이 용이한 접근로일 뿐만 아니라, 중서부의 여러 도로가 서로 교차된 곳이었다. 따라서 만일 이곳이 돌파된다면 서울은 물론이고, 청평 방면의 중부전선이 일시에 붕괴될 수 있는 전략적 요충이었다.

유엔군의 철수를 방해하면서 남하하던 중공군은 38도선에선 유엔군의 강력한 방어에 부딪치자, 일단 추격을 멈추고 12월 중순부터 새롭게 제3차 공세(신정공세)를 준비하였다. 그 계획의 요지는 동부전선에서는 유엔군의 종심을 향하여 진출한 다음 배후를 공격하며, 중부와 서부전선에서는 38도선을 돌파하고 일선 방어지대의 병력에 타격을 가한 다음 단시일 내에 서울을 공격하는 한편, 일부 병력을 청평 방면의 중부전선으로 진출시킨다는 내용이었다.

12월 31일, 중공군의 활동이 빈번해지고 공격 징후가 뚜렷하게 포착되자 국군 제6사단은 만반의 전투 준비를 갖추도록 하였다. 중공군은 제38군을 주축으로 사단의 방어정면인 동두천과 의정부 방향으로 공격을 감행하였다. 그러나 제6사단 전 병력은 혼연일체가 되어, 진지를 고수하고 이미 계획된 화력을 집중하여 이를 저지하면서 중공군에게 타격을 가하였다. 때마침 유엔 공군의 공중폭격이 중공군의 전열을 파괴하고 전의를 꺾어놓자, 전 전선의 중공군은 퇴각하기 시작하였으며, 이 기회를 포착한 제7연대는 전곡까지 추격작전을 전개하기도 하였다.

하지만 전황은 시시각각으로 급변해 1951년 1월 1일에 좌측 부대인 제1사단이 돌파되어, 중공군이 동두천 북서쪽 5km지점인 안흥리(安興里) 부근까지 침입하였으며, 우측 부대인 미 제24사단 정면으로 침투한 중공군은 제6사단 측후방으로 우회하여 그 일부가 동두천까지 침투하였다. 이와 같이 사단의 주진지가 적중에 고립될 위기에 처하게 되자, 제6사단장 장도영 준장은 부대를 창동으로 철수토록 하였다. 따라서 제6사단은 1월 2일에 주력의 대부분을 창동에 집결시키고 부대를 재편성하여 수도방위의 최일선을 맡으려 하였다. 그러나, 미 제8군은 미 제1군단 예하의 영국군으로 하여금 의정부에서 방어진지를 점령토록 하였기 때문에, 제6사단은 미 제9군단의 예비가 되어 축차진지인 한강방어선으로 이동할 수 밖에 없었다. 이처럼 제6사단은 동두천 전투에서 중공군의 공격을 저지하였으나 사단의 인접 부대가 붕괴되어, 적진 중에 고전을 치를 수 밖에 없었다.

1월 3일 제6사단이 한강 남쪽에서 방어진을 형성하고 있을 때, 유엔은 전략상 현 전선을 오산-장호원-제천-영월-삼척을 연하는 선으로 조정한 후, 차후 작전을 준비토록 하였다. 이 때 중공군은 북한 제1군단과 중공군 제38, 39, 41군 등의 대병력이 서울을 목표로 급속하게 공격하여 3일에는 의정부, 4일에는 서울을 공격하더니 그 일부가 인천과 수원까지 남하하면서 계속 진출을 기도하였다. 그러나 서울에 진입하면 보급문제는 현지에서 해결할 수 있을 것이라는 이들의 기대는 유엔군의 치밀한 계획에 따라 좌절되었다. 중공군은 차츰 전선이 연장됨에 따라 보급 상태가 악화되었고, 설상가상으로 곳곳에서 유엔 공군의 폭격에 의해 극심한 타격을 받자, 점차 전의를 상실해 갔다. 이러한 가운데 제6사단은 미 제9군단의 계획에 따라 부대를 오산-삼척 선으로 철수하여 전열을 갖춘 후 반격을 시행할 계획으로, 각 연대는 지연전을 펴면서 축차적으로 철수하였다.

제2연대는 4일 광주(廣州)로 집결하여 인원과 장비를 수습한 다음 6일 안성 북동쪽, 제7연대는 용인 일대, 제19연대는 진천 일대를 점령하였다. 이와 같이 제6사단은 1월 6일까지 주력을 진천 북쪽 일원으로 이동시킨 다음, 7일부터 전력의 보충과 탐색전을 전개하면서 반격준비에 박차를 가하였다. 제6사단은 동두천 전투에서 담당 방어 정면을 고수하고, 그 임무를 완수한데 대한 전공으로 대통령 표창과 미 제9군단장으로부터 부대 표창을 받았다.

29
적성리 전투

일 시 1951. 1. 12. ~ 1. 14.
장 소 경상북도 문경시 동로면 적성리 일대
교전부대 미 제10군단 예하 국군 특공대대 vs. 북한군 제10사단
특 징 중공군 제3차 공세 시 국군 특공대대가 매복작전을 통하여 북한군 1개 연대를 섬멸시켜 안동 및 대구방면에 대한 위기를 해소한 전투

적성리 전투는 6 · 25전쟁에 개입한 중공군이 펼친 신정공세 중에 미 제10군단 예하 특수작전단(Special Activities Group)의 작전 통제를 받고 있던 국군 특공대대 300명이 경상북도 문경시 동로면 적성리 계곡에서 수색작전을 수행하고 매복하던 중에 '걸어 다니는 공수부대'인 북한 제2군단 제10사단 1개 연대를 거의 섬멸시킨 전투다.

미 제10군단 직속부대인 국군 특공대대는 일본에서 편성되어 흥남 지역에서 군단의 철수 작전을 엄호하고 1950년 12월 24일 오후 연포비행장에서 미군 수송기로 철수하여 부산 수영비행장에 도착, 12월 25일 부산 북방 50km 지점에 위치한 신불산(神佛山, 1209고지)으로 추진되어 공비 소탕작전을 수행하고, 1951년 1월 10일 안동에 도착하였다. 이 때 중공군의 신정공세로 중동부전선의 국군 제3군단과 미 제10군단 사이에 간격이 생기고, 이를 통해 북한군 제2군단이 제10사단을 선두로 병력을 추진시켜 아군의 후방을 교란시키려 하고 있었다. 미 제10군단장

알몬드 소장은 마산 지역에 있던 미 제1해병사단을 투입하여 북한군의 남하를 저지하고 영덕-안동-함창에 이르는 아군의 보급로를 확보하도록 명령하면서, 1월 11일에 국군 특공대대로 하여금 단양에서 산악지대로 침투하는 적을 수색, 격멸하는 작전을 수행하도록 명령했다.

1월 12일에 차량으로 점촌에 도착한 특공대대는 좌우 엄호나 지원을 받지 못한 상태에서 새벽에 점촌을 출발하여 적성리 계곡으로 전술 행군을 개시했다. 단양에서 점촌, 안동으로 진출하기 위하여 반드시 거쳐야 할 적성리 계곡에 도착한 특공대대는 단양에서 피난 온 주민들로부터 북한군이 대구 남쪽 경산으로 집결하라는 명령을 받고 남하하고 있다는 첩보를 입수하고, 방어진지를 구축했다. 신불산 공비 소탕작전을 수행하던 중 약간의 희생을 감수하면서 계속되는 작전투입에 지친 대대원의 상태를 감안한 대대장은 동로초등학교 교실에서 숙영할 것을 원했다. 그러나 남하하는 적이 언제 들이 닥칠지 모르는 상황에서 교실에서 안이하게 숙영할 수 없다고 판단한 작전장교 겸 제2중대장(손장래 중위)은 전면방어진지를 구축하고 수색대를 전방에 파견하여 경계부대로서 활용하자는 건의를 했다. 작전장교의 건의를 수용한 대대장은 3~4명씩 공용호를 구축하여 북쪽에 제2중대, 동쪽에 제1중대, 서쪽에 제3중대를 배치하여 사주방어진지를 편성하고 호 속에서 숙영하도록 명령했다. 영하 18도의 혹독한 추위를 견디면서 호 속에서 밤을 지샌다는 것은 그리 쉬운 일이 아니었다.

남하하던 북한군은 1월 12일 20시경 경계부대를 발견하고 아군의 진출을 확인한 후에, 특공대대가 구축한 방어진지를 포위하고, 이튿날 05시경에 동쪽 제1중대를 공격했다. 제1중대는 지근거리 사격으로 적의 공격을 저지하였고, 적은 많은 시체를 남긴 채 06시경에 공격을 중지하였다. 2차 공격은 제2중대에 가해졌다. 제2중대는 육박전까지 수행하면서 적의 공격을 막아냈다. 또 다시 적은 제3중대를 공격했다. 엄폐물이 없는 가운데 날이 밝은 상황에서 공격을 감행한 적은 아군 진지 50m 전방까지 진출했으나, 많은 시체를 남기고 퇴각했다. 아군은 1월 14일에 사방에서 공격해오는 북한군을 상대해야만 했다. 그러나 09시경에 F-51 편대가 지역 상공에 도착하여 적에게 기총소사와 네이팜탄 공격을 가하자 특공대대원은 사기가 충천하였고, 특공대대원은 동로초등학교에 도착한 헬기로부터 탄약과 보급품을 지급받아 더욱 사기가 올랐다. 그리하여 14일 특공대대는 공격해오는 적을 10m까지 유인하여 수류탄을 투척하고, 일어서는 적병을 M2 기관총으로 사살하여 이를 격퇴함으로써 이들을 단양으로 철수시켰다. 적성리 전투에서 미 제1군단 직속 국군 특공대대는 일방적인 승리를 거두었다.

지휘관의 적절한 상황판단과 장병들의 불퇴전 의지, 그리고 신속한 화력 및 탄약, 보급지원으로 한껏 고양한 병사들의 사기가 어우러져 쟁취한 값진 승리였다. 미 제10군단 국군 특공대대는 결코 무시할 수 없는 피해(전사 9명, 부상 2명, 미군 부상 2명, 민간인 사망 4명, 청년방위대원 전사 7명, 경찰 부상 1명)를 입었으나, 1,247명의 적을 사살하고, 79명을 생포하였으며, 박격포 2문과 각종 소총 370정을 획득하는 전과를 거두고, 제10사단을 앞세운 북한군 제2군단의 안동, 대구, 경산 진출을 저지하는데 크게 기여했다.

30
횡성 전투

일　　시 1951. 2. 11. ~ 2. 12.
장　　소 강원도 횡성군 일대
교전부대 국군 제8사단 vs. 중공군 제13병단 제39, 40, 66군 7개 사단
특　　징 중공군 제4차 공세(2월 공세) 시 중공군의 집중공격에 의한 국군부대들의 약점을 드러낸 전투

중공군의 신정공세 당시 서울을 중공군에 넘겨주고 평택-안성-삼척선으로 물러난 미 제8군사령관 리지웨이 중장은 1월 15일부터 평택에서 수원까지 적의 배치와 규모를 탐색할 목적으로 울프하운드 작전(Operation Wolfhound), 그리고 1월 25일부터는 좀 더 확대된 규모의 썬더볼트 작전(Operation Thunderbolt)을 전개했다. 보병 · 전차 · 포병 협동팀과 공군화력을 잘 활용한 이 작전에서 유엔군은 서부전선에서 피로와 보급부족에 허덕이는 적에게 큰 타격을 가하면서 수원까지 순조롭게 진출했다. 미 제1군단과 제9군단은 이 작전으로 2월초까지는 인천, 김포를 되찾고, 퇴촌 부근까지 회복하는데 성공했다.

리지웨이는 한강 남쪽에서 중공군 제50, 38군, 북한군 제1군단에 대해 압박을 가하는 한편 적의 측방을 위협하기 위한 방법을 찾았다. 그것은 '라운드 업 작전(Operation Round Up)'이라고 명명된 것으로, 알몬드 소장의 제10군단(국군 제8, 5사단, 미 제2, 7사단)으로 하여금 횡성

으로부터 북한군 제5군단을 공격하여 홍천을 점령함으로써 서울 동측 방면으로 포위를 꾀해 적으로 하여금 서울을 포기하게 하겠다는 구상이었다. 작전을 발의한 알몬드 소장은 2월 5일 아침부터 라운드 업 작전을 발동시켜 국군 제8사단이 주공으로 홍천을 포위공격하게 하고 그 우측에서는 제5사단이 병행 공격하도록 했다. 후방에서는 미 제2사단이 포병-전차팀으로 이 공격을 지원하도록 했다.

라운드 업 작전은 "진취적, 독창적이고 대담한" 작전이었지만 위험성을 내포한 방식으로 전개되었다. 알몬드 장군은 거의 매일 국군 제8사단을 방문해 진격을 독촉했다. 제8사단장 최영희 준장은 2월 9일 전방의 북한군 저항이 의외로 완강하고 일부 중공군이 출현함에 따라 조금 더 신중하게 진격작전을 취하겠다고 건의했으나, 알몬드는 필요한 경우 모든 예비 연대와 병력을 전방에 투입해서라도 진격속도를 높이고자 했다. 최영희 사단장은 홍천을 좌우측에서 포위한다는 알몬드의 작전개념을 실현하기 위해 예비대 없이 예하의 3개 연대(제16, 10, 21연대)를 모두 전선에 투입해 진격하게 했다. 그러나 연대들을 넓게 펼쳐 진출시키는 바람에 연대들 간에 수 킬로미터의 간격이 형성되었다.

중공군 총사령관 펑더화이는 2월초에 서울 북방에 있던 제13병단 주력(제39, 40, 66의 총7개 사단)을 은밀히 기동시켜 홍천 쪽으로 돌출한 국군 제8사단을 포위 섬멸함으로써 횡성, 원주를 점령하고자 하는 작전을 구상했다. 그는 국군 제8사단 연대들의 진격상황을 훤히 알고 있었고 그 간격으로 침투해 정면과 후방에서 기습 타격하는 계획을 수립했다. 미 제8군과 제10군단 정보계통에서는 홍천 이남에 중공군 대병력이 들어와 집결해 있으리라고는 꿈에도 생각하지 못했다.

2월 11일 밤에 시작된 중공군 공세는 완전한 기습이었다. 제8사단의 각 연대는 공격 개시 후 2시간을 버티다가 고립되어 소부대별로 분산되었다. 다음날 날이 새기 전부터 사단장은 예하 연대들의 상황에 완전히 깜깜했다. 후방의 미군 지원팀들도 중공군의 포위망을 벗어나기 위해

처절한 전투를 벌여야 했다. 이 전투에서 아군은 1만 여 명을 상실하고 많은 장비를 잃었다.

이 전투는 정보획득 노력이 작전에 얼마나 영향을 미치는가를 잘 보여준다. 아군의 정보부족과 적의 정보획득능력은 승패에 결정적이었다. 그러나 더 근본적인 것은 위기시 군기의 중요성이다. 당시 제8사단은 불과 10일간의 훈련 후 부대에 편입된 신병들이 많아 적의 기습에 쉽게 분산되었다. 비록 5:1의 수적 열세라는 불리함을 감안한다 할지라도 공포에 사로잡힌 제8사단 부대들은 너무 쉽게 지휘계통이 붕괴되었다. 장병들이 많은 무전기를 방치하고 후퇴해 사단사령부와 연대간의 통신이 완전히 두절되었다.

횡성의 참사는 위기 시에도 군기를 유지하고 지휘 · 통신을 확보하는 것이 얼마나 중요한가를 보여준다. 군기, 부대의 응집력, 지휘통신은 군(軍)의 기본중의 기본이다.

31

지평리 전투

일　　시 1951. 2. 13. ~ 2. 15.
장　　소 경기도 양평군 지평면 지평리 일대
교전부대 미 제23연대 전투단 vs. 중공군 제115, 116, 119, 120, 126사단의 6개 연대
특　　징 중공군 제4차 공세 시 미 제23연대 전투단이 사주방어 끝에 중공군 5개 사단의 공격을 저지함으로서, 중공군에 대한 미군의 자신감을 고취시킨 전투

1951년 2월 초, 유엔군과 국군은 중공군과 북한군의 1월의 신정 공세(3차 공세)로 인해 수원-삼척선까지 밀린 후 북으로 반격을 실시하고 있었다. 서쪽에서 미 제1, 9군단은 썬더볼트 작전(Operation Thunderbolt)으로 한강까지 진출하였고, 중부의 미 제10군단도 원주를 점령하고 계속 북진 중이었다. 적은 제3차 공세 이후 확실한 전략적 우위를 점한 상태에서 충분한 휴식을 취하고 재충전 한 다음 춘계에 대규모 재공세를 계획하고 있었다. 그러나 아군의 빠른 진격에 놀라 이에 대응할 필요성을 느끼기 시작하였다. 그리하여 제4차 공세인 2월 공세를 실시하였고, 이 와중에 미 제23연대 전투단에 의해 실시된 방어 작전이 지평리 전투이다.

미 제10군단장 알몬드 소장은 중부 전선에서 적에게 섬멸적인 타격

을 줄 라운드 업 작전(Operation Round Up)을 계획하고 국군 제3군단을 작전 통제하여 대규모 공세를 실시하기로 결심하였다. 특히 중앙의 횡성–홍천을 연하는 방향으로의 진격을 통해 적을 포착 섬멸할 수 있는 기회를 엿볼 수 있을 뿐만 아니라 한반도 중앙에서의 진격으로 서부 지역에서 완강히 저항하는 적의 측면을 위협하여 서부 전선의 진격에도 도움을 줄 수 있다고 판단하였다.

'라운드 업 작전'은 2월 5일부터 개시되었다. 미 제10군단장은 홍천을 목표로 국군 제3, 5, 8사단을 전방 공격부대로 임무를 부여하고 미 제2사단, 미 제187공수연대, 그리고 미 제7사단을 후방에 배치하여 국군을 지원하도록 하였다. 그러나 11일부터 시작된 중공군의 공세로 인해 국군 3개 사단은 커다란 피해를 입고 후퇴하였고, 그 중에서도 제8사단은 거의 와해되었다. 이로 인해 군단의 주방어선은 원주 북방으로 밀려나게 되었으며, 군단의 좌일선 연대로 지평리를 점령 중이던 미 제2사단 제23연대가 돌출되게 되었다.

펑더화이는 횡성에서 국군에게 타격을 가한 뒤 돌출된 미 제23연대도 포위 섬멸하고자 6개 연대를 투입하여 지평리를 공격하였다. 약 50km의 전선을 담당하던 미 제2사단은 원주를 중심으로 부대를 배치하고 원주를 사수하려고 하였기 때문에 지평리의 제23연대전투단과는 약 20km의 공백이 발생하고 말았다. 이러한 상황 속에서 군단장은 제23연대전투단을 여주 방향으로 철수시킬 결심을 하였으나, 제8군 사령관에 의해 제지되었다.

리지웨이 장군은 전략적인 측면에서 지평리의 중요성을 간파하였다. 만약 지평리를 포기하게 되면 한강 서쪽의 제1, 9군단의 우측방이 노출되어 반격 작전을 통해 확보한 한강 이남 지역을 다시 내주게 될 뿐만 아니라, 간신히 쌓아올린 제8군의 전의에도 악역향을 끼칠 것으로 판단하였다. 그리하여 제10군단장에게 지평리 사수를 명령하게 되었다. 또한 미 제9군단의 국군 제6사단과 영 제27여단을 여주 지역으로 이동시켜 제23연대전투단과 미 제10군단 주력과의 간격을 보완토록 하였다.

지평리는 도로의 교차점이자 중앙선이 지나는 교통의 요지이면서, 전략적으로 한강 이남에 교두보를 확보하고 있는 중공군의 측방을 위협할 수 있을 뿐만 아니라, 이곳을 내주게 되면 좌측의 미 제9군단의 우측방이 위협 받으며 원주를 중심으로 방어진지를 고수하려는 미 제10군단 주력의 좌측방도 노출될 수 있는 중요한 곳이었다. 이곳은 작은 시골 마을이었지만 지리적으로 사주방어에 유리한 지역이었다. 북으로 봉미산, 남으로 망미산이 위치하고 서쪽에 248고지와 345고지, 그리고 동쪽의 506고지 등은 방어하기에 적절한 지형이었다.

지평리에서 고수방어를 실시하게 된 제23연대장 프리만(Paul Freeman) 대령은 이러한 고지를 중심으로 한 방어진지를 구축할 경우, 직경이 약 6km에 달해 충분한 병력을 확보하지 못한 연대로서는 전면 방어가 불가능하고 자칫 고지 별로 고립될 수 있는 약점이 있다고 판단하였다. 그리하여 연대장은 주위의 높은 고지군이 주는 이점을 포기하고 지평리 역을 중심으로 직경 약 1.5km의 사주 방어진지(둘레는 약 6km)를 구축하기로 결심하고 부대를 배치하였다. 이로 인해 주변 고지를 점령한 적에 의해 감제되는 단점은 있으나, 사주방어를 통해 연결된 방어선을 구축하여 연대 예하의 부대들이 부대별로 고립되는 문제는 해결할 수 있었다.

제23연대전투단은 연대 예하의 3개 대대 이외에 프랑스 대대, 제1유격중대, 제37포병대대(105㎜), 제503야포대대 B포대(155㎜), 제82고사포대대 B포대, 제2공병대대 B중대, 그리고 전차중대로 편성되어 있었다. 특히, 아군의 공중화력 지원과 공중 보급지원 능력을 신뢰하고 있었던 연대장은 예하 부대를 전면에 배치하여 사주방어를 통해 지평리를 사수하기로 결심하였다. 북쪽에는 제1대대를, 서쪽에는 프랑스 대대를, 남쪽에는 제2대대를, 그리고 동쪽에는 제3대대를 배치하였다. 그러나 방어정면을 축소하여 방어진지를 구축하였지만 여전히 병력이 부족하여 충분한 예비대를 확보할 수가 없었다. 연대는 1개 중대를, 각 대대는 1개 소대 씩의 예비대만을 보유하고 전 부대를 제1선에 배치하고, 전차 중대도 제1선에 투입하였다. 또한 방어진지를 강화하기 위해 화망을 구성하고, 지뢰를 매설하였으며, 철조망 장애물을 설치하는 등 만반의 방어준비를 실시하였다.

중공군은 최초 자신들이 횡성을 점령하고 원주로 압박하면 지평리의 미군도 철수할 것으로 예상하였으나, 계속 지평리에 주둔하자 이를 섬

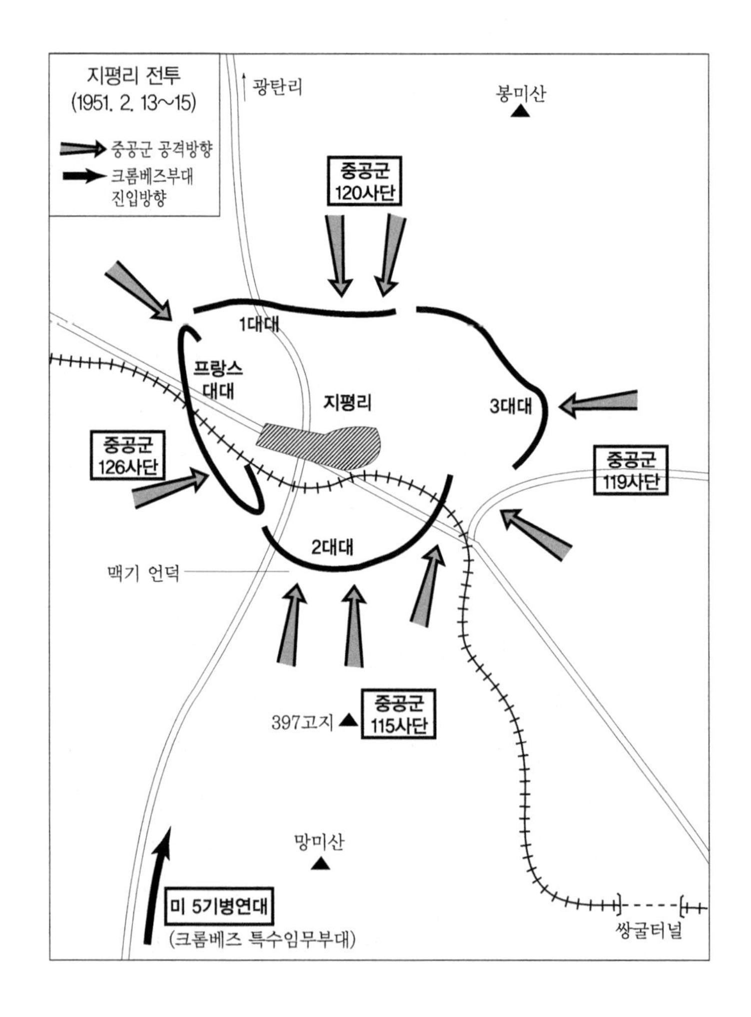

멸하고자 하였다. 그리하여 총 6개 연대를 투입하여 퇴로를 차단하고 사면에서 공격을 실시하여 미군을 섬멸하고자 하였다. 이를 위하여 제39군의 제115, 116사단 및 제40군의 제119, 120사단에서 1개 연대 씩, 그리고 제42군 제126사단의 2개 연대가 투입되었다. 이들의 가장 큰 약점은 화력이 부족하고 다양한 부대에서 차출되다보니 통합된 지휘체계를 구축하지 못하여 효과적인 공격이 어렵다는 점이었다. 이 작전을 위해 투입된 포병은 3개 포대(중대)에 불과했고, 탄약도 1문 당 20~30발 밖에 확보하지 못하였다.

13일 17시 30분 중공군은 지평리에 대한 공격을 시작하였으나, 본격적인 공격은 22시경부터 개시되었다. 공격준비사격에 이어서 경적, 호각, 나팔을 불면서 북쪽의 제1대대 정면을 공격하기 시작했으며, 곧 이어 전 정면으로 확대되었다. 대부분의 적 공격은 격퇴되었으나, 남쪽의 제2대대 G중대 진지가 돌파되고 말았다. 그러나 인접 F중대와 연대의 전차중대에 의한 역습으로 적을 격퇴하였다. 14일 02시경에 제2파의 공격이 프랑스 대대에 집중되었다. 프랑스 대대는 1950년 11월 29일 부산에 도착하여 제23연대에 배속되어 전투를 실시해 오고 있었으며, 지휘관은 몽클라르(Ralph Monclar) 중령이었다. 그는 프랑스 육군 중장이었으나 프랑스 대대를 지휘하기 위해 중령으로 자진 강등하여 참전한 백전노장의 장교였다. 프랑스 군은 중공군이 피리와 나팔 등을 불며 공격하자 보유하고 있던 수동식 사이렌을 울리며 적의 사기를 꺾고, 진지까지 진입하자 수류탄과 백병전으로 중공군의 공격을 격퇴하고 진지를 사수하였다. 결국, 연대는 방어진지를 고수하면서 중공군의 첫날 공격을 막아낼 수 있었다. 연대는 약 100여명의 사상자가 발생하였고 연대장이 부상당하였지만 성공적으로 진지를 사수하였다. 연대장은 후송을 거부하고 계속해서 연대를 지휘하였다.

14일 주간에는 공군이 지평리 주변의 고지군에 대한 폭격을 실시하였다. 또한 C-119수송기를 이용하여 연대에 필요한 물자와 탄약 등이 재보급되었다. 그러나 여전히 연대의 보급로는 중공군에 의해 차단된 상태였다. 제23연대전투단과 제10군단 주력 사이의 간격을 보완하기 위해 북진하는 영 제27여단의 진격은 예상보다 훨씬 더디었다. 결국, 리지웨이는 미 제9군단에게 지평리로 연결되는 통로를 확보하도록 명하였고, 군단은 미 제5기병연대에게 이 임무를 부여하였다.

14일 밤이 되자 중공군은 재차 공격을 실시하였다. 전 정면에 축차적인 공격이 계속되었으며, 이 와중에 남쪽의 G중대 진지가 돌파되고 말았다. 그러나 중공군도 돌파된 진지를 더 이상 확대하지 못하고 진전을 이루지 못한 상태로 날이 밝았다. 15일 아침에 연대는 역습을 통해 피탈된 G중대 진지를 탈환하기 위한 작전을 준비하였다.

한편 제23연대전투단을 구출하기 위한 미 제5기병연대는 증강된 부대를 통합하여 '크롬베즈 특수임무부대(TF Crombez)'로 편성하였다. 여기에는 제5기병연대 이외에 전차 2개 중대, 포병 2개 포대, 공병 1개 소대로 구성되었다. 이들은 14일 자정 무렵 지평리 남쪽 곡수리에 도착하였으나 마을 입구의 교량이 파괴되어 공격이 지연되었다. 교량을 임시로 보수한 특수임무부대는 15일 아침 항공 지원과 함께 공격을 재개하였으나, 지평리 남쪽 망미산을 점령하고 있던 중공군의 완강한 저항으로 진출이 불가능해졌다. 이 날 중으로 제23연대와 연결을 목표로 한 크롬베즈 대령은 이러한 상태로 연결이 불가능하다고 판단하고 전차 23대(2개 중대)와 L중대 160명으로 구성된 보전 협동공격조를 편성하고 15시에 고속 진격을 실시하였다.

진격 중에 적의 강력한 공격 시에는 보병이 하차하여 주변의 적을 제압하고 공격하기도 하였는데, 이 와중에 일부 보병은 고속 기동하는 전차에 다시 탑승하지 못해 낙오되어 피해를 입기도 하였다. 그러나 신속한 돌격으로 17시경 지평리에서 망미산 방향으로 역습을 취하던 제23연대전투단의 전차와 연결하는데 성공함으로써 통로를 개척하였다. 이렇게 전황이 전개되자 중공군의 저항이 급격하게 약화되었다.

펑더화이는 최초 미 제23연대전투단을 지평리에서 포위 섬멸하고자 하였으나 3일째에도 성공을 거두지 못하자 15일 17시 30분에 지평리에 대한 공격을 중지하였고, 중공군은 지평리에서 퇴각하였다. 16일의 항공정찰에 의해서 중공군의 철수는 재확인 되었다. 펑더화이는 지평리에 대한 공격을 계속할 수도 있었으나, 지평리를 점령한다 해도 여주-장호원 방향으로 전과확대 하기에는 이미 시기적으로 늦었다고 판단하여 공격의 중지를 결심한 것이었다. 동시에 원주 지역의 중공군도 북으로 퇴각하였으며, 미 제9군단 정면의 한강 남안에서 교두보를 확보하고 있던 제38, 50군도 18일까지 철수 하였다.

결과적으로 지평리 전투는 중공군의 2월 공세를 막아내는데 결정적인 역할을 하였다. 그러나 2월 공세로 인한 아군의 피해도 컸다. 특히 미 제10군단 예하의 국군 사단들의 피해가 컸는데, 그것은 국군 제5, 8사단이 공격 중에 중공군의 공격을 받아 기습을 당했기 때문이다. 그 중에서도 제8사단은 거의 와해되는 지경에 처했는데, 제10연대장이 실종되고 병력의 70%와 사단의 대부분의 중장비를 잃고 말았다. 이는 중공군이 제8사단 예하 연대들을 각개 격파하면서 후방의 퇴로를 차단하고 지휘소와 포병진지 등을 공격하면서 지휘체계가 붕괴되고 포위되면서 나타난 현상이다. 이로 인해 미 제10군단이 원주로 철수하여 방어선을 구축하는 동안, 지평리에서 제23연대전투단이 성공적인 고수방어로 중공군의 공세를 좌절시켰던 것이다.

라운드 업 작전 중에 미 제10군단장 알몬드 소장의 지휘에 대해 논란이 많다. 화력과 전투력이 약한 국군 사단들을 제1선의 공격부대로 임명한 것이나, 이를 지원하는 미군 지원부대들을 군단의 직접 통제에 둠으로써 지휘체계를 복잡하게 운용한 점은 여전히 의문점으로 남아있다. 그렇다고 해서 국군 제8사단의 유약한 전투 수행이 덮어지는 것은 아니다. 군단의 후위부대로 다른 부대의 철수 엄호를 담당하던 네덜란드 대대는 대대장이 전사하는 상황에서도 끝까지 임무를 완수하였던 것과는 아주 대조적이다.

지평리에서도 지휘관의 뛰어난 리더십은 돋보인다. 부상당한 상태에서도 연대를 지휘한 프리만 대령이나, 적의 강력한 화망 속에서도 진두지휘하며 지평리로 진출한 크롬베즈 대령은 전장에서 지휘관들이 어떤 모습을 보여줘야 하는지를 명확하게 해주었다. 사주방어를 결심하고 철저하게 방어준비를 실시한 점 역시 높게 평가할 만하다. 화망을 구성하고, 야간 공격에 대비하여 조명계획을 수립하였을 뿐만 아니라, 참호를 구축하고 철조망과 지뢰 등으로 방어 진지를 강화하였다. 또한 부대원들도 진지가 돌파되는 순간에도 공황에 빠지지 않고 수류탄과 백병전으로 적을 격퇴하거나, 끝까지 진지를 고수하면서 적과 교전하였다.

중공군도 이 점을 인정하고 있다. 의외로 강적을 만나 고전했다고 자체 평가하면서 화력도 충분하지 못한 상황에서 '경적'(輕敵)사상으로 적을 얕보았다고 평가하고 있다. 계속되는 승리로 정확한 적정 파악이 없이 퇴로를 차단하면 무분별하게 철수할 것으로 판단한 것이다. 이로 인해 투입된 부대들도 명확한 지휘체계를 확립하지 않고 혼란스럽게 각 부대별로 공격을 실시하다보니 통합된 효과를 거두지 못하고 피해만 커졌다는 점을 패인으로 분석하고 있다.

전략적인 측면에서 제8군 사령관 리지웨이 장군은 지평리가 갖는 중요성을 정확하게 판단하고 지평리를 사수하고자 하였다. 지평리를 결전장으로 삼아 승리함으로써 중공군 2월 공세를 저지하였을 뿐만 아니라, 서부전선의 아군 측방을 보호하고 나아가 한강 이북으로 용이하게 진출하여 38도선을 확보할 수 있는 계기를 마련하였던 것이다. 물론 중공군이 준비되지 않은 상태에서 급하게 공세로 전환하다보니 이전에 비해 공격력이 약했던 것은 사실이다. 그렇지만 정확한 전략적 판단은 전체 전쟁에 끼치는 영향이 막대함을 보여 주는 전례이다.

지평리 전투는 또 한편으로 유엔군의 사기와 전의를 진작시키는 계기가 되었다. 중공군의 제2차 공세로 전쟁의 승리를 목전에 두고 북한 지역에서 대패하고 철수한 유엔군은 아직까지 그 후유증에서 벗어나지 못하고 있었다. 때문에 리지웨이가 제8군 사령관으로 부임한 이후 제1의 우선 과제는 공격정신의 부활이었으나 아직까지 마땅한 계기를 찾지 못하고 있었다. 지평리 전투는 이러한 미군에게 중공군을 상대로 승리할 수 있다는 자신감을 갖게 해준 전투였다.

32
하진부리-속사리 전투

일　　시　1951. 3. 1. ~ 3. 4.
장　　소　강원도 평창군 진부면 하진부리 - 용평면 속사리 일대
교전부대　국군 수도사단 vs. 북한군 제2, 7사단
특　　징　중공군의 제4차 공세 직후 실시된 유엔군의 반격작전중 동부전선에서 실시된 국군 수도사단의 성공적인 반격작전

유엔군과 국군은 중공군의 신정공세로 평택-삼척선까지 철수했으나, 중공군과 북한군이 공세 후에 휴식 및 재편성을 실시하기 전에 공세를 취하여 이를 격멸한다는 리지웨이 제8군사령관의 방침아래, 위력수색작전으로 한강 이남의 공산측 전력이 약하다는 사실을 확인하고, 반격작전을 실시하여 양평-횡성-평창을 잇는 선까지 진출했다. 이에 공산군은 신정공세를 분석하고 휴식과 재편성을 실시할 목적으로 군자리에서 소집된 작전평가회의(1951. 1. 25~29)에서 유엔군의 진격을 무력화시키기 위한 새로운 공세, 즉 2월 공세를 위한 작전회의로 전환하여 공세를 실시했으나, 오히려 지평리 전투에서 소모전을 강요당하는 결과를 감수해야만 했다.

작전의 주도권을 확보했다고 판단한 미 제8군사령관은 철수하는 공산군을 격멸하고 가능하면 전선을 추진시킨다는 의도 아래 중동부 전선의 미 제9군단을 원주-횡성-홍천 도로, 미 제10군단을 제천-영월-평

창 도로를 따라 공격하도록 하고, 서측방 미 제1군단과 미 제9군단 예하 미 제24사단은 한강 남쪽에서 적극적인 방어에 임하고, 국군 제3군단은 제7사단을 영월–평창–창동리 방향으로 진출시켜 미 제10군단의 우측방을 엄호하고, 주력을 속사리–하진부리–유천리 도로를 확보하는 킬러 작전(Operation Killer)을 지시했다. 이와 같은 유엔군 사령부의 구상과 구도아래 국군 제3군단이 실시한 전투가 하진부리–속사리 전투이다.

명령을 받은 국군 제3군단은 제7사단을 평창–창동리 방향으로 공격하도록 하고, 수도사단 제1기갑연대를 속사리, 제26연대를 횡계리, 제1연대를 강릉에 배치하고, 제9사단을 예비로 보유하여 작전을 실시했다. 그러나 5일간이나 계속된 폭설로 3월 2일 전에는 공격 자체가 불가능하다는 수도사단의 보고와 제7사단 정면 적인 북한군 제27사단의 완강한 저항으로 진출이 어렵다는 보고를 동시에 접수한 제3군단장은 수도사단장에게 어떠한 일이 있더라도 3월 1일까지 속사리를 점령하라는 명령을 하달했다. 이에 수도사단장은 제1기갑 연대장에게 3월 1일 이내로 속사리를 점령하라는 작전명령을 내렸다.

제1기갑연대장은 제1대대를 우, 제2대를 좌, 그리고 제3대대를 예비로 1951년 3월 1일 06시에 폭설과 영하의 악조건을 무릅쓰고 공격을 개시했다. 제1대대는 필사적인 공격으로 월정동과 하진부리 중간, 제2대대는 광천근방까지 진출했으며, 제3대대는 용산동의 연대 진지를 후속한 제26연대에 인계하고 공격제대에 합류함으로써, 3월 1일 24시경 제1기갑연대는 제1대대 구산동, 제2대대 광천–무명고지 중간 지점, 제3대대의 주력은 용산동–무명고지 사이에 위치하고 있었다. 제1기갑연대의 진지를 인수한 제26연대는 진지를 강화하고 방어준비를 하고 있었으며, 제1기갑연대의 화력지원임무를 부여받은 제10포병대대 제3중대는 대관령을 넘어 차항리로 이동 중이었으나, 적설로 인한 도로사정의 악화로 어려움을 겪고 있었다. 그러나 제1기갑연대 제1, 2대대는 3월 2일 09시, 제3대대는 11시에 공격개시선을 통과하여 이 날 21시경에는 속사리

고개까지 진출하여 그 일대를 점령하고 사주방어에 들어갔다. 제10포병대대 제3중대도 차항리로 이동하여 화력지원임무를 수행했다.

그러나 북한군 제2, 7사단 및 제24연대 병력 6,000여 명이 3월 2일 야간침투를 실시하여 국군 제1기갑연대를 포위하고 유천리에 배치된 제26연대를 압박하고 있었다. 3월 3일 미명 공격을 준비하고 있던 제1기갑연대는 오히려 사방으로부터 적의 공격을 받아 제2대대 지휘소까지 습격을 당하기도 했으며, 후방의 제26연대 제3대대가 다른 지역으로 진지를 이동함에 따라 연대의 측 후방이 무방비 상태로 노출되기에 이르렀다. 이에 사단장은 제1기갑연대에게 유천리로 철수하도록 지시하고, 제26연대는 유천리를 공격하여 제1기갑연대와 연결하도록 조치하였으며, 사단 수색중대로 하여금 제1기갑연대의 철수를 엄호하도록 명령했다. 악천 고투를 거듭한 제1기갑연대는 3월 4일 횡계리 부근으로 철수했으며, 제1기갑연대와 연결 작전을 실시하지 못한 제26연대도 횡계리 부구으로 철수하게 되었다. 이로써 4일 간에 걸친 하진부리-속사리 전투는 목표를 달성하지 못한 채 막을 내렸다.

이 전투에서 306명의 적 사살과 많은 무기와 장비를 노획했으나, 제1기갑연대는 61명, 제26연대는 126명의 전사자와 120여명의 부상자 및 700여 명이 넘는 실종자와 많은 무기와 장비를 손실한 피해를 감수해야만 했다. 우선 전방의 적 전력을 과소평가 한 점, 통신이 두절되어 인접부대와의 협조가 어려웠고, 악천후로 인한 기동과 보급 및 화력지원의 제약, 그리고 예비대 부족과 종심진지의 부실로 적에게 사면포위를 가능하게 했다는 점을 작전실패의 요인으로 지적할 수 있다. 그러나 이 지역의 국지적인 작전 결과에도 불구하고, 국군과 유엔군은 한강 남안에서 횡성을 거쳐 강릉에 이르는 연결된 방어선을 확보했고, 차후 작전수행에 있어서 자신감을 가질 수 있었다.

33
제2차 서울탈환작전

일 시 1951. 3. 4. ~ 3. 15.
장 소 한강 남안 및 서울시 일대
교전부대 국군 제1사단 vs. 중공군 제50군, 북한군 제47사단
특 징 1951년 3월에 중공군이 서울에서 자진 철수함에 따라 실행된 국군 제1사단의 제2차 서울 탈환작전

6 · 25전쟁사 중에서 1950년 9 · 28 서울수복에 대해서는 잘 알려져 있지만, 이에 비해 1951년 3월 15일에 있었던 제2차 서울 수복작전은 비교적 적은 관심을 받았다. 그것은 아마도 1950년 9월의 제1차 수복작전이 수 만 명에 달하는 적의 격렬한 저항을 극복한 후 이루어졌던 데 반해, 제2차 수복작전은 비교적 싱겁게 끝났기 때문일 것이다. 3월 14~15일에 국군 제1사단 선발 부대가 서울에 입성했을 때 국군은 적의 경미한 저항만을 받으면서 서울을 되찾았다.

제2차 서울 수복작전의 선봉을 담당한 부대는 제1사단 제15연대였다. 이 작전은 미 제8군이 3월 7일부터 발동한 리퍼 작전(Operation Ripper)의 일환이었다. 리지웨이 미 제8군사령관은 이 작전에서 중부의 미 제9군단 제25사단에게 양수리와 팔당 부근에서 도하작전을 전개해 서울 동측을 위협하고, 이를 이용해 한강 남안에 진지를 확보하고 있던 미 제1군단(국군 제1사단, 미 제3사단)이 큰 피해 없이 서울을 점령

한강을 도하해 마포로 진격하는 국군 제1사단(1951. 3. 14)

케 하고자 했다.

3월 7일 전 전선에서 유엔군의 리퍼 작전이 개시되자 중조연합사령관 펑더화이는 미 제25사단의 도하공격과 중동부 지역에서의 미 제10군단, 국군 제1군단의 공격에 대해 지연전으로 대응하고자 했다. 북경방문 이후 막 돌아온 펑더화이는 3월 9일 한강 남안 진지에 있었던 제38군의 1개 사단과 제50군의 1개 사단에게 강북으로 도하에 성공한 미 제25사단의 진격을 지연하면서 철수할 것을 명령했다.

이틀 후 펑더화이는 북경의 저우언라이에게 "시간을 획득하기 위해 서울을 포기하고, 운동방어 방식으로 유생역량을 보존하고, 적 주력을 흡수하여 38도선까지 진출하도록 한다"고 작전 의도를 밝히는 전문을 보냈다. 서울을 방어하던 북한군 제47사단과 중공군 제50군에게는 3월 13일 서울에서 철수하라는 명령이 내려갔다. 철수는 14일까지 완료되었다.

국군 제1사단장 백선엽 준장은 3월 14일 제15연대장에게 수색대를 내

보내 한강을 도하한 후 중앙청까지의 적정을 보고하게 했다. 수색대의 지휘를 맡은 제9중대 제3소대장 이석원 중위는 소대를 이끌고 마포 쪽으로 도강해 서울역을 거쳐 중앙청으로 진출했다. 그는 중앙청에 다가갔을 무렵에야 처음으로 기관총으로 저항하는 적을 발견했다. 이 중위의 제3소대는 3명의 적을 처치하고 중앙청에 들어갔다. 그들은 서울 시내에 적이 철수하고 없다는 정황을 확인한 후 이날 저녁 강남의 본대에 합류했다. 다음날 제1사단 제15연대의 3개 대대 전체가 서울시가에 진출했을 때 적은 찾아볼 수 없었다. 중앙청에 다시 태극기가 게양된 것은 1951년 3월 15일이었다.

서울을 쉽게 탈환할 수 있었던 것은 1951년 1월말부터 2월 한 달여 동안 유엔군의 효과적 공격으로 인해 중공군이 많은 손실을 냈기 때문이다. 적의 공세가 있으면 의도적으로 철수하는 한편 유엔군의 막강한 화력을 최대한 활용하는 리지웨이의 '화해전술(火海戰術)'은 추위와 보급 부족에 허덕이는 중공군에 대해 효과를 발휘했고, 그들은 한강 남안 진지를 확보하느라 많은 사상자를 냈다. 펑더화이는 본국에서 대규모 증원 병력이 도착할 때까지 병력보존을 위해 3월 11일 서울을 자진해서 포기하고 지연전을 시행키로 결심했다. '서울 자진철수' 결정에 대해 김일성은 중국측에 격하게 항의했으나 그의 의견은 묵살되었다. 이 사건으로 김일성과 펑더화이는 5월 중순까지 서로 만나지도 않은 채 냉랭한 관계를 유지했다고 한다.

제1사단은 '적병 3명'을 죽이고 아무런 피해 없이 서울을 탈환했다. 그것은 서울의 최종적 탈환이었다. 이런 작전이 가능했던 것은 1, 2월 동안 유엔군이 1·4후퇴 시의 패배의식을 극복하고 적을 섬멸할 수 있었기 때문이었다.

34
춘천 서북방 진격전

일　　시 1951. 3. 20. ~ 4. 6.
장　　소 북한강 이남 – 강원도 춘천시 서북방 지역 일대
교전부대 국군 제6사단 vs. 중공군 미상 부대
특　　징 캔자스 선을 확보하기 위한 국군 제6사단의 성공적인 수색, 정찰, 및 진격작전

워커 장군의 순직으로 제8군사령관에 취임한 리지웨이 장군은 지역을 방어하기 위하여 피해를 감수하지 않고 전력을 보전하며, 유엔군의 강력한 화력으로 공산군의 전력을 마모시키고, 공산측이 공세작전을 펼친 후에 재편성과 재보급을 위한 시간을 갖지 못하도록 즉각적인 반격작전을 전개하는 방식으로 작전을 수행했다. 그리하여 중공군이 신정공세를 전개할 때 서울방어를 위한 출혈을 감수하기보다 서울 자체를 포기하고 평택–삼척선까지 철수하였으며, 중공군의 공격력이 소진되었을 때 즉시 반격작전을 실시하여 한강선까지 진출하는 기민한 작전을 구체화했다. 이러한 결과, 공산측이 신정공세의 작전분석과 평가를 위하여 소집된 군자리 회의를 방어적인 공세작전을 위한 준비회의로 바꾸어 놓았다. 또한 준비가 제대로 갖추어지지 않은 상태에서 실시한 중공군의 2월 공세 시에는 지평리에서 고립방어를 실시하여 중공군의 주력을 이 지점으로 유인하여 섬멸하는 작전수행 상 융통성을 누리기까지 하면서

38도선을 회복했다.

수적으로는 우세하나, 화력이나 보급 면에서는 열세한 공산군의 약점을 최대한 활용하면서 작전을 수행한 리지웨이 장군은 임진강 하구에서 화천 저수지를 거쳐 양양으로 이어지는 캔자스 선(Kansas Line)을 설정하고 이를 점령하여 진지를 강화하는 작전을 구상했다. 이를 위하여 리지웨이 장군은 캔자스 선 확보작전에서 서부지역에 미 제1군단(국군 제1, 미 제3, 24, 25사단), 중서부에 미 제9군단(국군 제6, 미 제1기병, 영 제27여단), 중동부 지역에 미 제10군단(국군 제5, 미 제2, 7사단), 국군 제3군단(제2, 3, 7사단), 동해안 지역에 국군 제1군단(수도, 제9사단)을 배치하고, 1951년 4월 3일 미 제1군단은 포천-김화, 미 제9군단은 화천저수지, 미 제10군단은 양구와 인제, 국군 제1군단은 양양 방향으로 공격을 실시하도록 명령했다.

중공군의 2월 공세를 무산시키고 38도선을 회복하면서 캔자스 선까지 도달하는 작전에서 장도영 준장이 지휘하는 국군 제6사단은 미 제9군단 예하 사단으로서 춘천 서북방 지역 지암리-화악산(1468고지)-사창리에 이르는 계곡에서 진격작전을 성공적으로 수행하여 캔자스 선을 확보하는 작전(Operation Rugged)을 마무리했다.

국군 제6사단은 1951년 3월 20일 경 북한강 이남의 의암리와 가평을 석권하고 중간목표인 북배산(867고지)를 점령하기 위하여 제7, 19연대를 공격, 제2연대를 예비로 3월 22일 공격을 개시했다. 공격 도중에 퇴각하는 중공군의 저항을 받았으나, 제6사단은 23일 북한강 북방에 교두보를 확보하고 북배산으로 진격했다. 사단은 3월 25일 북배산 서남쪽 2km 지점까지 도달했으나, 방어에 유리한 북배산을 장악하지는 못하고 그 일대에 포사격을 가하면서 차후 작전을 위한 진지강화에 돌입했다. 그리하여 사단은 3월 26일부터 29일까지 악천후 속에서 진지를 강화하면서 수색정찰전을 실시하고 차후 진격작전을 준비해 나갔다.

미 제24사단으로부터 전차 1개 소대를 지원받고 포병화력을 동원한 사단은 3월 30일 공격을 개시하여 북배산에 이르는 중간 목표를 탈취했다. 공격을 계속한 제6사단은 3월 31일 북배산을 점령하였으나, 중공군은 북배산 북방 가덕산(858고지)과 가덕산 북방 화악산(1,468고지)에 진지를 구축하고 방어할 준비를 갖추고 있었다. 사단은 4월 2일 가덕산을 점령하고 화악산 동쪽의 캔자스 선까지 진출하기 위하여 공격을 계속하여 진지작업을 하고 있던 중공군을 사살하기도 했다. 4월 3일에도 사단은 예비로 있던 제2연대를 제7연대와 같이 전방에 투입하고 제19연대를 예비로 전환하여 공격을 계속하여 4월 6일에는 화악산을 점령함으로써 캔자스 선을 확보하고, 다음 전투를 위한 재편성을 실시했다. 이와 같이, 국군 제6사단은 악천후와 험준한 지형의 악조건을 무릅쓰고 사창리 계곡을 통제하는 진격작전을 성공적으로 마무리했다.

춘천 서북방 지역의 진격작전에서 국군 제6사단은 적 사살 690명, 포로 56명을 획득하고 다수의 장비(박격포 6문, 트럭 3대, 자동소총 16정과 소총 165정과 탄약 등)를 노획했으나, 16명의 전사자와 58명의 부상자를 내는 피해를 감수해야만 했다. 그러나 제6사단은 전열을 정비하고 4월 공세를 실시한 중공군에게 엄청난 패배를 감수해야 했으며, 중공군 5월 공세중 용문산 전투에서 대승을 거둠으로써 이를 설욕하는 기개를 떨치기도 했다. 이로써 제6사단은 전쟁에서 공세작전 시에는 과감하게 전과를 확대하고, 일시적인 패배로 인하여 사기가 저하되었을 때는 강인한 정신력과 불퇴전의 항전으로 이를 설욕할 수 있다는 전사의 기록을 남겼다.

35
인제 탈환 전투

일　　시 1951. 4. 9. ~ 4. 19.
장　　소 강원도 인제군 소양강 상류 일대
교전부대 국군 제5사단 vs. 중공군 미상 부대
특　　징 국군 제36연대 제6중대장 김인덕 중위의 기습과 대담성에 의한 작전 지휘로 수행한 성공적인 야간전투

서울을 탈환 후 유엔군은 4월초에 다음 작전목표를 캔자스 선(임진강-화천호-양양) 확보로 설정하고 착실한 진격을 계속했다. 동부전선의 중요 축선의 하나였던 홍천-인제간 도로와 그 주변 지대에 전개한 제5사단은 현리에서 미 제10군단의 주공부대로서 인제 점령과 캔자스 선으로의 진출을 사단의 임무로 부여받았다. 그것은 미 제8군의 러기드 작전(Operation Rugged)의 일환이었다. 제5사단장 민기식 준장은 4월 9일부터 사단 작전을 개시해 이 두 목표 달성에 매진했다.

이 지역은 내린천, 소양강 상류가 600~700m가 넘는 산들 사이를 흐르고 있어 방어에는 유리하지만 공격 작전에는 어려움이 많았다. 사단은 예하의 제35연대와 제36연대를 좌우로 배치해 소양강을 도하해 인제를 향해 공격하게 하고 제27연대를 사단 예비로 두었다. 사단 포병으로는 제26포병대대가 있었으며, 부족한 화력은 미 제7사단의 155㎜ 포병대대와 미 전술공군 지원에 의해 보강되었다. 사단의 공격에 있어 어

려운 점은 역시 전면에 놓여 있는 소양강 도하였다. 인제 남쪽의 소양강 상류는 수심이 깊지 않아 도섭이 가능하긴 했지만, 강 좌안의 바로 북쪽에 고지들이 즐비해 있어 도하 후 교두보를 확보하는 것이 어려웠기 때문이다.

민기식 장군은 이러한 어려움을 극복하기 위해 야간 도하를 계획했다. 도하 시간은 4월 9일 20시로 정해졌고, 제35연대가 청구동에서, 제36연대는 가로리 부근에서 도하하기로 결정하였다. 4월 8일부터 양개 연대는 도하 준비를 철저히 하였다. 제26포병대대와 미 제7사단 증원 포병대대는 도하점 주변의 주요 지점에 대한 사격 제원을 계산해 두었다. 제35연대장 홍순룡 대령은 제1대대에게 도하 임무를 부여하고, 사단의 포병 공격준비사격의 엄호를 받으면서 도하하도록 했다. 우측의 제36연대장은 제2대대 제6중대장 김인덕 중위에게 연대 도하작전의 선봉으로 강북쪽의 돌출된 감제고지를 장악하도록 했다. 제35연대 제1대대는 4월 9일 23시에 미리 준비된 포병의 화력 지원을 받으며 청수동에서 도하하는데 성공했다. 그러나 이 연대는 그 후 몇 일 동안 적의 지속적인 저항을 받아 진격이 부진했다.

제36연대 제6중대장 김인덕 중위는 화력지원 없이 01시에 은밀하게 도하하는 방법을 택했다. 제6중대는 적의 눈에 띠지 않고 야음을 이용해 강을 건너는데 성공한 후, 급경사를 300미터 이상 기어오른 다음 494고지의 적을 기습하는데 성공했다. 정말 소리 없는 공격이었다. 다음날 아침 이 고지에서 쫓겨간 적은 2개 중대 규모로 반격을 가해왔다. 그러나 때마침 연대장이 제2대대 주력과 제3대대 병력 일부를 후속 도하시켜, 적의 역습을 격퇴함으로써 교두보를 지킬 수 있었다.

고지가 중첩된 강 서안의 북쪽 내륙으로의 진출은 어려웠다. 적은 아군이 힘들게 고지를 오르면 그때까지 가만히 있다가 마지막 단계에서 수류탄을 일제히 던지고 기관총을 갈겨대는 방식으로 방어했다. 아측이 고지를 장악한 후에는 반드시 역습을 가해왔고, 주간에는 박격포를 효과적으로 운용했다. 아군이 고지를 장악하는 데는 야간 기습공격만이 효과가 있었다. 어려운 과정이었지만 제5사단은 4월 17일에 인제읍과 그 북쪽 고지대를 장악했고, 19일에는 캔자스 선에 도달함으로써 사단 최종 임무를 달성했다.

인제 전투에서 기습과 대담성은 가장 중요한 교훈이었다. 황엽대령과 연대작전장교 이복형 중위는 제6중대장 김인덕 중위의 기습도하공격이 연대작전 성공에 결정적 역할을 했다고 인정했다. 후에 이복형 중위는 김인덕 중위의 공적을 거론하며 "내가 이 전투를 통해 절감한 것은 기습공격의 효과였습니다"라고 회고했다. 김인덕 중위는 4월 15일 전투에서도 작전간 사로잡은 포로로부터 알아낸 적군 암구호를 이용해 대담한 작전을 전개했다. 그는 제5중대와 함께 적 수하에 대해서 암구호를 대며 중대를 적 주진지 지대까지 인솔해 들어간 다음, 명령에 따라 일제히 기습 사격하도록 했다. 이 공격으로 단번에 적병 100여명을 사살하는 전과를 올렸다.

김인덕 중위는 기습의 가치를 알고 대담성을 겸비한 전투영웅이었다. 손자도 그의 병법에서 이러한 선봉부대와 중대장 없이는(兵無選鋒) 승리할 수 없다고 했다.

36
설마리 전투

일　　시 1951. 4. 22. ~ 4. 28.
장　　소 경기도 파주시 적성면 설마리 감악산 일대
교전부대 영국군 제29여단 vs. 중공군 제63군 예하부대
특　　징 중공군 4월 공세(제5차 공세)시 영국군 제29여단이 중공군에게 포위된 상황에서 3일 동안 분투하여 적에게 치명적인 손실을 입히고, 유엔군 부대의 안전한 철수에 기여한 전투

미 제8군 사령관 밴플리트(Janes A. Van Fleet)중장은 4월 20일 유타 선(Utah Line)을 확보한 후, 4월 21일에 미 제1, 9군단으로 하여금 와이오밍 선으로 진출하도록 명령하였다. 그러나 와이오밍 선(Wyoming Line)으로 공격을 개시한 미 제1, 9군단은 포로 심문과 적정 정찰 결과, 4월 22일 야간에 중공군의 대규모 공세가 있다는 것을 확인하였다. 따라서 유엔군 사령부는 4월 22일 오후에 공격을 중지하고 일몰 전까지 방어태세로의 전환하여 공산군의 공세를 저지하도록 명령하였다.

펑더화이는 유엔군의 캔자스 선 확보 과정에서 상실한 전장의 주도권을 확보하기 위해 제5차 공세를 준비하고, 무려 30여만 명의 대군을 투입하였다. 중공군의 작전개념은 유엔군과 국군을 각개소멸하는 것이며, 전면적인 공세를 통해 서울까지 탈취한다는 작전목표를 수립하였다. 이

러한 작전개념과 작전목표에 따라 북한군 제1군단과 중공군 제64군은 국군 제1사단을 격멸하고 서울로 진격하도록 하였다. 또한 중공군 제63군은 임진강을 도하하여 감악산(675고지)의 설마리(雪馬里)지역에 배치된 영국군 제29여단을 섬멸하고 동두천, 포천으로 진격하여 중공군 제3, 9병단과 연결 및 협조하여 미 제25, 24사단을 포위 섬멸하도록 하였다.

영국군 제29여단은 4월 22일 당시 좌전방인 감악산(675고지) 좌측의 적성면 설마리 지역에 글로스터(Gloster) 대대를, 중앙전방인 감악산 북쪽 장현리 일대에 퓨질리어스(Fusiliers) 대대를, 그리고 도감포 일대에 배속 받은 벨기에 대대를 배치하여 방어 중이었다. 그러나 제29여단은 임진강의 심한 굴곡 때문에 병력에 비해 지나치게 넓은 정면을 담당하여 각 대대 및 중대가 상호지원을 할 수 없는 상태였고, 특히 좌인접 부대인 국군 제1사단과 간격이 발생하여 적의 침투기동과 배후차단이 우려되는 상황이었다.

중공군 제63군은 4월 22일 22시경부터 임진강을 도하하여 영국군 제29여단을 공격하였다. 여단의 전 전방대대가 공격을 받았으며, 22일 새벽 우전방인 임진강 북안의 금굴산(194고지)의 벨기에 대대는 고립되고, 중앙의 퓨질리어스 대대는 전방기지에서 후방의 257고지로 철수했으나 이마저도 중공군에게 피탈되었다. 좌전방의 글로스터 대대는 전방진지에서 후방의 235고지로 철수했다. 23일에는 여단장 톰 브로디 준장이 예비인 라이플스 대대를 중앙의 퓨질리어스 대대 후방의 398고지에 배치하여 신산리로의 보급 및 철수로를 감제할 수 있게 하였다. 또한 후사르스 C중대(센츄리온 전차중대)를 투입하여 퓨질리어스 대대의 257고지 탈환 작전을 지원했으나 중공군의 반격으로 실패했다. 그 결과 235고지로 철수한 좌측의 글로스터 대대는 후방으로 침투한 중공군에 의해서 완전 고립되었다.

이러한 상황에서 유엔군 지휘부는 4월 24일부터 고립되어 있는 글로스터 대대를 구출하기 위해서 미 제3사단의 예비였던 제7연대의 필리핀 대대와 영 후사르스 제8연대의 센츄리온 전차 6대로 특수임무부대를 구성하여 구출작전을 시도하였다. 그러나 15시경에 아군 전차가 지뢰에 의해 폭발하여 설마리로 향하는 유일한 진입로가 차단되고, 점차 중공군의 반격이 거세지는 등 구출작전은 어려움을 겪고 있었다.

결국 4월 25일에 악전고투를 계속하던 여단의 좌측 글로스터 대대는 여단장으로부터 무선으로 자체적인 적중탈출을 시도하라는 명령을 수령하고, 대대장, 군목, 군의관, 의무요원 50여 명이 부상자와 함께 고지에 잔류한 가운데 중대별로 탈출을 시도하였다. 이 과정에서 남쪽으로 철수한 대대의 주력과 235고지에 잔류한 부대원들은 중공군의 포로가 되었고, 북쪽으로 철수한 D중대만이 국군 제1사단 제12연대에 의해 구출되었다. 한편 중앙지역을 담당하고 있던 퓨질리어스 대대와 우측을 담당하고 있던 라이플스 대대도 4월 25일 08시부터 철수를 시작했다. 10시부터 후사르스 전차중대와 공병 1개 중대의 엄호 하에 도로를 통한 철수작전 동안 중공군의 사격과 추격이 계속되었고, 전방의 2개 대대가 철수함과 동시에 이를 남쪽에서 엄호하던 벨기에 대대와 여단본부도 중공군의 추격을 뿌리쳤다. 그날 오후에는 미군 방어선을 지나 델타 선(Delta Line 금촌 성동리–덕정–포천–가평)상의 차후방어선인 덕정에 도착함으로써, 영국 제29여단의 설마리 전투는 사실상 종료되었다.

영국군 제29여단은 설마리 전투에서 1,091명의 사상자가 발생하였고, 그 중에서도 글로스터 대대는 850 여명의 대대원 중 장교 21명과 병사 509명이 포로가 되는 궤멸적인 타격을 입었다. 그러나 그들이 적중에 고립되었음에도 불구하고 용전분투하여 감악산 일대와 그 주변의 도로를 3일 동안 방어하고 중공군 제63군에 대하여 치명적인 손실을 입혀 적의 공격 기세를 둔화시킴으로써 미 제1군단의 주력부대들은 안전하게 델타 선으로 철수할 수 있었으며, 서울 방어를 준비할 수 있었다.

37

임진강-서울 서북방 전투

일　　시 1951. 4. 23. ~ 4. 30.
장　　소 임진강 - 서울시 서북방 지역 일대
교전부대 국군 제1사단 vs. 중공군 제19병단 63, 64, 65군
특　　징 중공군 4월 공세 중 국군 제1사단이 재치 있는 방어작전을 통해 서울 서북방을 성공적으로 사수한 전투

전쟁을 군사적인 승패가 아닌 정치적 타협에 의해서 종결시키기로 한 정책결정에 따라 유엔군은 임진강 하구에서 화천 저수지를 지나 양양으로 이어지는 캔자스 선을 확보하고(Operation Rugged), 철원-김화-평강을 잇는 철의 삼각지를 무력화시키는 작전(Operation Dauntless)을 성공적으로 마무리하여 방어 가능한 휴전선을 확보하려 했다. 공격준비를 마친 유엔군은 1951년 4월 3일 미 제1군단은 포천-김화, 미 제9군단은 화천 저수지, 미 제10군단은 양구와 인제, 동해안의 국군 제1군단은 고성 방향으로 공격을 개시했다. 제8군의 좌익에 배치되어 공격작전에 참여한 미 제1군단은 이미 캔자스 선에 도달해 있던 국군 제1사단과 미 제3사단으로 하여금 임진강 선을 방어하도록 하고, 우측의 미 제24, 25사단은 의정부-포천-김화를 잇는 도로를 따라 공격하도록 했다.

국군과 유엔군의 공격이 예상보다 빠르게 진행되자, 중공군과 북한군

은 그들의 병력을 4월 21일까지 공격대기 지점으로 집결시켜 반격작전을 개시했다. 공산군은 전역분할(戰役分割)과 전술분할(戰術分割)을 결합하여 유엔군과 국군을 각개 소멸한다는 개념 하에, 중공군 제19병단과 북한군 제1군단을 투입하여 국군 제1사단을 격멸하고 서울로 진격하여 미 제1군단의 포천 진출을 차단하고 서울을 점령하여, 이를 노동절 선물로 마오쩌둥(毛澤東)에게 바치기로 작정했다. 이에 대해서 미 제8군은 캔자스 선을 고수하느라 출혈을 강요당하지 않고 미리 계획된 통제선으로 철수하면서 공산측에게 최대한의 출혈을 강요한 후에, 다시 반격작전을 수행하여 캔자스 선을 회복한다는 작전개념을 설정하였다.

서울 북방 서부전선을 담당한 국군 제1사단은 미 제3사단에 배속된 영 제29여단과 더불어 임진강과 임진강 북방 주저항선의 방어에 임하고 있었다. 중공군 제19병단(제63, 64, 65군)의 주력은 4월 23일 새벽 고랑포에서 도하 공격을 감행했다. 제1사단 제12연대는 화력을 집중하여 중공군의 도하를 저지하려 했으나 중과부적이었다. 우측의 영 제29여단도 공격을 받고 있었다. 이에 제1사단장은 예비 제15연대를 투입하여 중공군의 공격을 막아냈다. 24일 저녁에는 북한군 제1군단(제8, 19, 47사단)의 선봉인 제8사단이 임진강 철교를 도하하여 사단 좌측 제11연대를 공격했다. 제1사단은 제12, 15연대를 전면 투입하여 역습을 시도했으나 상황을 호전시키지는 못했다. 그리하여 군단 철수명령에 따라 금촌과 문산 사이의 통제선(Delta Line)으로 철수했다. 우측의 영 제29여단도 설마리 고지를 고수하다가 중공군에 포위 되어 일부는 철수하고, 대부분은 포로가 되면서 혈전을 치르고 있었다.

국군 제1사단은 우측이 노출된 상태에서 서울 가까이로 전선을 축소해 가면서 방어에 임하여 사령부를 서대문에 설치하고 서울 서북방의 방어선(화전－진관내리－녹번리)을 유지하고 있었다. 4월 28일에는 미 제1군단의 전 사단이 서울 방어전에 투입됨에 따라 국군 제1사단은 아현동 교차로－홍은동 북쪽－불광동－노고산을 연하는 선(Golden Line)

에 주 저항진지를 구축하고 서울의 서북방을 지켰다. 공격해오던 공산군은 아군의 적절한 전선조정과 막강한 화력 공격에 대한 피해를 극복하지 못하고 섬멸적인 타격을 받아 4월 29일 공세를 멈추지 않을 수 없었다. 그리하여 4월 30일, 제12연대는 제15연대 전방 구파발리의 응봉 236고지를 탈환하고 수색거점을 마련하기까지 했다. 이로써 노동절까지 서울을 점령하려던 중공군의 4월 공세는 서울을 점령하지 못하고 막을 내리게 되었다.

4월 23일부터 약 1주일간 실시된 전투에서 국군 제1사단은 8,200여명의 공산군을 사살하고 260여명의 포로와 장비를 획득하는 전과를 거두었으나, 154명의 전사, 317명의 실종, 477명의 부상피해를 감수해야만 했다. 하지만 적절한 부대교대, 예비대 투입 등으로 방어선을 유지하면서 피해를 줄이기 위하여 설정된 후방 통제선으로의 철수를 단행하고 차후 반격을 위한 전력을 보전하여, 1951년 5월 7일부터 봉일천에서 북한군 제1군단의 주력을 격멸하기 위한 작전을 전개할 수 있었다. 결국, 국군 제1사단은 재치있는 방어작전 수행으로 공산측에 막대한 손실을 강요하면서 자체의 전력을 보전하여 서울의 서북방을 방어하여 이를 지켜내고 반격의 기반을 다진 전과를 거두었다.

38
매봉-한석산 전투

일 시	1951. 5. 7. ~ 5. 10.
장 소	강원도 인제군 한석산 일대
교전부대	국군 제9사단 제30연대 vs. 북한군 미상 부대
특 징	국군 제30연대 제2대대장 김진동 중령의 적절한 타이밍과 적의 허를 찌르는 작전 지휘로 승리를 거둔 성공적인 야간 공격작전

지금은 멋진 풍치와 계곡물로 래프팅 레저의 명소가 된 인제군 내린천 부근은 1951년 초반 내내 국군과 북한군이 공방을 주고받았던 격전지였다. 현리 계곡과 인제 사이의 고지대를 통제하는 한석산(1,119고지)은 내린천에서 올려다보면 그 앞의 능선에 가려 바로 보이지는 않지만 이 일대의 최고봉으로 이곳을 장악하면 소양강과 인제를 모두 감제할 수 있는 요지였다. 한석산 남쪽 주능선의 일부인 매봉(1,066고지)은 한석산을 장악하기 위해 반드시 확보해야 하는 중요 고지였다.

4월 25일 제3사단 제22연대로부터 작전지역을 인수받은 제9사단 제30연대는 미 제8군의 미주리선 확보 작전의 일환으로 5월 7일에 공격을 개시해 적의 4월 공세 시에 제3사단이 상실한 매봉과 한석산을 탈취하라는 임무를 받았다. 제30연대장 손희선 대령은 이 어려운 임무를 작전의 귀재인 김진동 중령의 제3대대에 맡겼다.

김진동 중령은 임무의 어려움을 절감했다. 공격 방법은 우선 남쪽에서 산을 올라 매봉으로의 접근로 상에 있는 910고지를 중간 목표로 설정해 점령한 후, 다음으로 이곳을 발판삼아 매봉을 점령하는 수밖에 없었다. 한석산에서 동쪽으로 뻗은 856고지-650고지 능선은 또 하나의 가능한 접근로였지만, 910고지를 확보하지 못한 채 공격하면 측방이 노출되어 공격이 어려운 접근로였다.

5월 7일 공격의 선봉은 제11중대가 맡았다. 제11중대는 아침에 자욱하게 낀 안개를 이용하여 910고지 하단의 868고지 부근까지 접근했다. 그러나 아침 안개가 걷힐 무렵 868고지에 도달한 제11중대와 이를 후속하던 제9, 10중대는 적의 강렬한 저항에 부딪혔다. 특히 수류탄 공격에 피해가 컸다. 대대장은 제11중대의 큰 손실을 감안해 이 중대를 예비로 돌리면서 제9, 10중대를 초월 공격케 하여 910고지를 장악하는데 성공했다.

그러나 아군이 910고지를 장악한 이후 북한군은 매봉과 서측방의 850고지에서 대대 규모의 병력으로 역습을 가해왔다. 매봉의 남사면 910고지에서 제3대대는 이 역습을 막아냈지만 5월 8일까지 공격작전은 지지부진했다. 김진동 대대장은 몇 차례 정면공격을 시도해 보았으나 성과는 없었다. 그는 야음을 이용해 제10중대를 856고지로 공격케하여 적을 기습하는 방법으로 전술을 바꾸기로 결심했다.

제10중대장 조규호 소위의 야음을 이용한 공격은 적을 놀라게 했다. 기습을 받은 북한군은 매봉 전방으로부터 병력을 빼내어 856고지의 방어를 강화하며 완강하게 저항했다. 이 우회공격은 매봉 전방의 적 방어를 현저히 약화시켰다. 이 상황을 이용해 김진동 중령은 제9중대에게 공군 전폭기의 지원하에 매봉 바로 남쪽의 1,010고지를 점령하도록 하고 제11중대를 후속시켰다. 이 두 중대의 공격 성공으로 5월 9일 13시경 제3대대는 3일간의 격전 끝에 매봉을 손에 넣을 수 있었다.

매봉을 점령한 후 손희선 연대장은 5월 10일 제1대대와 제2대대를 추가로 투입해 주봉인 한석산을 공격하여 17시에 이를 점령하는데 성공했다. 매봉 공격으로 적 사살 895명, 포로 42명과 다수의 소화기와 포노획의 전과를 얻었지만, 제3대대도 390여 명의 전사와 부상자가 발생하는 피해를 입었다. 연대장 손희선 대령은 매봉 점령 후 제3대대장 이하 장병들을 치하하며 훈장 상신을 약속하자, 김진동 중령은 "저는 많은 부하를 희생시켰습니다. 그러니 훈장은 받지 않겠습니다. 그 대신, 산 자와 죽은 자 모두에게 1계급씩 특진하는 영예를 안겨 주십시오"라고 건의했다.

매봉 공격작전에서 김진동 대대장은 전술적으로 두 가지가 뛰어났다. 먼저 전투에서는 타이밍이 중요한데, 그는 적절한 시점에 초월공격을 잘 활용했다. 또한 야간 우회공격으로 적의 허를 찔러 적의 방어 노력을 분산하게 한 후 이 상황을 이용해 주공격을 배합해 목표를 점령했다. 그러나 뛰어난 자는 재능만이 아니라 인격도 훌륭한 것인가. 그는 자신의 영예보다 부하의 희생을 무겁게 생각하는 지휘관이었다. 그는 작전의 귀재이자 군인의 도를 아는 전장의 신사였다.

39
현리 전투

일　　시 1951. 5. 16. ~ 5. 22.
장　　소 강원도 인제군 기린면 현리 일대
교전부대 국군 제3군단 vs. 중공군 제9병단, 북한군 제2, 3, 5군단
특　　징 중공군 5월 공세(제5차 공세 2단계) 중 중공군과 북한군의 압도적인 집중공격을 받고 국군 제3군단이 와해되면서 동부전선에 커다란 돌파구를 허용한 전투

중공군 개입 이후 밀고 밀리던 전선은 1951년 5월에 이르러 한반도의 중부 전선에 걸쳐있었다. 중공군은 그해 4월 중부전선에서 대규모 공세를 통한 전선돌파로 아군의 전선을 양분하고 서울을 다시 점령하여 전략적으로 유리한 상황을 조성하고자 하였으나, 사창리 전투의 패배를 극복한 유엔군과 국군은 설마리 전투에서의 분전과 가평부근에서의 선전으로 중공군의 기세를 저지하고 전세를 안정시킬 수 있었다. 그러나 중공군과 북한군은 공세를 지속하기로 결정하고 주공을 중부에서 동부로 전환하여 공세를 취했으니, 이것이 제2차 춘계공세(또는 제5차 공세 2단계)로 불리는 5월의 공세였으며, 이중 현리를 중심으로 국군 제3군단이 실시한 전투를 현리전투라 부른다.

현리전투는 국군 제3군단이 와해되면서 참담한 결과를 가져오고 동부전선에 커다란 돌파구를 내준 실패한 전투이지만, 이것이 전화위복이

되어 국군의 발전에 있어서 전환점이 된 전투이기도 하다. 국군은 전쟁 발발 이후 많은 희생을 무릅쓰고 용전분투하였지만 여전히 신생 군대의 취약점을 안고 있었고, 현리 전투에서 이러한 문제점들이 여실히 드러난 것이다.

실질적인 지휘권을 가지고 있던 펑더화이는 4월 공세의 실패를 자인하였지만, 곧바로 수세로 전환하지 않고 계속해서 공세를 유지하여 주도권을 장악하고 전략적으로 유리한 위치를 점하고자 하였다. 그리하여 제9병단을 동부전선으로 이동시켜 북한군과 주공으로 동부지역의 국군 사단들을 섬멸하고, 제3병단으로 하여금 중부전선(춘천-홍천 부근)에서 조공으로 유엔군을 양분하고자 하였다. 특히 5월 공세에서는 동부전선에 배치된 국군 사단의 섬멸에 주목표를 두고 작전계획을 수립하여, 국군을 제거한 뒤 유엔군을 정치적, 군사적으로 고립시키고자 하였다. 특히 국군이 담당한 전선이 북으로 돌출되었으며, 화력의 열세 속에서 공세가 성공하지 못함을 인지하고 비교적 화력이 부족한 국군을 목표로 한 것이다.

이를 위하여 미 제10군단 우측의 국군 제5, 7사단, 국군 제3군단 예하의 제3, 9사단, 그리고 국군 제1군단 예하의 수도사단, 제11사단이 작전의 목표가 되었다. 펑더화이는 서부전선의 제19병단으로 하여금 주공을 기만하게 하고, 제3병단은 중부전선에서 조공으로 아군 전선을 양분하여 아군의 동부전선 지원이 불가능하도록 지시하였으며, 동부전선에는 제9병단과 북한군 3개 군단을 투입하여 3중의 양익포위 작전을 통해 국군을 섬멸하고자 하였다.

유엔군은 4월 공세가 종료된 이후 제한된 공세작전을 실시하여 캔자스-와이오밍 선(Kansas-Wyoming Line)을 다시 확보하고자 위력수색작전을 실시하던 중, 적의 병력 이동의 정보를 확보하고 노네임 선(No Name Line)에서 적의 공세를 저지하고자 하였다. 이는 공세 중에 적의 공격을 받으면 더욱 커다란 피해가 발생할 것을 우려한 조치였다.

또한 적이 중부전선, 즉, 북한강을 중심으로 공세를 실시할 것으로 판단하고 있었다. 한편 동부전선의 국군 사단들도 5월 초에 현 진지에서 방어태세로 전환하여 방어준비를 실시하고 있었다.

당시 국군은 10개 사단으로 구성되었으며, 중공군의 제2차 공세(1950년 11월 말)로 제2군단이 해체된 뒤 6개 사단(제1, 2, 5, 6, 7, 8사단)은 미군 군단에 배속되어 작전을 수행하였고, 나머지 4개 사단은 국군 제1, 3군단에 2개 사단 씩 배속되어 있었다. 동부전선의 2개 군단은 미 제8군의 직접 통제를 받지 않고 육본-육본 전방지휘소를 거치는 지휘계통에 의해 통제되고 있었다. 나름대로의 독자적인 작전 지휘권을 행사하고 있었던 것이다. 국군 제1군단은 동해안과 태백산맥을 중심으로 좌측 산악지역에 수도사단을, 우측 해안일대에 제11사단을 배치하였고, 국군 제3군단은 제1군단의 좌측에서 제9사단을 인제 일대에, 그리고 제3사단을 그 우측에 배치하여 소양강 남안의 고지군을 점령하고 있었다. 제3군단 좌측에는 미 제10군단이 방어를 담당하고 있었는데, 제10군단의 우단에 국군 제5사단과 제7사단이 배치되어 있었다.

중공군은 4월 공세 이후 중동부 전선의 국군 담당 지역이 북으로 돌출된 것을 이용하여 국군 사단들을 섬멸하고자 하였다. 5월 8일과 9일에 걸친 토의를 통해 최종 결정된 공격계획은 제3병단의 제12군을 작전통제하는 제 9병단이 제12, 20, 27군 3개 군으로 주공을 담당하고 북한군 제2, 3, 5군단과 함께 국군 제3, 5, 7, 9사단을 공격하는 것이었다. 이를 위하여 국군의 퇴로를 차단하는 것에 주안점을 두고 계획을 수립하였다.

제일 서쪽의 중공군 제12군은 국군 제5사단을 섬멸하고 일부는 계속 진격하여 속사리로 진출, 북한군 제2군단과 합류하여 가장 외곽의 포위망을 형성하고자 하였다. 그 우측의 제27군은 국군 제7사단을 공격하고 계속 진출하여 창촌 일대를 북한군과 함께 점령하여 두 번째 포위망을 형성할 계획이었다. 그리고 제20군은 국군 제7사단 우측의 진지를 돌파

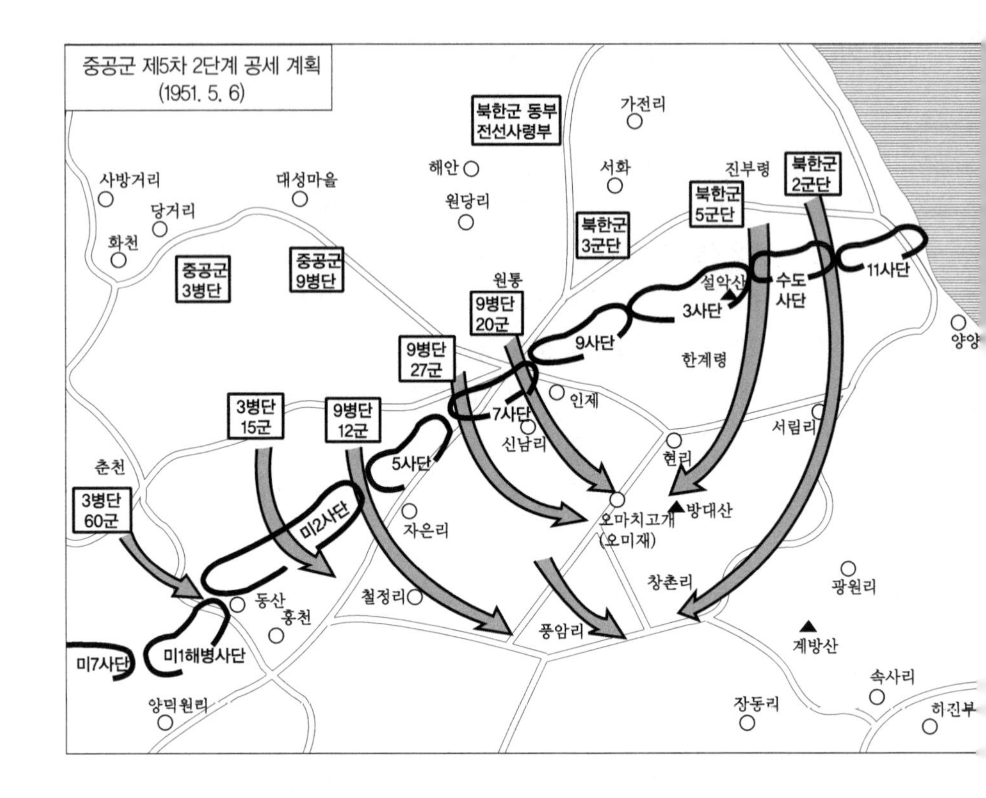

하여 오마치 및 용포 일대를 점령하여 북한군 제5군단과 협공으로 국군 제3군단을 포위하고자 하였다. 이와 같은 다중의 포위망을 구성하고 국군을 섬멸하려는 작전은 중공군의 전형적인 작전 수행 방법이었다.

중공군은 개입 이후 지속적으로 국군의 진지를 돌파하여 종심으로 기동하여 퇴로를 차단하고 아군의 주력을 섬멸하려는 '운동전' 개념을 강조해 오고 있었다. 다만 기동수단의 제한으로 주로 보병 부대에 의한 은밀한 침투 기동을 통해 아군의 기동전과 유사한 '운동전'을 실시하여 왔으며, 5월 공세에서도 동일하게 적용하고자 하였다.

5월 16일 16시경부터 강력한 준비포격을 신호로 중공군의 대공세는 시작되었다. 1시간여의 준비포격에 뒤이어 보병 부대의 공격이 개시되었으며, 특히 제7사단과 제5사단 정면에 집중적인 공격이 실시되었다.

이 지역은 중공군의 종심기동 부대가 빠른 시간 내에 아군 후방으로 기동하려는 곳이었기 때문에, 이곳에서의 결과가 전체 공세의 성패를 가름한다고 해도 과언이 아니었다.

중공군 제20군은 국군 제7사단의 우측연대인 제5연대 지역을 공격하였다. 1개 연대가 방어하는 지역에 3개 사단이 투입된 것이다. 제5연대는 강폭이 100~200m인 소양강을 이용하여 방어하려 했으나, 워낙 대규모의 적이 공격해오고 소양강 또한 갈수기로 인해 도섭이 가능하여 24시경 대부분의 진지를 피탈당하고 통신이 두절되면서 혼란에 빠지고 말았다. 이즈음 좌일선 연대인 제8연대도 비슷한 상황에 처해 있어서 사단으로서는 조직적인 철수가 불가능한 상황이었다. 제5연대의 일부는 분산해서 후방으로 간신히 철수하였지만 2개 대대는 오른쪽의 제9사단 지역으로 철수할 수밖에 없었다. 국군의 방어진지를 돌파하는데 성공한 제20군 예하의 제60사단은 종심기동부대로 신속하게 아군 후방으로 진출해갔다. 그리하여 1개 중대가 다음 날인 17일 07시에 오마치고개를 점령하였다. 이후 이곳은 연대 병력이 증원되어 국군 제3군단의 퇴로를 차단하는데 성공하였다.

제27군은 그 서쪽에서 국군 제7사단 제8연대를 집중 공격하였다. 연대는 적의 최초 공격을 막아냈지만 적 2개 사단의 파상공격을 저지하기에는 역부족이었으며, 결국 23시경 제1선의 방어진지를 모두 피탈 당했다. 특히 중공군은 정면 공격과 더불어 아군의 전투지경선을 이용한 후방 침투로 아군의 지휘소를 공격하여 조직적인 저항을 하지 못하도록 하였다. 24시경부터 연대도 지휘 통제가 불가능해지면서 부대별로 분산 철수할 수밖에 없는 상황에 놓였고, 중공군에게 후방의 창촌리 방향으로 기동할 수 있는 통로를 열어주고 말았다.

제12군은 전선 돌파 이후 전역 우회부대로 기동 거리가 가장 길게 계획된 부대였다. 최초 국군 제5사단을 공격하고 이후 제31사단은 후방의 속사리로 진출하여 국군의 후방을 완전히 차단하여 포위 섬멸하고자 하였다. 그러나 다른 부대와 달리 제12군의 공격은 순조롭지 못하였다. 우선 제5사단이 5월 16일 야간의 중공군 공격으로 제1선 방어진지가 붕괴되었지만 이후의 후퇴과정에서 제7사단과 달리 붕괴되지 않고 조직적인 철수를 실시하여 17일 야간에 내촌강 북쪽의 광암리 일대에 3개 연대 병진의 방어선을 구축할 수 있었기 때문이다. 또한 제5사단 정면에는 비교적 작은 규모인 약 3개 사단의 적이 공격한 것도 한 이유이다. 이와 더불어 미 제2사단 제23연대의 방어로 인해 중공군 제12군의 종심기동은 차질을 빚게 되었다.

이와 같이 다급하게 진행되는 전황 속에서 국군 제3군단은 17일 철수를 결정하고 현리를 거쳐 용포에 집결하였다. 그러나 이미 그날 새벽에 중공군이 오마치 고개를 점령한 뒤여서 철수로가 차단당한 상태였다. 군단의 유일한 보급로이자 철수로 상에 위치한 오마치 고개는 군단의 입장에서 보면 전술적으로 대단히 중요한 지형이었다. 문제는 이 고개가 미 제10군단의 작전지역에 위치하고 있었다는 점이었다. 최초 군단은 이곳의 중요성을 간파하고 방어부대를 배치하였으나, 미 제10군단의 항의로 철수하고 말았다. 미 제10군단의 항의도 나름대로 전술적으로 타당한 이유에 근거한 것이다. 혼란 속에서 아군 간의 교전이 발생할 수 있기 때문에 전투지경선은 엄격하게 지켜지는 것이 마땅하였다.

이런 이유로 오마치 고개에 대한 대비책을 강구하지 못한 국군 제3군단은 결국 중공군 제20군에 의해 퇴로가 차단당하고 만 것이다. 협소한 지역에 2개 사단의 병력이 집결하게 되자 혼란 속에서 지휘 통제의 어려움과 오마치 고개가 차단되었다는 소식에 사기 저하로 인한 공포가 군단을 휩쓸고 있었다. 17일 14시경에 현장에 도착한 군단장 유재흥 준장은 제3사단장에게 지휘권을 위임하고 양개 사단의 협조 속에 퇴로를 개척할 것을 지시하고 복귀하였다. 17시경 제3사단장 김종오 준장과 제9사단장 최석 준장은 각각 1개 연대씩을 차출하여 21시에 공격하기로 결정하고 퇴로 개척을 위한 공격 준비를 시작하였다. 그러나 고지에 위치한 적은 아군의 동태를 정확하게 파악하고 먼저 공격을 시작하였다. 양 사단은 공격을 실시하지도 못하고 뿔뿔이 분산되어 결국 방태산 방면으로 개별적인 퇴각을 시작하였다. 다행인 것은 북한군이 태백산맥을 따라 기동하면서 진출속도가 늦어 포위망의 다른 한 축을 완전하게 형성하지 못하였다는 점이다.

결국 제3군단은 와해되었고 방태산을 통해 침교 방향으로 퇴각하려고 하였으나 이곳도 중공군 제27군 예하의 부대에 의해 차단당한 뒤였다. 이로 인해 제3군단은 조직적인 철수는 불가능하였고, 후퇴 중에 모든 장비와 무기를 버리고 도주하는 양상을 띠었다. 일부 장교들은 계급장을 떼고 철수하는 등 전투부대로서의 위용이나 장교들의 리더십을 찾아볼 수 없는 오합지졸로 변하였고 커다란 돌파구를 형성하고 말았다. 군단의 주력은 19일 15시경 속사리-하진부리에 도착하였으며, 20일까지 수습된 병력은 최초 규모의 약 40%에 불과하였다. 한편 제3군단이 방기한 장비는 미 공군의 폭격으로 모두 파괴할 수밖에 없었다.

제3군단의 붕괴는 전선의 커다란 위기로 변하고 말았다. 비록 서울에서 멀리 떨어진 동부전선이지만 결국 전선의 한 곳이 붕괴되면 축차적인 전선 붕괴를 가져올 것이고, 결국 전 전선의 붕괴로 발전될 수 있기 때문이다. 맥아더 장군이 해임되고 리지웨이 장군이 유엔군 사령관으로 승진하자, 그 후임으로 제8군 사령관 부임한지 얼마 되지 않은 밴플리트 장군은 즉각적인 조치를 취하였다.

우선 미 제9군단의 방어정면을 확대하여 미 제10군단의 방어정면을 축소함과 동시에 제8군의 예비이던 미 제3사단 및 제187공수연대와 공비 토벌 중이던 국군 제8사단을 현리 지역으로 투입하기로 결정하였다. 가장 먼저 기동한 미 제3사단 제15연대는 19일 속사리-하진부리 일대에 배치되었으며, 당일 도착한 미 제3사단의 주력은 장평리 일대에 집결한 후 적이 점령하고 있는 운두령을 2개 연대 병진으로 공격하여 22일 완전히 탈취함으로써 적의 돌파구 첨단을 봉쇄하였다. 이즈음 적의 공세도 둔화되기 시작하였는데, 특히 아군의 공중 공격과 포병의 포격으로 상당한 피해를 입었을 뿐만 아니라 산악지역에서의 보급지원 역시 순조롭지 못한 결과였다.

돌파구 첨단을 미 제3사단이 봉쇄하고 있을 즈음, 다른 곳에서도 긍정적인 조짐이 나타나기 시작하였다. 홍천 북방에 배치되어 있던 미 제2사단은 우측의 국군 제5, 7사단의 붕괴와 후퇴로 인해 측방이 노출된 상태로 적과 교전을 계속하고 있었다. 미 제2사단에 배속된 프랑스 대대와 네덜란드 대대도 혈전을 펼치며 중공군의 공격을 막아내고 있었다. 가장 결정적인 방어는 제38연대 K중대가 17일에서 19일 사이 벙커고지(800고지)에서 펼친 방어 작전이었다. K중대는 벙커고지 방어를 위해 진내사격까지 요청하며 중공군의 공격을 막아냈던 것이다. 이와 같이 돌파구의 견부를 확보함으로써 아군의 방어선이 더 이상 붕괴되는 것을 막아낼 수 있었다.

한편 돌파구의 오른쪽에서는 국군 제1군단이 대관령을 확보하면서 돌파구 우측의 견부 역시 안전하게 확보할 수 있었다. 당시 군단장이던 백선엽 준장은 좌측의 제3군단이 철수하자 퇴로 차단의 위협 때문에 군단도 철수하였다. 그러던 중 수도사단 제1연대에게 대관령 확보를 명령하고 제1연대장 한신 대령의 신속한 판단과 움직임으로 북한군보다 한발 앞서 22일 대관령을 확보할 수 있었고, 이로 인해 전 전선에서 적의 공격을 저지하고 방어선을 구축할 수 있었던 것이다.

이후 유엔군과 국군은 캔자스 선(Kansas Line)으로 진출하기 위해 대대적인 반격을 실시하여 5월 말에 목표지역에 도달할 수 있었다. 이와 같은 즉각적인 공세로의 전환은 적에게 기습적인 충격을 주었으며 중공군에게 군사작전을 통해 자신들의 목표 달성이 어렵다는 사실을 강하게 인지시켜 주었다. 이후 양측은 군사적인 방법이 아닌 정치적인 협상을 통한 종전 방법을 모색하게 되었다.

현리전투는 중공군 5월 공세에서 핵심적인 전투였다. 그러나 중공군도 최초의 목표를 완전하게 달성하지는 못하였다. 우선 북한군의 진출이 막히거나 늦어지면서 완전한 포위망을 형성하지 못함으로써 국군의 대규모 섬멸에 실패하였다. 여기에는 국군 제5사단과 미 제2사단의 방어도 결정적인 영향을 주었다. 제5사단은 최초 진지는 피탈 당했지만 조직적인 철수를 실시하여 후방에서 방어진지를 구축할 수 있었으며, 미 제2사단도 중공군의 진출을 저지하였을 뿐만 아니라 돌파구의 견부를 확고하게 지켜냈다. 이로 인해 전역 우회를 담당한 중공군 제12군의 속사리-하진부리로의 종심기동이 좌절되면서 더 이상의 심각한 위기는 발생하지 않았던 것이다.

이와 같은 효과적인 방어로 인해 결국 미 제8군은 군 예비인 미 제3사단과 제187공수연대로 돌파구의 확대를 저지할 수 있었던 것이다. 물론 중공군의 고질적인 문제점도 중요하게 작용하였다. 제공권을 상실한 적은 전쟁 기간 내내 보급지원 상의 어려움을 겪고 있었다. 이로 인해 중공군의 작전 지속 기간은 2주를 넘지 못하였다. 더구나 절대적인 화력의 우세를 점하고 있던 유엔군은 이번 작전 중에도 과감하게 화력지원을 실시하여 적 공격의 예봉을 꺾어 놓았다. 8군 사령관 밴플리트 장군은 포병 사격에 제한을 해제하여 평소의 5배에 가까운 포격을 실시하였다(이를 Van Fleet사격이라고 불렀다). 이는 결국 이후의 작전에서 탄약 부족의 문제점으로 나타났지만, 당시의 상황에서 아군의 이점을 최대한 활용한 적절한 방법이었다. 공군의 지속적인 근접항공지원 역시 지상군의 작전에 도움을 주었을 뿐만 아니라 중공군에게 피해를 주어 주간작전을 회피하게 만들었다.

그러나 현리전투는 국군 제3군단의 붕괴라는 커다란 충격을 안겨준 전투였다. 군단사령부에서 조차 양개 사단이 4일 동안 어디에 위치하고 있는지 파악할 수 없었던 것이다. 물론 중공군의 퇴로 차단으로 인한 현상이며, 오마치 고개가 군단의 작전지역 밖에 있었던 것은 사실이다. 그러나 2개 사단이 적극적인 방법을 통해서 조직적인 철수를 도모하지 않고 분산하여 철수하다가 붕괴된 것은 심각한 문제가 아닐 수 없었다. 특히 장교들이 철수 시 보여준 모습은 정상적인 군대의 모습이 아니었다. 결국 제3군단 사령부는 해체되고 남아있는 제1군단을 비롯한 모든 국군 사단들을 제8군사령부에서 직접 지휘 통제하게 되었다. 또한 한국군 사단들의 전반적인 체질 개선 프로그램이 도입되었다. 이승만 대통령이 4월에 주장한 20개 사단으로의 증편 요구도 현리 전투와 함께 사라졌다. 이것은 중공군의 4월 공세시 사창리 전투에서 패한 국군 제6사단의 전례에서 이미 나타나기 시작한 문제였다.

이후 국군 사단들은 야전훈련소(Field Training Center)에 입소하여 사격에서부터 대대급 전술까지 모든 것을 새롭게 훈련해야 되었다. 그리고 장교들의 리더십 향상을 위해서는 미 보병학교와 포병학교에 유학하는 기회가 제공되었다. 또한 국군의 화력 부족을 보완하기 위해 포병부대의 증편이 이루어지기 시작한 것도 현리 전투가 계기가 되었다. 결국 현리전투는 쓰라린 패배와 많은 희생을 통해서 국군이 새롭게 탄생하는 전환점이 된 의미심장한 전투였다.

40

용문산-화천 진격전

일　　시 1951. 5. 17. ~ 5. 28.
장　　소 경기도 양평군 - 강원도 화천군 일대
교전부대 국군 제6사단 vs. 중공군 제63군
특　　징 국군 제6사단이 중공군을 상대로 효과적인 사주방어작전과 막강한 화력지원에 의해 섬멸적인 승리를 거둔 전투

서부지역에 주공을 지향하고 실시했던 4월 공세 후에 중공군은 중동부 전선에서 대규모 공세를 실시하여 철의 삼각지에 대한 위협을 제거하고 작전의 주도권을 장악하려 5월 공세를 실시했다. 이 공세에서도 중공군은 상대적으로 전력이 약한 한국군을 격멸하고 전선의 균형을 무너뜨린 후에 미군을 전, 측, 후방에서 공격하여 이 또한 소멸시킨다는 개념으로 작전을 구상하고, 현리 지역에 배치된 국군 제3군단과 4월 공세 시 사창리 전투에서 참패를 당하고 미 제9군단의 중앙 용문산 지역에 배치된 국군 제6사단을 주 공격목표로 선정했다. 그리고 중서부 지역의 유엔군과 국군을 고착 견제하여 이들의 중동부 지역 증원을 차단하는 작전도 병행했다.

용문산(1,157고지) 일대를 방어하고 있던 장도영 준장이 지휘하는 국군 제6사단은 주저항선이 북한강에서 12~17km 정도 떨어져 있기 때문에 중공군이 북한강 남쪽에 교두보를 확보하면 방어에 불리하다고 판단

하여 제2연대를 북한강과 홍천강 남쪽에 추진 배치하고, 주저항선인 용문산 서쪽에 제19연대, 동쪽에 제7연대를 배치하면서 사단 수색중대까지 홍천강 북쪽에 일반 전초로 추진 배치시켜 불퇴전의 작전태세를 갖추었다. 특히 제2연대는 사창리 전투에서의 패배를 설욕하기 위하여 "결사"라고 색인된 머리띠를 동여매고 지휘관들까지 자신의 식량을 휴대하여 진지사수를 다짐하면서 결전에 임하였다. 특히, 중공군의 공격이 임박해짐에 따라 사단 좌측의 국군 제2사단과 우측의 미 제7사단이 주저항선으로 철수함에 따라 제6사단 제2연대만이 청평호 남쪽지역에서 적 지역으로 돌출된 상태에서 방어를 하게 되었다.

중공군은 1951년 5월 17일 제19병단 예하 제63군의 제187, 188, 189사단을 투입하여 공격을 개시했다. 국군 제6사단 제2연대는 군단에서 지원된 5개 포병대대의 조명 및 화력지원을 받아 백병전까지 실시하면서 자정 무렵에 이를 격퇴했다. 중공군은 제6사단 전투전초진지를 주저항진지로 판단하고 제189사단을 투입하여 제2대대를 공격했다. 그리고 중공군의 3개 연대 규모가 제3대대를 공격했다. 2일 간의 혈투로 식량과 탄약이 떨어져 가는 상황에서도 제2연대장은 제1대대로 하여금 역습을 감행하도록 하여 중공군의 공세를 약화시키면서 진지를 지켜내고 있었다. 이에 사단장은 5월 21일 제2연대로 하여금 현진지를 고수하도록 하면서 제7, 19연대에 역습을 명령했다. 막대한 타격을 입은 중공군 제63군은 2개 연대로 지연전을 실시하도록 하고 퇴각하기 시작했다. 5월 17일부터 약 5일간 펼쳐진 전투에서 제6사단은 사창리의 패배를 청산하고 용문산 전투를 승리로 마감하는 쾌거를 거두었다. 예비대도 없이 필사항전에 임한 제6사단의 모험이 승리를 안겨준 셈이 되었다.

방어에서 공격으로 전환한 제6사단은 5월 24일부터 퇴각하는 중공군을 격멸하면서 지암리-화천까지 진격하는 작전을 수행했다. 그리하여 제6사단은 5월 28일까지 캔자스 선으로의 추격전을 계속하면서, 제2연대는 화천발전소를 점령하고, 제7, 19연대 역시 화천저수지 이남의 전

지역을 확보하면서 지암리 부근에서 수색작전을 계속했다. 중공군은 궤멸된 제63군 대신 제20군을 투입하여 북한강 상류지역에서 진지를 구축하기 시작했다. 사단은 5월 28일 군단으로부터 철의 삼각지를 무력화하기 위하여 백암산-김화를 연결하는 선(Ermine Line)으로의 진출을 준비하라는 명령을 수령하고 6월 초부터의 대규모 공격작전에 대비하여 재편성에 들어갔다.

용문산 전투에서의 승리를 쟁취하고 지암리-화천선까지 진격전을 수행한 제6사단은 전투수행에 있어서 불퇴전의 의지와 재치있는 지휘관들의 상황판단 및 조치, 막강한 화력지원의 중요성을 일깨워주고 있다. 중공군과의 계속되는 접전에서 이들의 전술을 파악한 지휘관들은 중공군들이 항상 침투를 통한 측후방 포위를 실시한다는 사실을 간파하고 사주방어를 위한 진지를 구축하여 전면적인 방어를 수행했다. 그리하여 중공군의 전술이 제대로 효과를 발휘하지 못하도록 했으며, 이를 병사와 지휘관들의 진지사수의지로 보장했던 것이다. 그리고 유엔군과 국군의 막강한 화력이 사주방어에 임하던 고립진지 주위를 지켜주면서 중공군에게 막대한 피해를 강요했다. 용문산 전투와 화천 진격전에서 제6사단은 17,000여 명이 넘는 사살과 2,000명이 넘는 포로를 획득하고 많은 무기와 장비를 노획했으나, 100여 명의 전사자와 500여명의 부상 피해와 30여명의 실종자를 감수해야만 했다. 그러나 제6사단이 거둔 결과는 국군의 사기를 한껏 고양시킨 쾌거가 아닐 수 없었다.

41
대관령 방어 전투

일　　시 1951. 5. 20. ~ 5. 25.
장　　소 강원도 강릉시 - 평창군 일대
교전부대 국군 수도사단 vs. 북한군 제12사단
특　　징 현리일대에서 붕괴된 아군의 방어선 우측 견부를 지켜낸 위한 국군 수도사단의 성공적인 방어작전

5월 16일부터 시작된 공산군의 제2차 춘계공세(제5차 2단계 공세)로 인해서 5월 초부터 미주리 선(Missouri Line)을 향한 국군과 유엔군의 진격작전에 차질이 생겼다. 특히 중동부전선에서 국군 방어선 일부가 무너져서 점차 전황이 아군에게 불리하게 되자, 육군본부에서는 전선을 정리하기 위해 동부전선의 국군 제1군단에게 동해안 남애리(南涯里)와 오대산(五台山)을 연하는 와코 선(Waco Line)으로 철수할 것을 지시하였다.

이때 동부전선의 북한군 주력이 철수하는 국군 제11사단과 수도사단의 주저항선을 목표로 밀고 내려왔으며, 특히 북한군 제12사단의 선두부대들은 국군 제26연대가 방어하고 있던 두노봉(頭老峯) 일대까지 접근하여 아군을 긴장시켰다. 한편 중동부 전선에서 국군 제3군단을 돌파한 이후 계속 남하하던 중공군은 5월 20일 경에 유천리(楡川里)와 하진부리(下珍富里)까지 진출하여 아군을 압박하였다. 또한 21일 오후에는 중공군 2개 사단이 서울과 강릉을 연결하는 도로를 따라 동쪽으로 이동

하면서 점차 제1군단의 좌익을 압박하였다. 정면에서 압박하는 북한군과 좌측에서 위협하는 중공군으로부터 양면공격에 직면한 제1군단은 강릉에서 경계임무를 수행하던 제1연대를 대관령으로 급파하여 적의 공세를 저지토록 하는 한편, 백일평 부근에 배치된 제26연대에 1개 대대를 증파하여 방어태세를 강화하였다. 한편 이 무렵에 중공군 예하부대들이 평창까지 압박했는데, 이로 인해서 국군 제1군단의 좌측이 완전히 노출되어 자칫 후방 차단의 위기에 직면하였다.

이처럼 급박한 상황에 직면한 백선엽 군단장은 전반적인 전세를 검토한 후에, "군단은 현 전선을 강릉–대관령 선으로 조정한 다음, 대관령을 중심으로 고수하면서 적과 결전을 단행한다"는 명령을 하달하였다. 이 명령을 통해서 백 군단장은 반드시 대관령을 지켜냄으로써 적이 강릉방면으로 진출하는 것을 저지하겠다는 의지를 피력하였다. 군단장으로부터 이와 같은 작전지침을 하달 받은 수도사단장 송요찬 준장은 대관령을 사수하기 위한 방어준비에 착수하였다. 우선 제1연대는 점령 중이던 대관령 일대에서 방어진지를 강화하면서 적의 공격에 대비하였고, 제26연대는 조봉(鳥峯)–간령(間嶺) 일대를 점령한 후 제1연대와 연결하여 방어진지를 구축하였다. 제1기갑연대는 주력을 제26연대 우측에 종심방어진지에 편성하고, 일부를 사단 측후방 경계와 후방 저지진지에 배치하였다. 이처럼 사단이 예비대 없이 전 병력을 최일선에 투입한 것은 군단장의 의도를 받아들여 대관령에서 결전방어를 감행하기 위함이었다.

국군의 방어준비가 채 끝나기 전인 5월 22일 새벽부터 적의 공격이 개시되어 1,084고지와 935고지 일대에서 격전이 치러졌다. 07시경에 제1연대 제2중대와 제26연대 제3대대의 접경지역으로 너무나 많은 숫자의 중공군이 몰려들자 제1연대장 한신 대령이 직접 아군 방어병력을 축차 방어진지로 철수시킨 후, 접근하는 적에게 사단 포병과 유엔 공군의 폭격을 요청하여 제압하는 기치를 발휘하였다. 자칫하면 사주방어진지의 가장 중요한 부분이 붕괴될 수 있는 위험한 순간이었으나, 지휘관의 시기적절한 판단과 전 장병이 혼연일체가 되어 절체절명의 위기를 모면할 수 있었다. 제1차 공격을 실패한 적은 제26연대 제3대대가 배치된 대관령 서측방인 935고지와 810고지 방면으로 공격해 왔다. 인원을 증강한 북한군은 12시경에 아군 전방소대 진지까지 진출하였으나, 제9중대 장병들이 적을 지근거리까지 유인한 후 사격을 개시하여 일시에 제압하였다. 적은 야간에도 제3대대 정면에 또 한 차례의 파상공격을 실시하였으나, 아군의 사주방어선을 돌파하기에는 역부족이었다.

이처럼 수도사단의 전방 연대들이 몰려드는 적으로부터 방어선을 굳건하게 지켜내고 있는 동안 제1군단에서는 공산군이 지속적인 공세작전으로 인한 탄약 및 식량 등 보급품 부족, 부상자 속출 등으로 인해서 공세 종말점에 도달했을 것이라고 판단했다. 따라서 백선엽 군단장은 이때가 공세로 전환하여 적에게 가장 큰 타격을 줄 수 있는 적기라고 판단하여 수도사단에게 공세이전을 지시하였다. 군단장으로부터 공세이전을 명령받은 수도사단장은 5월 23일 10시부터 반격작전을 시작하였다. 반격작전이 시작되자 수도사단의 제1연대와 제26연대는 보병, 포병 및 공지(空地) 합동작전을 통해 적의 방어선을 돌파하고, 적에게 결정적인 타격을 주어 대관령을 노리던 적의 기도를 완전히 수포로 돌아가게 만들었다. 인접 제11사단의 두개 연대도 반격작전을 병행하여 경포대 외곽에서 수도사단과 연결작전을 실시하여 적에게 타격을 주었다. 이처럼 수도사단은 5월 22일부터 5월 25일까지 4일 동안에 걸친 대관령 방어전투에서 적의 돌파구 우견부(右肩部)를 굳건하게 지켜냄으로써 장차 유엔군 반격의 발판이 되었을 뿐만 아니라, 스스로 적의 중심부를 격파하여 대관령에서 대승을 거둘 수 있었다.

당시 제1군단의 작전참모였던 공국진 대령은 회고를 통해 "... 참으로 촌각을 다투는 시간과 기동의 작전이었다. 우리가 대관령 일대를 발판으로 끝까지 분전하여 지켰기 때문에 그 후 유엔군이 부대를 재정비해서 현 휴전선까지 반격, 북진할 수 있는 계기가 되었다고 본다"고 밝혔다.

42

도솔산 전투

일　　시　1951. 6. 4. ~ 6. 20.
장　　소　강원도 양구군 동면 팔랑리 - 해안면 만대리 도솔산 일대
교전부대　국군 해병 제1연대 vs. 북한군 제12사단
특　　징　국군 해병대가 "귀신잡는 해병"이라는 신화를 창조한 대표적인 전투

6 · 25전쟁에서 국군 해병대의 역할은 의외로 알려지지 않았다. 인천 상륙과 서울 탈환 작전에서 혁혁한 공을 세웠으며, 이외에도 해병대는 다양한 상륙작전과 지상작전을 수행하였는데, 지상작전 중에서 해병대의 위상을 가장 드높인 전투 중의 하나가 바로 도솔산 전투이다.

도솔산 전투는 유엔군이 5월 말에 실시한 파일드라이버 작전(Operation Pile Driver)의 일환으로 전개되었다. 미 제1, 9군단이 와이오밍 선(Wyoming Line)으로 진출하는 동안, 미 제10군단과 국군 제1군단은 화천저수지-펀치볼(해안 분지) 남쪽-거진으로 연결되는 新캔자스선(New Kansas Line)을 설정하고 이를 확보하기 위해 공격을 개시하였다. 당시 미 제10군단 예하 미 제1해병사단에 배속되어 있던 국군 해병 제1연대는 예비로 사단 후방에 위치하고 있었다. 그러나 미 해병 사단의 진격이 순조롭지 못하자 사단 중앙의 미 제5해병연대 지역에 국군 제1해병연대를 투입하여 대암산-도솔산 지역을 확보하고자 하였다.

미 해병사단의 명을 받은 연대장 김대식 대령은 6월 4일 오전 8시에

도솔산 전투에서 전사한 전우를 위해 나무에 충령비를 쓰고 있는 해병용사들

항공 및 포병 화력의 지원 아래 2개 대대 병진 공격을 실시하였으나, 이 지역을 방어하던 북한군 제12사단이 험준한 산악 지형의 고지를 이용하여 강력한 방어진지를 구축하고 있어서 별다른 성과를 거두지 못하고 있었다. 연대장은 주간 공격의 한계를 느끼고 6월 10일 야간 공격으로 전환하기로 결심하고 11일 02시에 조명과 화력의 지원이 없는 상태에서 공격을 개시하였다. 기습적인 해병대의 야간 공격은 대성공을 거두고 별다른 피해 없이 적의 주저항선을 돌파하였고, 이후 전과확대를 통해 대암산(1,314m)까지 점령하였다.

14일에 미 제1해병사단장은 김대식 대령에게 대암산 북서쪽에 위치한 도솔산(1,148m)을 점령하라고 지시하였다. 특히 도솔산은 해안 분지를 감제하며 양구에서 해안분지를 거쳐 노전평으로 연결되는 도로를 통제할 수 있는 중요한 감제고지였다. 그러나 워낙 산세가 험하여 공격하기 어려운 고지이기도 하였다. 도솔산으로 이어지는 접근로가 협소한 불리함을 타개하기 위해 연대장은 대대별로 단계별 작전을 실시하고자 하였다.

최초 제2대대가 15일 공격을 개시하여 도솔산 공격의 발판을 마련하였고, 17일부터는 제3대대가 도솔산을 공격하였다. 접근로가 협소하고 일기가 불순하여 화력 지원의 효과가 별로 없었음에도 불구하고 제3대대는 교통호를 구축하면서 적진지로 접근하였다. 18일에 중간 목표를 점령한 제3대대는 그날 밤에 야간공격을 계획하고 2개 중대를 투입하였다. 19일 자정을 기해 제11중대가 도솔산의 동쪽 사면을 따라 공격하고 03시 30분에 제10중대가 도솔산을 정면에서 공격하였다. 드디어 05시 30분에 도솔산 정상을 점령하였고, 후속하던 제1대대가 도솔산 좌전방의 능선을 점령하면서 16일 간의 도솔산 전투가 막을 내렸다.

이 기간 동안에 국군 제1해병연대는 미 해병대가 고전하던 작전 지역을 인수하여 대단히 성공적인 작전을 실시하고 임무를 완수하였다. 작전 중에 총 24개의 목표를 설정하고 이를 단계별로 점령하면서 작전의 효율성을 높였으며 미군들이 꺼려하던 야간작전도 과감히 실시하는 작전 능력도 보여주었다.

그러나 작전지역이 방어하던 적에게 대단히 유리하였기에 아군의 피해도 만만치 않았다. 제1해병연대는 전사 123명, 부상 582명의 피해를 입었다. 이들의 희생을 바탕으로 유엔군은 펀치볼을 감제하는 도솔산과 대암산을 확보했을 뿐만 아니라 차후의 공격작전을 위한 발판을 마련하였고, 新캔자스 선을 구축하는데 일조하였다. 동부전선의 산악지형 중에서도 유난히 험난한 도솔산 전투에서 한국 해병대가 투혼을 불사르며 보여준 군인 정신은 훗날 '귀신 잡는 해병'이라는 신화의 기틀이 되었다.

제3부

휴전회담 시기의 격전들

1951년 7월부터 1953년 7월까지 약 2년에 걸친 휴전회담 시기의 전투들은 전선이 교착된 상황에서 치열한 양상으로 전개된 것이 특징이다. 또한 이 시기에 벌어진 전투들은 대부분 제한된 목표를 달성하기 위한 수색 정찰전, 진지전 및 고지 쟁탈전 등의 형태로 치러졌다. 특히 유엔군과 공산군은 전선에서 상대방을 압박하여 휴전회담에서 유리한 입장을 차지하려 하거나, 혹은 수차례 결렬된 휴전회담에 상대방을 불러들이기 위한 목적으로 전선에서 적을 압도하려 하였다. 따라서 실제 전투들은 매우 치열하게 전개되어, 높은 탄약 소모율과 인명 살상율 등을 기록하였다.

선별된 18개의 대표적인 전투들 중에서 철원 북방 무명 395고지에 대한 중공군의 공격을 물리친 국군 제9사단의 백마고지 전투와 중공군 최후 공세에서 국군 제2군단이 담당한 금성 전투를 주요전투로 선정하여 자세하게 분석하였다.

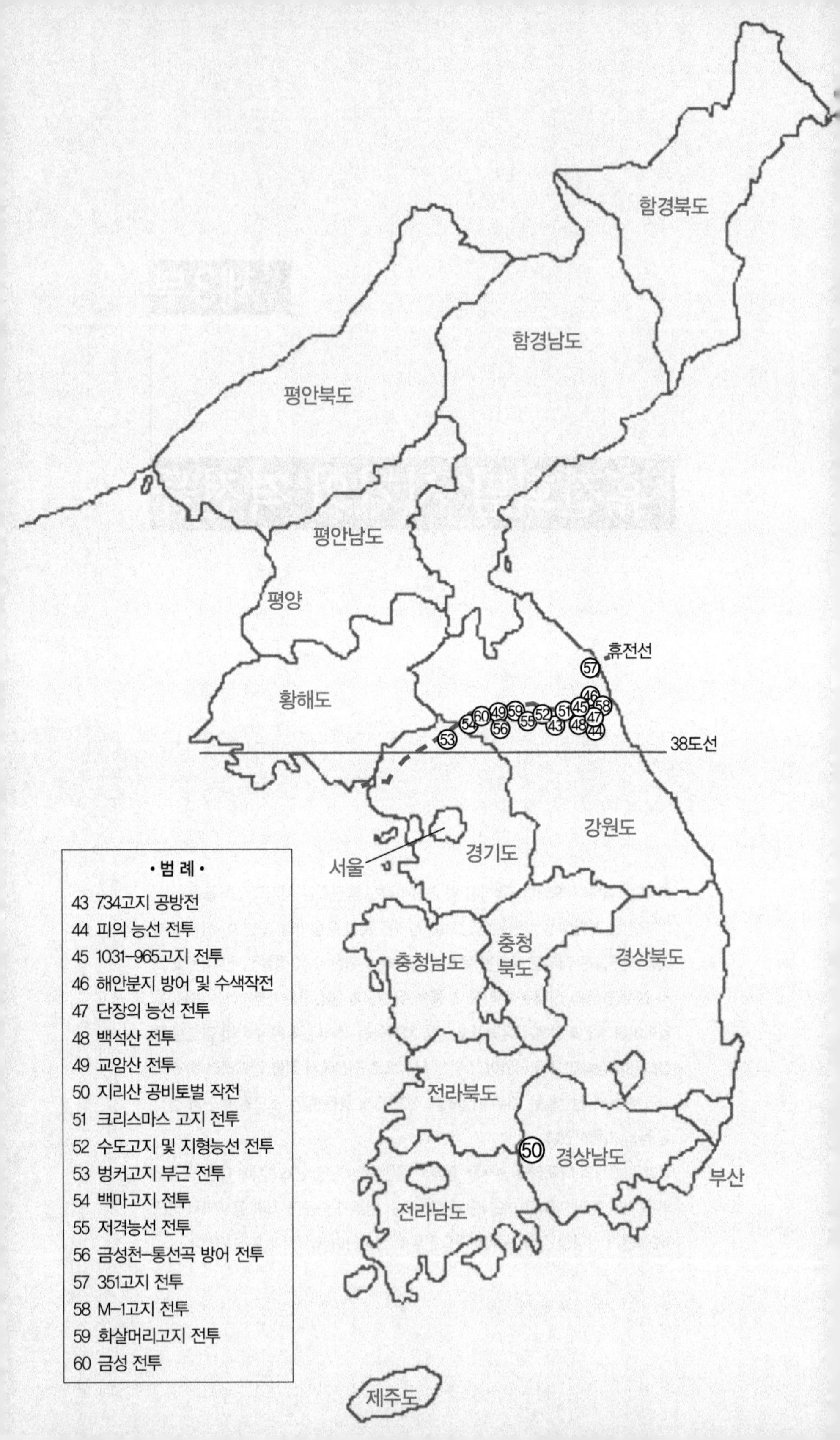
함경북도
함경남도
평안북도
평안남도
평양
황해도
휴전선
38도선
강원도
경기도
서울
충청남도
충청
북도
경상북도
전라북도
경상남도
부산
전라남도
제주도
• 범 례 •
43 734고지 공방전
44 피의 능선 전투
45 1031-965고지 전투
46 해안분지 방어 및 수색작전
47 단장의 능선 전투
48 백석산 전투
49 교암산 전투
50 지리산 공비토벌 작전
51 크리스마스 고지 전투
52 수도고지 및 지형능선 전투
53 벙커고지 부근 전투
54 백마고지 전투
55 저격능선 전투
56 금성천-통선곡 방어 전투
57 351고지 전투
58 M-1고지 전투
59 화살머리고지 전투
60 금성 전투

43

734고지 공방전

일 시 1951. 8. 2. ~ 8. 8.
장 소 강원도 화천군 북방 일대
교전부대 국군 제2사단 vs. 중공군 제27군
특 징 국군 제2사단 17연대가 효과적인 화력지원 및 체계적인 반격작전을 통해 탈취에 성공한 고지 탈환작전

1951년 6월부터 유엔측과 공산측이 휴전회담 문제를 거론하기 시작하자 유엔군 사령부는 예하 부대들에게 공세를 중지하고 수세로 전환하여 현 진출선상에 진지를 구축하라고 지시하였다. 미 제9군단의 좌익을 맡아 철의 삼각지와 금성 사이에서 전선을 담당하던 국군 제2사단도 적에 비해서 우세한 전투력을 보유하였지만, 상급부대의 지시에 따라 수세로 전환하여 주진지를 강화하였다. 반면에 군단 정면의 중공군은 제2차 춘계공세 이후 아군에게 역전당한 전세를 만회하기 위해서 점차 차후 공세를 위한 준비에 열중하였다. 특히 7월 15일을 전후하여 고전을 면치 못하던 중공군 제20군 대신 제27군이 전면에 등장하면서 긴장감이 한층 고조되었다.

새로 투입된 중공군 사단들은 유리한 감제고지를 장악한 이후 주진지 전방의 지근거리까지 유개진지를 구축하고, 각 능선을 교통호로 연결하는 등 진지방어 태세를 취하였다. 국군 제2사단 정면에서는 중공군 제

80사단이 지근거리까지 접근해 왔다. 적군은 특히 제17연대 진지 정면 약 2km 북쪽에 위치한 734고지에 대대규모의 병력을 배치하여 전진거점을 마련함으로써 아군을 긴장시켰다. 중공군은 이 고지를 통해서 아군의 동정을 살필 뿐만 아니라 수시로 아군진지에 대해 공세행동을 취함으로써 사단의 방어태세에 심각한 위험을 초래하였다.

이처럼 상황이 악화되자 제2사단장은 군단장에게 734고지에 대한 공격을 수차례 건의하여, 7월 말에 군단장의 승인을 받아냈다. 사실 제2사단은 6월 중순부터 진지전에 대비하기 위하여 유격대대를 운영해왔는데, 이 대대는 미 제24사단에서 교관과 조교를 초빙하여 유격전, 산악전, 야간작전 등에 대한 교육과 훈련에 열중하였다.

유격대대의 공격준비가 완료되자, 8월 2일 06시에 734고지에 대한 공격이 시작되었다. 그런데 이 고지에 대한 적의 방어가 예상외로 강력하여 유격대대만으로는 이 고지를 제압할 수 없음을 파악한 사단장은 이 대대를 제17연대에 배속시키고 연대장 손희선 대령에게 734고지를 점령하도록 명령하였다. 공격이 시작되자 주공을 담당한 유격대대는 734고지를 정면에서 공격하고, 17연대 제1대대는 고지 좌측에서 양공으로 견제하였다. 아군 공격부대들은 포병의 화력지원과 유엔 공군편대의 지원 등 보병, 포병, 공중공격에 의한 협동과 과감한 돌격에 힘입어 점차 적을 압도하기 시작했다.

그러나 734고지에 대한 적의 방어가 예상보다 강력하여 점차 시간이 지날수록 아군의 공격에 차질이 생겼다. 특히 적군은 가파른 경사를 이용하여 암석 사이에 구축된 개인호에 의지하면서 수류탄을 투척하고 자동화기를 난사하는 등 집요하게 저항하며 아군의 공격을 저지하였다. 결국 공격 개시 첫날에 목표를 탈취하지 못한 아군 공격부대는 다음날 이른 아침부터 공격을 재개하여, 마침내 14시 50분경에 목표인 734고지 주봉을 점령하였다.

그런데 중공군도 다음날인 8월 4일 야간부터 반격을 시작하여 734고지 전방의 무명고지를 탈취하였다. 야간에 상실한 무명고지를 탈환하기 위해서 유격대대장은 8월 5일 날이 밝기 시작하자 2개 중대를 동원하여 반격을 개시하여 약 2시간 후에 무명고지를 탈환하였다. 이후 무명고지 전방의 600고지까지 확보하기 위해서 제1대대의 3개 중대를 추격대로 편성하여 적에 대한 추격작전을 실시하였다. 그러나 다시 야음이 다가오자 중공군은 734고지 전방 무명고지 주변에서 급편방어진지를 구축하고 있는 아군을 기습하였다. 그 결과 무명고지 전방의 600고지를 향해 추격하던 3개 중대가 적과 치열한 야간전투를 전개하였으나, 점차 방어선이 무너지고 아군의 일부가 적에게 포위되고 말았다. 또한 철수하는 아군을 추격하던 적에게 일시적으로 734고지의 주봉을 내주고 말았으나, 효과적인 반격작전을 통해 약 2시간 후에 주봉을 되찾았고, 이후 주변 방어진지를 강화하였다. 하지만 734고지에 대한 적의 공격은 다음날에도 계속되어, 결국 8월 7일 야간에 적이 이 고지를 탈취하였다.

이처럼 734고지를 뺏고 빼앗기는 상황이 반복되자 연대장 손희선 대령은 8월 8일 아침에 그동안 손실이 컸던 유격대대를 예비로 전환하는 한편, 제1대대를 734고지 재탈환을 위한 주력부대로 선정하고 12시까지 734고지를 재탈환할 것을 지시하였다. 연대장의 명령을 수령한 제1대대장은 폭우가 몰아치는 악천후에도 불구하고 공격을 개시하여 09시까지 734고지를 탈환하고 이어서 정오경에는 무명고지와 그 전방의 600고지까지 점령하였다. 8월 8일 정오 이후 이 고지에 대한 중공군의 대규모 반격은 더 이상 재개되지 않았으며, 이로써 734고지와 주변의 주요 거점을 둘러싼 일주일간의 격전이 마침내 종료된 것이다.

이후에도 734고지에 대한 적의 간헐적인 도발이 그치지 않았으나, 그때마다 아군에 의해서 격퇴되었다. 특히 9월 1일 초에 재개된 제2차 공방전에서는 제32연대 제7중대가 중공군 5개 중대에 포위되었음에도 불구하고 중대장 김영국 중위를 비롯한 대부분의 중대원이 희생되면서까지 끝까지 적의 공격에 맞서 싸우며 이 고지를 지켜냈다. 휴전회담이라는 반갑지 않은 소식에도 불구하고 한 치의 땅이라도 더 확보하려는 국군 장병들의 불굴의 전투의지가 734고지를 굳건하게 지켜낸 원동력이었다.

44

피의 능선 전투

일　　시 1951. 8. 16. ~ 8. 22.
장　　소 강원도 양구군 동면 월문리 일대
교전부대 국군 제5사단 vs. 북한군 제12사단
특　　징 미군 부대가 실패한 작전을 국군 제5사단이 인수하여 성공적으로 마무리한 고지쟁탈전

전쟁을 군사적 승패로 종결되기 어렵다고 판단한 공산군 및 유엔군 양측은 군사적인 결판이 아닌 정치적 협상에 의해서 전쟁을 마무리하기로 결정하고 1951년 7월 10일 휴전회담을 개시했다. 그리하여 6·25전쟁은 혈전과 설전이 펼쳐지는 두 개의 전선을 가지게 되었으며, 양측은 '피를 흘리는 혈전(血戰)'과 더불어 '침을 튀기는 설전(舌戰)'을 병행하게 되었다. 전선에서 싸우는 병사들은 한 눈은 휴전천막, 다른 한눈은 전방의 적을 주시하면서 전투가 빨리 종결되기를 바랐으나, 초반부터 설전 역시 결코 만만치 않았다. 공산측은 38도선을 휴전선으로 정하자고 우겨대고 유엔측은 휴전협정 조인 당시의 접촉선을 군사분계선으로 하자는 주장을 굽히지 않으면서, 전투를 통해서 확보하지 못한 결과를 협상 테이블에서 거저 챙기자는 생각을 하지 말라는 경고성 충고를 마다하지 않을 정도였다.

휴전회담 벽두부터 휴전선 설정문제로 난관에 봉착하자, 유엔군 사령

관 리지웨이 대장은 전선에서 공산측에 군사적 압력을 가하여 유엔측의 주장을 강요하려 했다. 한편 현지에서 군사작전을 담당한 미 제8군 사령관 밴플리트 중장은 유리한 접촉선을 유지하기 위하여 필요한 고지를 확보하고, 중공군 개입이래 항상 중공군의 주 공격대상이 되어왔던 국군의 사기를 고양시키자는 목적으로 동부전선의 국군 제1군단과 미 제10군단으로 하여금 해안 분지(Punch Bowl) 지역에서 공세를 취하도록 지시했다. 명령을 수령한 미 제10군단장은 화력지원의 편이를 위해서 군단예비인 국군 제5사단 1개 연대를 미 제2사단에 배속한 다음 미 제2사단의 캔사스 선의 주진지를 감제하는 횡격실 고지군(983고지–940고지–773고지, 후에 "피의 능선"으로 호칭됨)을 탈취하도록 명령을 내렸다. 이에 따라 8월 16일에 미 제2사단에 배속된 국군 제5사단 제36연대는 "피의 능선"으로 명명될 고지군을 공격했다.

공격 명령을 받은 국군 제5사단 제36연대는 좌일선 제3대대에게 북한군 제5군단 예하 제12사단 제1연대가 장악하고 있던 983고지를, 우측 제2대대는 940, 773고지를 공격하도록 하고, 제1대대는 예비로 보유했다. 미 제10군단과 미 제2사단의 7개 포병대대가 퍼부은 30분간의 공격준비 사격 후에 국군 제36연대 양 대대는 1951년 8월 18일 06시 30분 3개 고지에 대한 공격을 개시했다. 그러나 공격에 불리한 고지군 상의 잘 엄호된 북한군 진지에 대한 공격은 결코 쉽지 않았다. 양 대대는 소대장이 지휘하는 20여 명의 특공대를 편성하여 엄호된 북한군 진지를 무력화시키려 했으나, 많은 희생자만 발생하였다.

고지 탈취가 어려워지자 이날 밤 23시를 기하여 127문의 지원포와 미 제2사단의 전 박격포가 일제히 불을 뿜어 고지의 봉우리와 계곡을 화염으로 휩싸이게 만들었다. 제36연대는 거의 초토화된 고지를 8월 19, 20일에 다시 공격했으나 북한군 진지를 탈취하지 못하고 적이 매설한 지뢰로 인한 아군의 피해를 감수해야만 했다. 제36연대는 8월 21일 결사적인 공격을 감행하여 제2대대 제6중대가 21일 20시에 940고지를 탈취했으나, 고지에 오른 중대원은 20여 명에 불과한 정도였다. 좌측에서 983고지를 공격한 제3대대도 8월 22일 8부 능선에서 각 중대에서 20여 명씩 차출하여 급편된 60여 명의 특공대로 하여금 돌격을 하도록 했으나 적의 치열한 사격으로 진격을 하지 못했다.

치열한 폭격으로 벌거숭이가 된 중부 전선의 아군 방어진지

이에 대대장은 983고지에 대한 포병 효력사(TOT)를 요청하여 북한군의 전의를 박탈하려 했으며, 8월 22일에 다시 공격을 개시했다. 공격의 선봉에 선 제11중대는 고지의 동쪽으로 우회공격을 시도했으나 이것도 무위로 끝나자, 기계(奇計)를 쓰기로 했다. 중대장은 사격을 하고 함성을 지르면서 돌격을 감행하는 것처럼 하고 전 중대원에게 그 자리에서 자신들을 은폐, 엄폐하도록 지시했다. 돌격이 감행되는 것으로 판단한 북한군은 수류탄을 투척하고 자동화기와 소총들을 사격하면서 진지를 지키려 했다. 차폐된 지점에 자신을 숨기고 적의 사격을 관찰하면서 사각(死角)을 찾아낸 제11중대원은 실제로 돌격을 감행하여 북한군의 총좌 하나 하나를 수류탄 등으로 제압하면서 8월 22일 11시 50분 드디어 고지 정상을 탈취했다. 고지 탈취 보고를 받은 제36연대장은 마침 연대 OP를 방문한 미 제2사단장과 뜨거운 악수를 나누면서 얼굴에 웃음까지 머금을 수 있었다. 이로써 국군의 사기는 고양되었고, 미군에 대한 체면도 유지할 수 있었다. 하지만 곧 전개될 북한군의 역습에

대비해야만 했으며, 이 지역에서의 전투는 계속되었다.

피의 능선 전투를 치르는 동안 국군 제5사단 제36연대는 북한군 사살 1,250명, 포로 63명, 193정의 각종 화기를 노획하는 전과를 획득했으나, 139명의 전사자와 201명의 실종자, 899명의 부상자 피해를 감수해야만 했다. 특히 북한군이 매설한 지뢰의 폭발로 발목이 잘린 부상자가 많이 발생하였으며, 피해가 발생하지 않을 진로를 먼저 개척하고 공격해야 함에도 불구하고 무조건 공격 혹은 돌격하라는 명령만 내린 지휘관의 책임 역시 결코 가볍지 않음을 살펴볼 수 있다. 실로 목표 T(983고지), U(940고지), V(773고지)로 연결된 능선은 피로 물들어 있었다.

45

1031-965고지 전투

일 시 1951. 8. 18. ~ 8. 24.
장 소 강원도 양구군 해안 분지 일대
교전부대 국군 제8사단 vs. 북한군 미상 부대
특 징 국군 제8사단이 수행한 제한된 목표에 대한 성공적인 고지 쟁탈전이며, 차후 노전평 및 서화 축선 확보 등 전선 추진작전의 기반 마련

8월 18일, 계속되던 장마가 멈추자 국군 제8사단은 노전평 동북의 1,031고지와 965고지를 확보하기 위한 공격을 실시하였다. 최초 이 작전은 7월에 계획되었으나 장마로 연기된 8군의 제한공세 작전의 일환이었다. 제8군 사령관 밴플리트 장군은 7월 초에 평양-원산 선까지의 진격을 목표로 한 작전(Operation Overwhelming)을 계획하였으나, 휴전회담이 7월 10일 개시됨에 따라 대규모 공세작전 대신에 제한된 공세작전으로 전환하였던 것이다. 이러한 결정은 휴전회담의 추이를 고려하려는 의도도 있었지만, 이 기간을 이용하여 적이 전투력을 회복하는 것을 방해하고 종전에 대한 기대로 아군의 전투력이 약화되는 것을 우려한 결과였다.

그리하여 미 제10군단은 해안 분지 일대의 만곡된 전선을 추진하기 위한 사전 작전(Operation Creeper)을 개시하였다. 이는 노전평 동북쪽의 종격실 능선인 884-924-1,031고지로 이어지는 J자 형태의 '낚시

바늘 능선'을 확보하고 남강까지 진출하여 해안분지를 압박하려는 목적에서 실시되었다.

미 제10군단 예하의 국군 제8사단장 최영희 장군은 작전(Operation Creeper)이 실시되기 전에 준비작전으로 8월 초순에 접근로 상의 주요 고지들을 점령하고 있었다. 8월 16일 군단의 작전명령이 하달되고 1,031고지와 965고지에 대한 공격작전이 8월 18일부터 개시되었다. 작전의 중요성을 감안한 군단장은 국군 제5사단 제27연대를 제8사단에 배속하여 예비로 운용하도록 조치하였다. 군단 포병 및 동해의 해군 함포지원 속에 두 고지에 대한 공격이 아침 6시부터 시작되었다.

제10연대는 주방어선 임무를 제5사단 제27연대에 인계하고 1,031고지 공격에 전투력을 집중하였다. 제3대대가 1,031고지를 공격하는 동안 제2대대는 1,031고지와 965고지 중간의 950고지를 공격하였다. 그러나 적의 저항도 만만치 않았다. 특히 목표 고지들 정상 부근에 배치된 적들은 강력한 방어진지를 구축하고 국군의 공격을 필사적으로 막아내고 있었다. 일몰이 될 때까지 목표 점령에 실패한 제10연대는 급편방어진지를 구축하고 재정비를 실시하였다.

다음 날인 19일의 공격은 오후 13시 30분에 개시되었다. 그러나 적의 완강한 저항과 지뢰지대 등의 어려움으로 양 대대는 돌격선까지 진출하는 데 만족하여야 했다. 3일째인 20일, 오전 06시부터 공격을 실시한 연대는 일진일퇴의 공방전을 치루면서 1,031고지와 950고지를 점령할 수 있었다. 이러한 작전 성공의 이면에는 배장환 이등중사나 김시운 일등병과 같이 적의 거점을 향해 수류탄을 들고 돌격하여 파괴함으로서 아군의 공격로를 개척하고 사기를 앙양시킨 경우도 있었다. 이후 연대는 적의 수차례 역습을 격퇴하고 1,031고지와 950고지를 확보하였다.

한편 제21연대는 1,031고지보다 더 험난한 965고지의 공격 임무를 부여받았다. 연대의 제3대대는 965고지의 접근로가 좁은 점을 고려하여 1개 중대로 정면공격을 실시하였으나 18일과 19일의 공격이 실패로 돌아갔다. 이에 사단장은 제16연대장 이존일 대령에게 임무를 부여하였다. 임무를 부여받은 연대장은 제21연대 제3대대로 하여금 2개 중대 병진공격을 실시하도록 하였으나 20일과 21일 두 번의 공격 모두 실패하였다.

4일간의 공격으로 제3대대의 전투력이 약화되자 제16연대 제2대대를 공격부대로 전환하고, 동시에 우측의 1,031-950고지를 점령하게 되어 측방공격도 가능하였다. 그리하여 제16연대장은 제16연대 2대대가 정면공격을 실시하는 동안 제10연대의 예비였던 제1대대를 950고지에서 965고지로 공격하게 하였다. 부대교대를 마친 22일, 3개 중대를 모두 투입한 공격은 또다시 정상부근에서 돈좌되었다. 다음날 아침 07시에 공격을 재개한 제2대대는 마침내 오후 15시경 965고지를 완전히 탈취하였다. 그러나 그날 밤의 적 역습으로 인해 일시 피탈 당했으나, 24일 정오경 재탈환하였다. 이후 계속된 적의 역습을 격퇴한 국군 제8사단은 적이 난공불락이라고 자랑하던 1,031고지와 965고지를 각각 '대통령 고지'와 '밴플리트 고지'로 명명하였다.

일주일간의 전투에서 국군 제8사단이 거둔 성과는 컸다. 물론 고지쟁탈전의 특성으로 많은 피해(전사 90명, 부상 536명, 실종 17명)를 입었지만, 이번 공격작전의 성공은 해안분지에 대한 압박을 가할 수 있었다. 동시에 노전평 일대와 서화축선을 확보하여 이후에 계속된 전선 추진작전의 기반을 마련하였다.

46
해안분지 방어 및 수색작전

일　　시 1951. 9. 5. ~ 9. 18.
장　　소 강원도 양구군 해안 분지 일대
교전부대 국군 제1해병연대 vs. 북한군 제1사단
특　　징 국군 제1해병연대가 수행한 성공적인 산악 수색정찰작전

1951년 7월 10일 시작된 휴전회담에서 유엔측은 휴전 당시 접촉선을 군사분계선으로 정하자는 제안을 내놓았으나, 공산측은 38도선을 군사분계선으로 정하자는 주장을 굽히지 않으면서 8월 25일에 휴전회담장을 떠나 버렸다. 이에 유엔측은 한편으로 군사적인 압력을 가하여 공산측을 회담장으로 복귀시키고, 다른 한편으로는, 전선유지에 필요한 고지와 지점을 장악하기 위한 전선추진 작전을 수행했다. 이에 따라 중동부 전선을 담당하고 있던 미 제10군단도 월산령 북방에 위치한 분지를 확보하기 위하여 동서 양측에서 공격을 개시했으나, 피의 능선 전투 등에서 고전하자 작전을 확대하기로 하였다. 따라서 군단 예비인 국군 제5사단은 서측방 가칠봉 1,242고지를, 국군 제8사단은 동쪽 소양강과 남강의 분수령인 854고지를 공격하도록 하고, 미 제1해병사단은 펀치볼(Punch Bowl) 북쪽의 고지군(924고지: 일명 김일성고지, 1,026고지: 일명 마오쩌둥고지, 그리고 무명 1,056고지)을 직접 공격하도록 명령했다.

미 제1해병사단에 배속된 국군 제1해병연대는 우측의 미 제7해병연대와 더불어 8월 31일 06시 공격을 개시하여 피나는 공방전을 수행한 후에 9월 3일 김일성고지(924고지)와 마오쩌둥고지(1,026고지)를 점령하고, 우측 미 제7해병연대도 주어진 목표를 점령하여 난공불락으로 알려진 해안분지를 확보했다. 이로부터 한국 제1해병연대는 동쪽 김일성고지와 서쪽 서희령(西希嶺)을 연하는 방어선에 제3, 1, 2대대를 배치하고 북한군 제3군단 예하 제1사단의 역습에 대비하여 진지를 강화하면서 전방에 대한 강력한 수색작전을 수행했다.

교동에서 월산령을 거쳐 능선을 따라 직접 공격작전을 수행하고 주어진 목표를 점령한 국군 제1해병연대는 북방에 대한 수색정찰전 뿐만 아니라 후방 지역 경계와 이 지역에 남아있던 잔적(殘敵)소탕작전도 소홀히 할 수 없었다. 연대는 9월 5일부터 전후방 수색작전을 실시하여 분지 북방에 설정된 통제선(Hays Line)을 방어했다. 그러나 북한군의 포격과 사격이 심하게 가해지자, 9월 10일부터 14일까지는 미 제1해병사단장의 명령에 따라 강력한 위력수색작전을 수행하여 새로운 목표를 탈취하고, 9월 18일까지 새로운 방어선(New Haystjs Line)을 확보했다. 이 기간 동안 국군 해병은 계속되는 북한군 제1사단 제3, 14연대의 포격, 공격, 습격을 받아 거의 매일 접전을 치렀으며, 이때마다 때로는 참호 속에서 때로는 후방 포병의 지원을 받으면서 적극적인 공세작전을 수행하여 미 제1해병사단의 좌익부대로서 펀치볼 북쪽의 요충을 지켜냈다.

그리하여 9월 5일부터 18일까지 펀치볼 북쪽의 고지들을 확보한 동안 국군 제1해병연대는 사살 18명, 포로 22명 획득과 소총 3정, 다발총 2정을 노획하는 전과를 획득했으나, 6명의 전사와 15명의 부상피해는 감수해야만 했다. 국군 제1해병연대는 1952년 3월 17일 육군에게 작전지역을 인계하고 서해안 장단(長端)지역으로 이동할 때까지 이 지역을 지켜냈다.

산악지역에서의 수색 정찰전을 수행한 국군 제1해병연대는 이러한 전투수행을 위해서 명심해야 할 중요한 몇 가지 교훈을 남겼다. 여름의 삼림과 겨울의 설산(雪山)으로 시계(時計)에 제한을 받는 산악지역의 수색정찰전에서는 "누가 먼저 발견하느냐," "누가 먼저 사격을 하느냐"가 작전의 성패를 가르는 요소라는 점이다. 다음으로는, 위험에 처하게 될 경우에 시계의 제한점을 역이용하여 이쪽의 병력이 많은 것처럼 과장하고 적이 우왕좌왕하는 사이에 사지(死地)를 탈출하는 과감한 선제행동이 필요하다는 점이다. 또한 이를 이용한 적의 기만전술을 조속히 간파하는 것 역시 중요한 것으로 드러났다. 해질 무렵에 적이 "해병대다. 사람 살려라"하고 소리치면서 아군을 유인하여 상해를 끼치는 경우가 있었기 때문이다. 특히, 전투경험이 없는 신병들을 지휘하여 수색 정찰전을 수행할 경우에는 엄정한 사격군기가 매우 중요하다는 점이다. 이들 신병들은 기도비닉이 필요한 수색 정찰전에서 조그마한 이상 징후가 있어도 겁에 질려 우선 사격함으로써 적정파악을 어렵게 함은 물론 아군의 위치를 쉽게 노출시켜 작전수행을 어렵게 만들기도 하였기 때문이다. 국군 제1해병연대가 남긴 이러한 교훈들은 수색정찰전을 수행하는데 매우 중요한 요소로 오늘도 남아있음을 쉽게 알 수 있다.

47

단장의 능선 전투

일　　시 1951. 9. 13. ~ 10. 15.
장　　소 강원도 양구군 방산면 – 동면 사태리 일대
교전부대 미 제2사단 vs. 중공군 제68군 제204사단, 북한군 제6, 12, 13사단
특　　징 종군 기자들이 '단장의 능선'이라고 표현할 정도로 치열하게 전개되었던 고지 쟁탈전

고지군이 횡으로 연결된 피의 능선을 확보한 미 제2사단은 미 제8군의 계속 공격 방침과 군단의 명령에 따라 이 능선 북방에 위치한 종격실(縱隔室)의 고지군(894-931-850-851고지, 斷腸의 稜線, Heartbreak Ridge)을 공격할 준비를 갖추었다. 미 제2사단은 피의 능선 전투를 주도한 제9연대로 하여금 9월 11일 사단 좌측 피의 능선을 인수하도록 하고, 피의 능선에 배치되어 있던 제23연대(프랑스 대대, 제38연대 제3대대 배속)를 투입하여 단장의 능선을 공격하고, 제38연대(-1)를 예비로 전환하였다.

이에 맞선 공산군은 문등리 계곡에 북한군 제5군단 제6사단, 사태리 계곡에는 제2군단 제13사단을 배치하여 방어하고 있었다. 미 제2사단장은 종심으로 배치되어 있는 단장의 능선 고지군을 남쪽에서 축차적으로 공격하는 것보다는 사태리 계곡 동쪽에서 능선의 북쪽 2개 고지와 남쪽 2개 고지를 동쪽에서 서쪽으로 공격하는 것이 바람직할 것으로 판단하

고 제23연대로 하여금 먼저 능선 고지를 점령하도록 하였다. 이에 따라 연대는 1951년 9월 12일에 제1대대와 배속된 제38연대 제3대대를 투입하여 능선 동쪽의 고지군을 먼저 점령하고, 단장의 능선 공격 준비를 갖추었다.

미 제2사단 제23연대는 80여 문의 포가 동원된 공격준비사격에 이어 9월 13일 06시에 단장의 능선을 공격하였다. 많은 피해를 감수하고 저녁 무렵에 능선 북쪽 850고지를 점령하였으나, 북한군의 야간 역습을 받아 고지를 지키던 중대원 30여 명이 전사하고 말았다. 이에 사단장은 남쪽에서 제9연대를 공격하도록 하여 양면 공격을 실시하였으나 피해만 늘어가고 고지를 점령하지 못하였다.

이어서 미 제2사단장은 사단의 포병과 전차의 지원 아래 3개 연대 협조된 공격을 실시하여 단장의 능선을 확보하고 전선을 추진하기로 결심하였다. 이에 따라 사단은 제38연대를 문등리 도로 좌우측의 북한군을 격멸하면서 공병이 문등리 도로 개척을 엄호하고, 제9연대를 사단 서측방의 고지를 점령하도록 함과 동시에 제23연대로 하여금 단장의 능선을 공격하도록 하였다. 사단은 단장의 능선을 남쪽에서부터 점령해 나가는 공격 방식을 택하고, 작전을 3단계로 구분하여 능선 남쪽 931고지를 먼저 점령하고, 차후에 북쪽 851고지를 점령하는 공격 계획인 터치다운 작전(Operation Touchdown)을 수립하였다.

미 제2사단은 10월 5일 21시 30분 300여 문의 사단 및 군단 포병과 미 제1해병사단의 항공단까지 동원하여 공격 준비 사격으로 적진을 강타한 다음에 야간 공격을 실시하였다. 그 결과 10월 6일 아침까지 제23연대는 931고지를 장악하였다. 사단 공병은 문등리의 도로를 개척하여 10월 9일까지 도로를 완전하게 통제하였으며, 제9연대도 사단 서측의 고지를 점령하여 능선 북쪽의 851고지를 공격할 수 있게 되었다. 10월 10일부터 제72전차대대와 제38연대, 제23연대 전차중대와 프랑스 대대의 보병과 공병으로 구성된 특수임무부대가 851고지를 양 측방에서 차단하였다.

공산군측도 중공군 제68군 제204사단이 증원되었다. 이러한 가운데 제23연대가 851고지를 공격하였다. 제1대대가 프랑스 대대 지원하에 공격을 선도하고, 제3대대는 제1대대의 서측, 제2대대는 문등리 남쪽의 고지를 점령하여 적의 증원을 차단하였다. 제1대대와 프랑스 대대는 완강하게 저항하는 벙커 속의 적을 제압하면서 진격하였고, 제3대대도 이들의 공격을 도왔다. 10월 11일 야간 제1대대를 초월 공격한 프랑스 대대가 10월 13일 동이 틀 무렵 851고지 정상을 점령하였다. 제38연대도 네덜란드 대대의 도움을 받으며 공격을 계속하여 10월 15일에 백석산(白石山)과 어은산(魚隱山) 중간 지점의 1,220고지를 점령하는 전과를 획득하였다.

미 제2사단은 9월 13일부터 1개월간의 혈전을 벌인 결과 단장의 능선을 탈취하고 전선을 1,220고지-문등리(文登里)-가칠봉(加七峰)까지 추진하였다. 그러나 이에 따른 피해는 1개월간의 전투에서만 3,700여 명의 손실을 입었다. 북한군 제6, 12, 13사단과 중공군 제204사단이 입은 피해 역시 매우 심하여 21,000여 명으로 추산되었다. 이 전투 소식을 전하던 기자들이 '단장의 능선(Heartbreak Ridge)'이라고 명명한대로 유엔군은 많은 희생을 치른 후에야 이 능선을 장악할 수 있었다.

48
백석산 전투

일 시 1952. 9. 22. ~ 10. 10.
장 소 강원도 양구군 방산면 일대
교전부대 국군 제7, 8사단 vs. 북한군 제12, 32사단
특 징 중동부 전선을 전방으로 추진하여 적의 전초진지를 점령하는 계기가 되었던 작전

1951년 8월 14일 미 제8군은 펀치볼을 확실하게 장악하기 위한 전 단계로서 양구에서 문등리와 사태리에 이르는 각 접근로를 확실하게 통제할 수 있는 중간고지(수리봉, 983고지, 일명 피의 고지)를 확보하고, 동부에서 전선을 남강(南江)까지 추진시키는 공격계획(Operation Creeper)을 수립하였다.

그런데 미 제10군단의 주공인 미 제2사단이 단장의 능선을 공격한지 1주일이 지나도록 북한군 제12사단의 고수방어를 극복하지 못하자, 23일 06시를 기하여 1,024고지(백석산 동남쪽)를 공격하여 그 공격정면을 확대함으로써 적에게 병력분산을 강요하려 하였다. 따라서 군단장은 백석산(1,142고지)을 적이 방어하고 있을 경우 1,024고지에 대해 미 제2사단이 기도하는 적 병력 분산이 소기의 성과를 거두기 어려울 것으로 판단하여 적의 전력을 분산시키기 위하여 국군 제7사단에게 백석산을 공격하라는 수정명령을 하달하였다.

9월 22일 국군 제7사단장 이성가 준장은 제8연대를 주공으로 삼아 24일 06시부로 백석산 서쪽의 능선(894-1,142고지)을, 제3연대는 조공으로 고지 동쪽의 능선을 공격하는 내용의 작전명령을 23일 08시에 하달하였다. 백석산을 점령하고 있는 적은 북한군 제32사단의 약 3,500여명 정도로 추정되었다. 드디어 9월 24일에 개시된 공격에서 제3연대와 제8연대는 각각 무명 901고지와 894고지를 점령하였다.

다음날이 되자 국군 제7사단의 두 연대들은 공격을 지속하여 백암산을 점령하기 위한 준비를 가속하여 제3연대는 우측 인접부대인 미 제2사단 제9연대가 1,024고지를 점령함에 따라 진출이 용이하게 되자, 전날 점령하였던 무명고지에서 공격을 시작하여 1,024고지 남쪽 400m에 있는 무명고지를 점령하고 공격기세를 유지하여 1,024고지 서쪽 300m에 있는 무명고지를 연이어 점령하였다. 제8연대는 81㎜ 박격포의 화력지원을 받으며 2명의 특공대원을 선발하여 수류탄만을 휴대시켜 적 특화점을 파괴한 이후 일제히 돌격하여 1차 목표인 894고지를 점령하였다.

한편 9월 28일에는 국군 제7사단과 제8사단의 임무교대가 실시되어, 백석산 공격은 제8사단이 담당하였다. 목표상의 북한군 제32사단 역시 국군 제7사단의 공격으로 방어임무가 불가능해지자 28일부로 제12사단과 방어임무를 교대하였다. 제8사단은 바로 다음날 06시부로 제10연대를 주공으로 제7사단이 점령하지 못한 백석산 정상을 공격하였으나, 적의 저항이 완강하여 공격은 정지되었다. 또한 10월 1일 06시에 제10연대는 다시 공격을 하였으며, 특히 근접항공지원을 이용한 네이팜 폭격과 기총소사를 이용하여 적을 제압한 후 일제돌격을 통해 10시 50분에 백석산 주진지를 점령하였다. 적의 역습부대가 투입되었으나 저지되고, 제2대대의 조공이 급진전을 보이게 되어 적 역습부대가 퇴각하면서 11시 55분 백석산 정상은 국군 제8사단 제10연대에 의해 완전히 점령되었다.

백석산 점령 후 제8사단은 어은산(漁隱山, 1250고지) 남쪽의 1,050 고지까지 진출하였다. 공산측은 10월 10일부로 북한군 제5군단을 후방으로 철수시키고, 원산방어에 임하고 있던 중공군 제20병단 예하 제68군을 어은산-문등리 일대에 투입할 수밖에 없었다. 백석산 전투는 9월 하순까지 중부전선과 동부전선의 진출에 비해 부진했던 중동부전선을 4km 북상시켰고, 공산측의 전진요지를 점령하는 작전상의 이점을 통해 우인접 미 제2사단의 진출을 측방으로 엄호하면서 문등리 서쪽의 고지군 탈환을 더욱 빠르게 추진할 수 있었다는데 그 의의가 있다.

49

교암산 전투

일 시 1951. 10. 13. ~ 10. 21.
장 소 강원도 김화군 원동면 교암산 일대
교전부대 국군 제6사단 vs. 중공군 제199사단
특 징 휴전회담에서 유리한 입장을 선점하기 위해 실시된 제한된 성격의 추계공세 중 국군 제6사단이 8일간의 치열한 공격 끝에 탈취에 성공한 고지 쟁탈전

중공군의 5월 공세를 저지 격퇴한 국군과 유엔군은 1951년 5월 23일에 반격을 개시하여 6월에는 캔자스-와이오밍 선까지 진출하였다. 그런데 7월 10일 개성에서 개최된 휴전회담이 군사분계선 설정 의제로 정체상태에 이르게 되자, 유엔군은 적에게 군사적 압력을 가하여 휴전회담에서 유리한 입장을 선점하기 위한 목적으로 제한된 성격의 추계공세를 전개하였다. 이에 따라 중동부전선의 국군 제6사단이 10월 13일 공격하여 21일에 교암산을 확보하게 되는데, 이 고지 쟁탈전이 바로 교암산 전투이다.

교암산 전투의 작전지역은 기복이 심하고 살림이 울창한 고산지대와 금성천이 형성되어 공자에 불리하였다. 주요고지는 565고지, 462고지, 472고지, 552고지, 541고지, 529고지, 585고지, 교암산 등이다. 특히 교암산(770m)은 금성 일대의 대부분 지역을 감제, 관측할 수 있는

중요 고지였다. 금성 북방에서 발원한 금성천은 강폭 150~200m, 수심 60~80cm로 도섭은 가능하지만, 강 대안에 절벽이 형성되어 공격전투에 많은 제한을 주었다. 이와 같이 여러 개의 고지군, 금성천 그리고 도로망 결핍 등은 공격에 불리하게 작용하였다.

미 제9군단은 폴라 선(Polar Line) 확보를 위하여, 먼저 노매드 선(Nomad Line)을 확보하고자 하였다. 따라서 제6사단의 교암산 전투도 노매드 선 공격과 폴라 선 공격, 두 단계로 나누어 시행되었다. 첫 단계인 노매드 선 확보를 위해서는 먼저 금성천 대안 교두보(565고지-462고지)를 확보하고, 그 이후에는 금성천 이북 주요 고지선(552고지-541고지-529고지)을 점령해야 했다. 두 번째 단계인 폴라 선 확보는 585고지 탈취와 교암산 점령으로 이어졌다.

제6사단은 좌에 제7연대, 우에 제19연대로 병렬 공격하고, 예비로 제2연대를 두어 10월 13일 06시에 공격을 개시하였다. 먼저 금성천 대안 교두보 확보를 위한 작전이 시행되었다. 좌측 제7연대가 주공인 제1대대는 정면공격하고, 조공인 제2대대는 서측방으로 우회 및 포위하여 11시 20분에 565고지를 탈취하였다. 제1대대는 기동 간 무명고지 기관총 진지에 대해 특공대 4개 조를 편성하여 적 진지를 파괴한 후 고지를 점령하기도 하였다. 제19연대는 462고지를 점령하기 위해 주공인 제1대대는 462고지, 조공인 제3대대는 무명고지, 예비는 제2대대로 하여 공격하였다. 무명고지에 대한 제3대대의 동측 공격이 지연됨에 따라, 연대장은 제2대대에게 서측을 포위공격하라고 지시하여 고지를 점령하였다. 하지만 주공인 제1대대가 462고지 공격에 중공군 1개 대대(-)의 완강한 저항에 부딪쳤을 때, 제2대대가 바로 462고지에 투입하지 못하게 되고 다음날 공격에 합류하였을 때 비로소 462고지를 점령할 수 있었다.

금성천 도하는 제7연대 제3대대부터 시행되었다. 14일에 사단의 명에 의거, 금성천 대안에 연막을 차장하고 피루개 방향으로 금성천을 신속하게 도하하였다. 제3대대는 금성천 도하 이후 조공인 제10중대는 서측으로, 조공인 제9중대는 우측으로 돌진하여 15시에 472고지를 점령하여 노매드 선 공격 발판을 마련하였다. 제7연대는 제3대대 엄호를 받으면서 후반야(後半夜) 공격을 개시하였다. 제7연대 제1대대는 연막에 의한 차장을 이용, 금성천을 도하하여 552고지 전방에 있는 8개의 목표를 하나 하나씩 탈취하고 13시간 만에 간신히 552고지를 탈취하였다. 그 후 제7연대 제3대대와 제19연대 제3대대가 동시에 투입하여 541고지를 점령하였고, 제19연대 제2대대는 529고지에 대한 5차례 공격에도 불구하고 탈취하지 못하였다. 하지만 제6사단은 금성천 일대 중공군 제199사단 제597연대를 격퇴하고, 552고지와 541고지를 확보함으로써 노매드 선을 확보할 수 있었다.

제6사단은 예비인 제2연대는 중공군 탐색전을 하면서 노매드 선상에서 차기전투를 대비하였다. 10월 16일 제9군단장의 폴라 선을 확보하라는 명에 의거, 제6사단장은 제2연대로 하여금 10월 18일 06시에 공격하여 교암산을 탈취하도록 하였다. 제2연대장은 주공이 단거리 접근로인 585고지를 탈취하고, 조공이 588고지를 탈취하여 교암산을 확보하는 작전계획을 수립하였다. 제2연대의 공격에 중공군은 군단 예비인 제203사단 제603연대를 585고지 북쪽에 배치하여 종심을 강화하여 나갔다. 하지만 제6사단 제2연대는 4일 만에 제2대대의 혈전과 제3대대 동측방 협공으로 끝내 585고지를 탈취하였다. 585고지를 확보한 제6사단은 공격 기세를 유지하여 제2연대를 주공으로, 제19연대를 조공으로 10월 20일 05시에 교암산을 공격하였다. 제2연대 제3대대가 좌측에서, 제1대대가 동측으로 우회하여 교암산을 포위압축하여, 드디어 16시 40분에 교암산을 탈취하였다.

폴라 선 확보를 위한 교암산 전투 결과, 제6사단은 적 사살 5,566명, 포로 369명, 105㎜ 3문을 비롯한 각종 화기 589정을 노획한 반면, 전사 318명, 부상 1,571명, 실종 30명 등 총 1,919명의 손실을 보았다. 하지만 제6사단은 교암산을 확보함으로써 작전주도권을 확보하게 되었다. 그 후 사단은 양구 부근의 야전 훈련소(Field Training Center)에서 교육훈련을 실시하였으며, 1952년 6월에는 575고지 전방의 "A-B"고지를 탈취하여 중동부전선의 요충인 금성을 통제할 수 있었을 뿐만 아니라 차후작전에 크게 기여하였다.

50
지리산 공비토벌 작전

일　　시 1951. 12. 2. ~ 1952. 3. 14.
장　　소 지리산 일대
교전부대 국군 백야전전투사령부 vs. 공산군 게릴라부대
특　　징 지리산 일대에서 활동하던 공산 게릴라를 성공적으로 소탕한 백야전사의 공비토벌작전

6·25전쟁을 군사적인 승패가 아닌 명예로운 휴전으로 마무리하기 위하여 회담을 시작한 유엔측과 공산측은 1951년 11월 27일, 휴전조약이 30일 이내에 조인될 경우에 11월 23일부터 26일까지 양측 참모장교들이 작성한 접촉선을 군사분계선으로 설정한다는데 합의했다. 양측은 30일 간의 유예기간을 가진 휴전에 합의한 셈이다.

접촉선을 휴전선으로 한다는 원칙하에 양측이 임시 군사분계선에 합의할 기미를 보이자, 국군과 미 제8군은 전방의 2개 정규 사단을 투입하여 후방의 공비를 토벌한다는 대담한 공비토벌 작전계획을 세우고, 당시 국군 제1군단장 백선엽 소장을 지휘관으로 선정했다. "백(白)야전전투사령부"로 명명된 토벌작전 사령부는 수도사단과 제8사단을 기동타격부대로 선발하고 서남지구 전투사령부 예하 모든 부대와 경찰부대를 통제하여 남원에 사령부를 설치하여 공비토벌작전(Operation Rat Killer)을 실시할 준비를 갖추어 나갔다. 백 사령관은 참모장 김점곤 대

령 이하 200여 명의 참모진을 구성하고 남원에 지휘소를 설치했고, 수도사단은 함정을 이용하여 속초에서 여수로, 그리고 제8사단은 해안분지(Punch Bowl)에서 차량 편으로 대전을 거쳐 작전지역에 도착하도록 했다. 이후 11월 26일부로 서남지구 전투사령부로부터 공비 토벌 임무를 인수하여 후방 주민을 괴롭히고 병참선을 위협하는 공비들을 토벌하기 위한 과감한 작전을 준비했다.

백(白)야전전투 사령관과 참모들은 4단계의 공비토벌작전을 계획했다. 제1단계는 1951년 12월 2일부터 10일까지로 지리산의 공비거점을 공격하는 단계로 정한 반면, 12월 30일까지로 계획된 제2단계는 경남과 전북 지역의 공비 거점도 공격하고, 제3단계는 1952년 1월 30일까지 제1, 2단계의 작전지역을 다시 수색하도록 했으며, 제4단계는 잔적을 소탕하는 단계로 계획했다. 지리산 인근 지역에서 활동하던 공비를 약 3,800여명으로 추산한 백선엽 소장은 민심을 얻지 못하면 공비토벌작전이 성공할 수 없다는 판단을 하고, "국민을 애호(愛好)하고 치안을 확보해 달라"는 김성수 부통령의 간곡한 부탁을 마음에 간직하면서 "절대로 민폐(民弊)를 끼치지 말라"는 지시를 하달했다. 백 사령관은 공비들로부터 온갖 피해를 입고 있던 민간인들의 마음을 얻지 못하면 공비에 관해서 필요한 정보를 획득하는 것이 사실상 불가능하다는 점을 잘 알고 있었기 때문이다.

백 야전사령부는 1951년 12월 2일 "토끼몰이" 개념의 공비토벌 작전을 개시하여 1952년 3월 14일 이를 마감했다. 제8사단을 지리산 북쪽 남원, 운봉, 함양 지역으로 수도 사단을 지리산 남쪽 구례, 하동, 진주 지역에 투입하여 1951년 12월 14일까지 실시한 제1단계 작전에서 백 사령부는 공비 사살 1,715명, 생포 1,710명, 귀순 132명과 다량의 무기와 식량을 노획하는 전과를 기록했다. 수도사단과 제8사단을 지리산 주변의 덕유산, 운장산, 내장산, 백양산 등으로 분산된 공비를 토벌하도록 하고, 서남지구 전투사령부로 하여금 지리산의 잔당을 토벌하게 한 제2단계 작전(1951. 12. 16.~30.) 종료까지 백 야전사령부는 4,000여 명의 공비를 사살하고, 4,000여 명의 공비를 생포하는 전과를 기록했다. 수도사단과 제8사단을 지리산, 백운산, 덕유산에 동시에 투입하여 공비 잔당을 토벌한 제3단계 작전(1952. 1. 4.~30.)에서 백 야전사령부는 김지회, 이현상, 이영회 등 많은 지도급 공비를 사살하고 생포하는 전과를 거두었으며, 수도사단과 서남지구 전투사령부가 실시한 제4단계(1952. 2. 4.~3. 14.)에서는 주로 지리산 주변 고지의 소탕작전과 반복수색을 실시했다.

공비 토벌작전의 전과가 늘어날수록 공비들에게 보복 당할 우려를 갖지 않게 된 주민들의 협조도 증대되어 더 많은 전과를 거둘 수 있게 되어 제4단계 토벌작전을 마친 후에는 1만 6천여 명의 공비가 사살, 생포되거나, 투항했고, 3,000여 정이 넘는 각종 무기도 노획하는 전과를 기록했다. 전방 사단을 투입하여 과감하게 실시한 지리산 공비토벌작전은 대단한 성공을 거두면서 국군의 전투역량을 증진시키고 이를 과시한 무형적인 전과까지도 획득했다.

공비토벌작전에서 미군과 국군의 과감한 결심이나 전폭적인 지원도 눈에 띄었으며, 이 작전에서 보여준 백선엽 사령관과 참모들의 판단과 구상은 높이 평가할 만했고, 이를 수행한 국군 장병들의 기개 또한 매우 높았다. 공비들이 은폐나 엄폐할 수 없는 겨울에 작전을 수행한 미군과 국군 지도부의 결심이나 민심을 얻지 못하면 작전 자체가 성공하기 어렵다는 현지 사령관의 판단도 그렇고, '토끼몰이'식 반복 수색작전을 구상한 지휘관이나 참모들의 판단 역시 매우 적절했으며, 추운 겨울 험준한 산악을 누비면서 작전을 수행한 장병들의 노고 역시 대단했다. 이 토벌작전을 통하여 국군과 유엔군은 후방의 안전을 확보했고, 국군은 전투력이 강화되었다. 특히 백 야전사령부는 발전적으로 해체되어 1952년 4월 5일부로 제2군단으로 발족되어 제3, 6, 수도사단을 배속받아 금성지역에 투입되었다. 또한 백선엽 사령관은 1952년 1월 20일에 중장으로 진급되는 개인적인 명예까지 주어졌다. 실로 지리산 공비토벌작전은 여러 면에서 명실(名實)공히 성공적인 작전이었다.

51
크리스마스 고지 전투

일　　시 1951. 12. 25. ~ 12. 29, 1952. 2. 11. ~ 2. 13.
장　　소 강원도 양구군 방산면 천미리 일대
교전부대 국군 제7사단 제3연대 vs. 중공군 제204사단 제614연대
특　　징 치열한 고지 쟁탈전에서 지휘관의 뛰어난 지휘능력과 병사들의 투지가 이끌어낸 국군 제3연대의 승전

강원도 양구 북방 문등리 계곡 서쪽 어은산(1,250고지)과 백석산(1,142고지) 사이 남북으로 이어진 두 개의 1,090고지 부근에서 국군 제7사단 제3연대 제1대대와 중공군 제204사단 제614연대 주력이 펼친 크리스마스 고지 전투는 교착된 전선에서의 고지 쟁탈전이 얼마나 치열했던가를 보여준 전례다.

1951년 7월 10일 휴전회담을 시작한 유엔과 공산측은 그 해 11월 27일 당시 접촉선을 군사분계선으로 설정하고, 그로부터 1개월 내에 휴전이 성립되면 이 선을 군사분계선으로 확정하기로 한 조건부 휴전에 동의했다. 이로부터 양측은 당시 접촉선을 진지화하는 작업에 착수하였기 때문에 서해안의 임진강 하구에서 동해안의 남강 하구에 이르는 전선은 비교적 평온함을 유지했으며, 이 기간 동안에 국군은 제8, 수도사단으로 백 야전사령부를 편성하여 과감한 지리산 공비토벌작전을 수행하였다. 그러나 국군이 어은산 남쪽 고지(890-1,218-984고지)군을 따라

구축된 중공군 주저항선의 핵심진지인 1,218고지 남쪽 500m 지점에 위치한 무명고지(1,150m)를 장악하고 있었기 때문에 중공군은 이를 눈의 가시와도 같이 간주한 것으로 보였다.

그리하여 중공군은 이 고지를 장악하기 위하여 1951년 크리스마스 날 18시경 대대적인 공격을 개시했다. 이 고지 정면을 압박하면서 동·서 양 측방으로 병행 공격하여 후방 퇴로 및 증원을 차단하는 공격방법을 택했다. 중과부적의 국군은 고지의 경계병력(2개 소대)을 철수시킴으로써 중공군이 이 무명고지를 점령했다. 이로부터 12월 28일까지 밤에는 중공군이, 낮에는 국군이 이 고지를 장악하는 공방전이 전개되었으나, 결국 국군이 이 고지를 장악했다. 나흘간의 공방전에서 제7사단 제3연대 제1대대는 많은 전과(사살 172명, 포로 5명, LMG 2정 등 무기와 장비 획득)를 거두었으나, 22명이 전사하고 21명의 실종자와 109명의 부상자가 발생하는 피해 역시 감수해야만 했다. 전 전선이 거의 평온을 유지한 가운데 크리스마스 연휴 기간 동안에 쟁탈의 대상이 된 이 무명고지에는 크리스마스 고지라는 별칭이 부여되었다.

한 달간의 유예기간 동안 포로교환 원칙에 합의하지 못한 양측은 1952년에 접어들면서 다시 전투를 지속했다. 크리스마스 고지 부근도 예외가 될 수 없었다. 중공군은 1월 3일, 9일, 15일 등 이 고지를 탈취하기 위하여 공격을 해왔으나, 국군은 이를 격퇴하고 중공군의 출혈을 강요했다. 1952년 2월에 접어들면서 유엔군은 참호 속에서 웅크리고 있던 중공군을 밖으로 끌어내어 유엔군이 보유한 막강한 화력으로 이를 소멸시키려는 '유인 작전'(Operation Clam Up)을 실시하도록 지시했다. 국군 제7사단도 미 제10군단의 지시에 따라 중공군이 그토록 장악하기를 원하는 크리스마스 고지를 미끼로 중공군을 호 밖으로 끌어내어 이를 격멸하려는 작전을 실시했다. 이와 같은 과정과 동기로 전개된 공방전이 크리스마스 고지 전투인 셈이다.

작전 명령을 받은 제7사단 제3연대 제1대대는 제1중대를 1,090고지

(북), 제2중대로 하여금 그 북쪽의 무명고지, 제2중대 1개 소대를 그 북쪽의 크리스마스 고지를 확보하고, 제3중대를 남쪽의 1,090고지에 배치했다. 2월 11일 중공군은 크리스마스 고지에 대해서 탐색공격을 해왔다. 그러나 크리스마스 고지에 있던 병력이 아무 대응도 없이 침묵만 지키자, 이에 의심을 품은 중공군은 공격을 멈추고 박격포 사격만 퍼부었다. 이에 제1대대장은 크리스마스 고지의 소대를 본대에 합류시켜 중공군이 이 고지를 점령하도록 방치했다. 크리스마스 고지를 점령한 중공군은 남쪽으로 공격하려 했으나, 설치된 지뢰가 폭발하자 다시 철수하고 크리스마스 고지마저 포기하고 말았다. 대대장은 빈 고지에 병력을 추진했다가 다시 철수시켰고, 이를 다시 점령한 중공군은 2월 12일 1,090고지 전방의 무명고지로 공격을 감행했다. 여기에 배치된 제2중대는 이를 고수하여 중공군은 공격을 중단한 채 크리스마스 고지만을 장악하려 했다.

중공군을 유인하여 이를 격멸하려는 아군의 의도가 드러난 이상 크리스마스 고지를 다시 장악할 필요가 있다고 판단한 대대장은 제2중대장에게 이의 탈환을 명령했고, 중대장은 18명의 특공대를 투입하여 2월 13일 11시 이를 탈환하고 1개 소대 이상의 중공군을 격멸했다. 무명고지를 지켜내고 크리스마스 고지를 탈환한 제2중대는 9명의 전사자와 9명의 부상자가 발생하는 피해를 입었으나, 중공군 40여 명을 사살하고 SMG 4정을 포함한 무기를 노획하는 전과를 거두었다. 그 이후에도 수차례의 중공군의 공격이 있었으나, 국군은 이를 계속 확보했다.

보잘것없는 바위에서 벌어진 크리스마스 고지 전투는 양측에게 많은 피해를 안겨주어, 교착전선에서의 고지 쟁탈전이 얼마나 어려운가를 실증해주었다. 중동부 산악지역에서 치른 크리스마스 고지 전투는 다른 지역의 고지 쟁탈전과 더불어, 국군과 유엔군이 당시의 전선을 유지하기 위하여 얼마나 많은 피와 땀을 흘렸는가를 말해주었다. 또한 이를 위해서 초급 지휘관들의 지휘능력과 병사들의 투지가 얼마나 소중한가를 보여준 전례가 아닐 수 없다.

52

수도고지 및 지형능선 전투

일 시 1952. 7. 8. ~ 10. 25.
장 소 강원도 금성군 일남면 일대
교전부대 국군 수도사단 vs. 중공군 제35사단
특 징 약 3개월 동안 지속된 치열한 고지쟁탈전에서 국군 수도사단이 성공적으로 수행한 방어전투

휴전회담이 진행 중이던 상황에서 전선의 교착상태는 공산군에게 야전축성 및 공격준비에 집중할 수 있는 시간을 제공하였다. 이 시기에 판문점에서 속개된 휴전회담에서 포로의 자유송환을 주장하는 아군과 강제송환을 고집하는 적의 주장이 맞서 휴전회담이 결렬될 위기에 처하자, 적은 국군의 정면에 대하여 강력한 국지 공격을 가하였다. 적의 작전기도는 장차 작전에 발판이 될 중요지형의 탈취를 목표로 하여 아군 방어선의 전초진지를 점령하고, 주진지를 위협하는 동시에 그들의 정찰을 용이하게 하면서 아군의 수색활동을 방해하는 한편, 휴전회담을 유리하게 진전시키는 데 있었다.

수도고지 및 지형능선은 금성 동남방 약 10km, 화천 북방 40km에 있는 해발 500~700m 정도의 고지 및 능선으로서 대부분 동서로 연하여 횡격실을 이루고 있는데, 북쪽은 경사가 완만하여 접근이 용이하나 남쪽은 급경사로서 적에 비하여 아군의 기동이 곤란한 지형이었다. 남

쪽에는 금성천이 동쪽으로 흘러 북한강과 합류하는데, 당시 폭우로 인하여 도섭이 불가능하였다.

수도고지는 적 진지인 747고지로부터 감제당하고 있었으나, 663고지로부터 507고지에 이르는 적의 접근로를 통제할 수 있고, 좌수동 일대의 넓은 계곡에 대한 관측이 용이하였다. 따라서 아군의 주저항선을 방호하고, 적의 수색 · 정찰활동을 방해하기에 유리한 지형이었다. 수도고지는 1951년 10월 말 국군 제6사단이 탈취한 이래 1개 소대를 배치하여 방어하여 왔으며, 이 전투가 개시되기까지 약 3회에 걸쳐 중대규모 이상의 적 공격을 받았으나 격퇴시킨 바 있다.

지형능선은 손가락 모양의 능선으로, 주저항선으로부터 약 1km 전방에 위치하였다. 적 진지인 747고지로부터 감제당하고 있었으나, 575고지 및 쌍령동 일대의 감제관측이 가능하며 690고지로부터 504고지에 이르는 적의 접근로를 통제할 수 있었다. 그러나 수도고지 및 지형능선의 확보 여부가 피아의 방어임무 수행에 결정적인 영향을 미치는 것은 아니었다. 하지만 당시의 휴전을 앞두고 휴전선 설정 문제와 관련, 한 치의 땅을 다투는 상황 하에서는 어떠한 희생을 치루더라도 사수해야만 하였다.

국군 제2군단은 금성-북한강지역에 국군 제6, 수도, 3사단을 배치하여 방어를 하고 있었다. 중앙의 수도사단은 금성천 북방 교암산(轎岩山) 서북방에서 북한강에 이르는 지역을 방어하면서 좌측의 지형능선(指形稜線)과 우측의 수도고지(首都高地)를 확보하여 여기에 전초 진지를 구축하였다. 수도사단 정면에는 중공군 제12군 예하 제35사단이 대치하고 있었으며 이 사단은 산악전과 유격전에 능숙하다는 평판을 받고 있었다.

8월 6일 20시 중공군은 수도고지에 대한 공격을 개시하였다. 수도사단 제26연대 제11중대는 중공군의 공격을 격퇴하였으나, 고지를 내주고 철수하였다. 연대는 역습을 실시하여 고지를 탈환하였으나, 8월 6일 다시 탈취당했다. 9월 6일 19시 중공군은 수도고지에 대한 공격을 재개하였다. 제26연대 제5중대는 분전하였으나, 수도고지에서 철수하였다. 이에 제26연대는 6차에 걸쳐서 고지의 탈환을 시도하였으나 실패하였다. 사단은 제1연대 2개 중대를 투입하여 9월 9일 20시 역습을 감행하여 23시에 고지를 다시 탈환하여 이를 고수하였다.

중공군은 9월 6일 18시 40분 좌측 기갑연대가 지키고 있던 지형능선을 공격하였다. 능선을 지키던 중대는 수명의 생존자만이 철수하고, 능선은 중공군의 수중에 넘어갔다. 기갑연대는 9월 6일 21시 30분부터 6차에 걸친 역습을 감행하였으나, 능선을 탈환하지 못하고 9월 14일 새벽 실시한 역습으로 능선을 다시 탈환하고, 중공군의 역습도 격퇴하였다. 중공군은 10월 6일부터 4일 동안 지형능선과 수도고지에 대한 공격을 재격퇴하였다. 이 공방전에서 수도사단은 지형능선 좌전방 고지(575고지)를 중공군에게 내주었으나, 지형능선과 수도고지를 고수하고, 10월 25일 군단 지시에 의하여 방어 진지를 국군 제8사단에게 인계한 다음, 미 제8군의 예비로 전환되었다. 수도사단은 수도고지와 지형능선을 확보한 후 이들 고지에 대한 중공군의 공격을 격퇴하여 유리한 방어선을 유지하였다.

수도사단이 수도고지와 지형능선을 확보하기 위해 1952년 7월 8일부터 시작되어 3개월이 넘는 기간 동안 수행한 수도고지 및 지형능선 쟁탈전은 수도사단의 승리로 끝이 났다. 중공군은 2,300여 명이 사살되었고, 3,000여 명이 부상된 것으로 추정되는 피해를 입었으며, 수도사단은 971명이 전사하고 3,120명의 부상자와 167명의 실종자가 발생되는 피해를 입었다. 두 개의 고지에 대한 쟁탈전에서 9,500여 명의 피해가 발생하여 고지 하나를 지키고 이를 탈취하려는 대가가 얼마나 큰가를 보여 주었다.

53
벙커고지 부근 전투

일　　시　1952. 8. 9. ~ 8. 16.
장　　소　경기도 연천군 백학산 일대
교전부대　미 제1해병사단 vs. 중공군 제118, 194사단
특　　징　서부전선의 낮은 전초고지를 둘러싼 7차례의 치열한 쟁탈전에서 미 해병사단의 성공적인 공격작전

1952년 7월 초 미 제1군단의 좌측 사단으로 김포-판문점-사미천 지역을 방어하고 있던 미 제1해병사단장 셀든(John T. Selden) 소장은 8월까지 국군 제1해병연대와 예하 3개 보병연대를 주기적으로 교대하면서 주저항선에 대한 방어에 주력하였다. 이 시기에 미 제1해병사단이 점령한 주저항선은 적이 점거한 대덕산(236고지) 일대의 고지군에서 대부분 감제되는 해발 150m 정도의 낮은 구릉이 대부분이었으며, 그 가운데에서 판문점 동남 5km 지점의 백학산(229고지)이 유일한 고봉으로 주진지상의 요충지였다. 미 제1해병사단은 이를 방어하기 위해서 그 전방에 견고한 전초 진지가 필요하였다. 한편 중공군 제40군 예하의 제118사단은 제352, 354연대를 전방에 배치하고, 제65군 소속의 제194사단 예하 제180연대와 연계하여 아군의 점령지역을 공격하였다. 특히 적은 백학산을 목표로 공격을 집중하였기 때문에 대덕산과 백학산에 이르는 약 5km 지역, 즉 사단 중앙에 배치된 미 제1해병연대 제2대대 지역

의 전초진지인 벙커고지(122고지), 58고지, 56고지가 격전장이 되었다.

8월 9일 01시 경에 적은 제1해병연대의 전초진지 일대로 기습공격을 개시하였는데, 이때 1개 소대 규모의 적이 58고지 일대로 기습공격을 감행하여 이 고지를 일거에 유린한 다음 지속적으로 주저항선까지 밀고 내려왔다. 이를 계기로 이 58고지 일대에서는 중공군과 미 해병사단 사이에 약 3차에 걸쳐 치열한 공방전이 전개되었는데, 약 2일간에 걸친 초기 공방전의 결과 중공군이 58고지를 차지하였다. 이 초기 전투에서 미군이 58고지를 적에게 빼앗긴 가장 중요한 이유는 이 고지가 적으로부터 감제되었기 때문이었으며, 그 결과 3차에 걸친 쟁탈전에서 아군이 탈환하는 경우에도 즉시 적의 포격에 노출되어 많은 희생자를 내고 즉시 후퇴할 수밖에 없었던 것이다. 따라서 근본적인 문제를 해결하기 위해서 아군은 적이 58고지를 감제하는 전초고지인 서남방 1km 지점에 위치한 벙커고지를 확보해야 했다.

이에 따라 드디어 8월 11일 새벽에 미 제1해병연대 제2대대장의 작전 지휘아래 B중대가 주공, D중대가 양공의 임무를 띠고 제2대대장의 작전 지휘아래 122고지에 대한 기습공격이 시작되었다. 이 공격에서 B중대의 선두소대가 적의 경미한 저항을 제압하면서 고지 정상까지 돌진하여 적과 치열한 접전을 전개하는 동안, 다른 소대가 고지 우측에서 적을 격퇴함으로써 고지 전체를 장악할 수 있었다. 날이 밝아오자 B중대는 정상 주변에 참호를 보강하는 등 진지를 강화하였으나, 적의 집중적인 포격이 가해져서 아군에 많은 인명피해가 발생하였다. 또한 19시경에는 약 2개 중대 규모의 적이 B중대를 정면에서 공격하면서 압박하였다. 다행히 I중대의 지원으로 적의 공격을 격퇴하였으나, 이날 야간전투에서 B중대가 입은 인명 손실은 심각한 수준이었다.

이때 미 제1해병사단장은 122고지의 중요성을 파악하고, 이를 효율적으로 방어하기 위해서 1개 정찰소대를 122고지 서남 1km 지점에 위치한 124고지에 배치하고, 또한 사단 보충대 전 병력과 제7연대 제3대대 잔여병력, 그리고 각종 지원포와 기관총 등을 제1연대 지역에 투입하였다. 또한 사단에 배속된 노무대원들을 동원하여 진지보강에 필요한 자재들을 고지로 추진하고, 참호 보강공사를 지원토록 하였다.

적은 8월 13일 자정부터 다시 공격을 개시하였는데, 가장 먼저 고지 동쪽 2대대 F중대의 전초진지와 주저항선에서 격전이 전개되었다. 그런데 미 제1해병연대 병사들의 고전분투에도 불구하고, 적이 지속적으로 병력을 증강하면서 다양한 방면에서 공격을 개시함에 따라 점차 I중대 일대로부터 아군 방어선이 무너지기 시작했다. 상황이 이처럼 급박하게 전개되자 제3대대장은 각각 제5, 7해병연대에서 증강된 병력들을 벙커고지에 투입하여 방어선을 틀어막으면서 적과 최후의 결전을 벌였다. 다행히 아군의 효과적인 증원으로 인해서 벙커고지 정상 주변의 사태는 호전되어 제1해병연대가 주축이 된 아군은 적을 격퇴하기 시작했으며, 포병연대와 전차대대가 철수하는 적에게 포격을 집중하여 적의 인명피해를 강요하였다.

하지만 벙커고지에 대한 적의 공격은 8월 14일부터 16일까지 지속되었는데, 이 시기의 적의 공격은 먼저 소규모 특공부대에 의한 침투가 실시되고, 이어서 돌파된 아군 방어진지에 대한 증강된 공격 순서로 진행되었다. 이 과정에서 미 제1해병연대의 장병들은 공격하는 적과 백병전까지 펼치는 여러 차례의 고비를 모두 넘겼으며, 또한 공격 전후에 노출되는 적에 대해서 대규모 포격을 가해서 적에게 심각한 인명손실을 강요하였다.

결국 미 제1해병사단은 8월 9일부터 16일까지 벙커고지에 가해진 7차에 걸친 적의 공격을 혈전 끝에 성공적으로 격퇴하여 전초진지를 지키고, 주진지를 성공적으로 방어하는데 성공하였다. 이 전투에서 미 제1해병사단의 지휘관들은 적의 공격이 집중된 제1해병연대에 사단 예비대와 인접연대의 예비 병력들까지 지원하여 적의 공격에 즉각적으로 대처할 수 있도록 조치하였다. 또한 아군은 강력한 포병지원과 적절한 항공

지원에 힘입어 적의 집요하고도 축차적인 공격을 격파할 수 있었다. 벙커고지 전투는 비록 낮은 전초진지를 차지하기 위한 공간상으로 제한된 소규모의 전투에 불과했지만, 적은 전사 580명, 부상 1,500여명의 피해를 입었고, 미 해병도 전사 92명, 부상 529명의 희생을 치를 정도로 격렬하고 치열한 전투였다.

54
백마고지 전투

일 시	1952. 10. 6. ~ 10. 15.
장 소	강원도 철원군 철원읍 무명 395고지
교전부대	국군 제9사단 vs. 중공군 제38군
특 징	중공군 제38군의 무명 395고지에 대한 공격을 성공적으로 제압하고, 이 고지를 굳건히 지켜낸 국군 제9사단의 통쾌한 승전

백마고지(白馬高地) 전투는 오늘날까지 명실 공히 6·25전쟁에서 한국군이 치룬 수많은 전투 중에서 가장 치열했던 전투의 대명사로 알려져 왔다. 철원평야 서쪽 끝에 위치한 작은 능선 하나를 차지하기 위해 시작된 이 전투에서는 국군 제9사단과 중공군 제38군이 뺏고 빼앗기는 사투를 벌인 끝에 국군 제9사단이 이 고지를 굳건하게 확보한 채로 끝났다. 이 과정에서 중공군은 전사자 8,234명을 포함한 14,389명의 인명손실을 입었고, 국군도 약 3,416명의 사상자가 발생하였다. 또한 이 전투를 수행하는 과정에서 피아간에 발사한 포탄이 약 274,000여발(적군 55,000여발, 아군 219,954발)에 달했고, 미 제5공군도 총 754회를 출격하여 지원하였다. 그런데 이처럼 이 전투가 시작되기 전에는 이름조차 없었던 무명 395고지와 능선에 이토록 많은 병력과 화력이 투입되고, 엄청나게 많은 인명손실이 발생할 정도로 치열한 전투가 벌어졌던 이유는 무엇일까?

백마고지는 강원도 철원 북서쪽 12km 지점에 위치한 고암산과 효성산이 교차하여 남동쪽으로 흐르는 능선의 끝자락에 자리 잡은 돌출 고지이다. 이 무명 395고지는 1952년의 전선이 고착된 상황에서 유엔군과 공산군 사이에 가장 중요한 목표로 떠올랐던 철의 삼각지대를 감제하는 중요한 지형지물로 등장하면서부터 양측의 관심을 받기 시작했다.

그런데 이 무명의 고지를 누가, 언제, 왜 '백마고지'라고 명명했는지에 대해서는 아직까지 알려진 바 없다. 흥미로운 사실은 1952년 10월 이전에는 이 무명고지에서 대해서 '백마고지'라는 명칭을 사용하지 않았다는 점이다. 국군 제9사단이 철원 지역으로 진출하여 미 제3사단으로부터 이 지역을 인수한 1951년 10월 이후 줄곧 이 지역에서의 전투는 '395고지 수색전' 또는 '395고지 전초전' 등으로 표기하였다. 또한 실제로 전투가 시작되기 직전인 1952년 10월 10일 이전까지 표기된 모든 기록이 '395고지'라고 명시한 것으로 볼 때, '백마고지'라는 명칭이 어떻게 생겨난 것인지에 대해서 더욱 의혹을 갖게 하는 부분이다.

일반적으로 알려지기에는 작전 기간 중 포격에 의하여 산 정상의 수림이 다 쓰러져 버리고 난 후에 나타난 산의 형태가 마치 누워 있는 백마처럼 보였기 때문에 백마고지라고 붙여지게 되었다고 하기도 하고, 또한 외신 기자들이 수많은 조명탄 투하로 인해서 하얀 낙하산 천에 뒤덮인 산의 지세를 보고 이를 형용하여 별명을 붙인 데서 비롯되었다고 하는 등 다양하지만, 어느 것도 확실한 것은 없다. 이처럼 '백마고지'라는 명칭의 유래는 모두 불확실하지만, 1952년 10월 11일부터 국내외의 주요 신문과 방송, 그리고 군사작전 보고서에 '백마고지'라고 등장한 무명 395고지는 사방이 고작 2km 내외의 한정된 지역에 불과했지만, 피아 모두 군단급 규모의 병력과 장비를 투입하여 반드시 차지하려고 혈투를 벌였던 치열한 전장이었다.

1951년 7월 10일 개성에서 시작된 휴전회담은 군사작전이 아닌 정치적 회담을 통해서 '명예로운 휴전'을 추구하겠다는 유엔측과 공산측의 팽팽한 기 싸움 때문에 1952년 여름에 이르기까지 여러 차례 결렬과 재개를 반복하고 있었다. 특히 포로교환 방식을 둘러싼 양측의 의견대립은 자칫 회담이 시작된 그 자체를 무색하게 할 정도로 해법이 없어 보였다.

이와 같이 휴전회담장에서 별다른 진전이 없는 상황이면 유엔군과 공산군 모두 그 해법을 다시 전장(戰場)에서 찾으려고 했다. 중공군은 휴전회담을 자신들에게 절실히 필요한 부대의 재편, 전투력 증강 및 진지 강화에 필요한 시간을 얻기 위한 수단으로 이용하고 있었다. 반면에 유엔군은 교착된 휴전회담을 진척시키기 위해서 전선의 확대보다는 현 방어선의 개선에 중점을 둔 제한된 공격을 재개하면서, 적을 회담장으로 복귀하도록 군사적 압력을 가하려 하였다. 이러한 대표적인 사례가 바로 서부 전선의 주저항선을 10km나 전진시켜 금성 부근까지 밀고 올라간 코만도 작전(Operation Commando)이었다.

한편 유엔군의 군사적 압력에 밀려 공산군이 다시 휴전회담에 복귀하는 상황이면, 전선은 다시 소강상태에 접어들곤 하였다. 이처럼 전선이 고착된 상황에서는 전체적인 전황에 크게 영향을 미치지 않는 범위에서 소규모의 정찰전, 포로 획득을 위한 습격과 이를 저지하기 위한 매복작전, 그리고 유리한 전초기지를 확보하기 위한 국지적인 고지 쟁탈전 등이 전개되었다. 이러한 소규모의 국지적인 충돌은 적과의 접촉을 유지하는 과정에서 생겨나는 피할 수 없는 상황이었지만, 한편으로는 장병들에게 지속적으로 화약 냄새를 맡게 하여 부대의 전투력을 최상의 상태로 유지하려는 의도도 내포되어 있었다.

이처럼 전선이 교착된 상태에서 피아간의 교전은 비교적 일정한 양상으로 전개되었다. 어느 한쪽이 한 곳에서 밀고 올라가면, 반드시 상대방이 동일 지점이나 혹은 바로 인접한 지역에서 반격하는 형태, 즉 일종의 앙갚음이나 보복의 성격이 강한 공방전이 전개되었던 것이다. 공산군이 주로 야간에 다수의 병력을 동원하여 아군의 전초진지를 공격하여 점령하면, 화력과 기동력에서 우세한 아군은 보병 · 전차 · 포병의 협조된 주간 공격으로 잃었던 전초진지를 탈환하곤 하였다. 또한 양측 모두 동원 가능한 수백여 문의 포를 작은 고지에서 벌어지는 고지 쟁탈전에 지원하여 수만 발의 포탄이 집중되고, 투입 병력의 규모도 분대에서 소대 · 중대 · 대대로 확대되어 결국은 제한된 공간에 더 이상의 부대 전개가 곤란하게 될 때까지 병력이 투입되어 결전이 전개되곤 하였다. 그런데 이러한 전투가 벌어진 전초기지가 전술적으로 중요한 경우도 많았으나, 피아 모두 '부대의 명예'를 걸고 진지를 사수한다는 정신력을 앞세움에 따라 대부분의 전투가 극도로 치열한 의지의 대결로 전개되곤 하였다.

한편 전선에서 치열하게 피아의 전초진지를 둘러싸고 고지 쟁탈전이 전개되는 동안 휴전회담은 1952년 초까지도 여전히 포로교환 의제를 둘러싸고 양측의 주장이 날카롭게 대립하여 타협의 실마리를 풀지 못하고 있었다. 이렇듯 전선 상황과 휴전회담이 모두 교착되자, 유엔군측은 이를 타개하고 포로교환 문제를 포함한 소위 '일괄 타결안'을 1952년 4월 28일에 제안하는 등 협상 타결을 위해 모든 노력을 경주하였다. 그러나 공산측은 그들의 상투적인 수법인 정치적 음모를 책동하였으며, 이 과정에서 '세균전 선전', '거제도 포로 폭동사건' 등과 같은 사건들을 일으켜 서방세계의 단결을 와해시키려 하였다. 이에 대한 대응책으로 유엔군측은 다시 동원가능한 해군과 공군력을 총동원하여 적의 병참선을 차단하는 작전을 전개하였다. 스트랭글 작전(Operation Strangle), 새튜레이트 작전(Operation Saturate), 에어 프레셔 작전(Operation Air Pressure) 등은 적의 주보급로 및 보급 시설에 대한 대규모 폭격과 함포 사격, 그리고 원산, 흥남 및 진남포와 같은 주요 항구의 봉쇄에 역점을 두었다. 이러한 유엔군 해 · 공군의 압력은 1952년 6월 말에 수풍호, 부전호 및 장진호 등에 대한 발전시설 폭격으로 그 절정을 이루었다.

한편 전선에서도 1952년 6월에 접어들면서 교착된 전선에 점차 고지 쟁탈전이 치열해지기 시작했다. 이 시기에 미 제45사단이 철원 서측방의 역곡천 주변에 위치한 11개의 목표를 탈취하기 위하여 실시한 6월 6일부터 28일까지 약 23일간 카운터 작전(Operation Counter)을 실시하여 모두 점령하였다. 7월에 접어들어서는 장마와 홍수로 인해서 서부전선의 불모고지와 동부전선의 351고지에서 공방전을 제외하고는 별다른 전투는 없었고, 7월 11일에는 유엔 공군기 1,234대가 대규모로 평양폭격을 실시하기도 하였다. 한편 8월에도 여전히 장마의 영향을 받아 전선은 소강상태를 유지하였으나, 미 제2사단이 불모고지에서, 국군 수도사단은 수도고지에서 각각 고지쟁탈전을 전개하였다. 또한 9월에 접어들자 수도고지, 지형능선, 불모고지 등에서 피아간에 본격적으로 격렬한 고지 쟁탈전이 전개되었다. 이처럼 점차 전선의 상황이 급박하게 전개되는 가운데, 피아 모두 철원 서북방의 철의 삼각지대의 중요성을 다시 평가하시 시작했다.

1952년 9월 말이 되자 철원-금화 지구의 중서부전선에서는 미 제9군단이 국군 제9, 7사단과 미 제2사단을 전방에 배치하고, 미 제40사단을 예비로 확보하여 중공군 제15, 38군과 대치하고 있었다. 여름동안에는 별다른 접전 없이 소강상태로 지속되던 중서부 전선은 가을로 접어들면서 적군이 아군의 전초 기지에 대해서 전면적인 선제공격을 전개하면서 바빠지기 시작한 것이다. 따라서 국군과 유엔군도 이에 맞서 규모는 제한적이었지만, 적극적인 공세로 맞섬으로써 점차 치열한 고지 쟁탈전이 전개되기 시작했다.

이 기간 중에 미 제9군단 좌익의 국군 제9사단이 10월 6일부터 백마고지에서 혈전을 벌였고, 또한 같은 날부터 좌인접 미 제2사단에 배속된 프랑스 대대가 중공군 1개 연대로부터 화살머리 고지 공격을 받았으나 지원화력의 엄호 아래 치열한 근접전까지 수행하여 이 고지를 확보하는데 성공하였다. 한편 군단 우익에서는 백마고지에 대한 적의 공세에 대응하여 국군 제2사단과 미 제7사단이 10월 14일부터 김화 북쪽의 저격능선과 삼각고지를 선제공격하기도 하였다. 따라서 1952년 10월에 미 제9군단 정면의 주요 전투는 철의 삼각지대에서 유리한 통제권을 확보하는데 목표를 두고 철원에서는 적이 백마고지를 선제공격하였고, 김화에서는 아군이 선제 공격을 감행하는 양상으로 전개되었다.

미 제9군단 좌익의 국군 제9사단은 좌로는 395고지, 우로는 중강리까지 약 11km 정면에서 철원평야를 방어하고 있었다. 사단 정면의 적은 중공군 제38군 예하 제114사단의 제340, 324연대가 배치되어 있었다. 이들은 다발총, 중기관총, 무반동총, 박격포 등으로 무장하고, 보급 상태도 양호하고 훈련 수준도 높은 것으로 판단되었다.

김종오 소장이 지휘하는 국군 제9사단의 주저항선은 대부분 철원평야를 가로지르는 개활지였으며, 다만 좌단의 395고지 부근만 구릉으로 이어져 있었다. 그러나 적이 효성산을 비롯한 북쪽의 유리한 고지들을 장악하여 사단 방어지역을 감제하고 있었기 때문에 전반적으로 아군의 방어는 취약하였다. 특히 주저항선 5km 전방에 위치한 봉래호는 작전지역을 가로지르는 역곡천을 범람시킬 수 있어 작전 진행에 큰 영향을 미칠 수 있었다. 작전기간 동안 기상은 대체로 청명하였으며, 야간에도 월광으로 인하여 비교적 관측이 양호하였다. 청명한 날씨는 아군의 항공지원에 유리하였다.

김종오 사단장은 9월 22일부로 사단 방어선의 좌전방에 제30연대, 우 전방에 제29연대를 배치하고, 제28연대를 예비로 배치하고, 배속 받은 제51연대도 대대 단위로 운용하면서 주저항선을 방어하였다. 이 중에서 백마고지 방어를 담당한 제30연대는 395고지에 제1대대, 중마산 일대에 제2대대, 역곡천 남안에 예비인 제3대대를 각각 배치하고 있었다. 국군 제9사단은 당시 적이 395고지를 탈취하여 철원평야를 제압하는 동시에, 차기 대공세를 위한 발판을 구축하며 철원을 중심으로 한 광범위한 지역을 통제함으로써 중부전선에서 전략적 이점을 확보하고 아군을 크게 위협하려는 것으로 판단하고 방어태세를 강화하였다.

이 무렵 전 전선에 걸쳐 적의 공세징후가 나타나기 시작하여 정찰과 경계를 강화하고 있던 10월 3일경에 중공군 군관 1명이 귀순하여, 중공군이 10월 4~6일 사이에 395고지에 대한 전면적인 공격을 감행할 것이라고 진술하였다. 이에 국군 제9사단은 395고지 방어 병력을 2개 대대 규모로 증강하고, 사단 예비연대에게는 즉시 역습에 임할 수 있도록 준비하라고 조치하고 더욱 정면에 대한 정찰활동을 강화하였다.

10월 6일 아침부터 국군 제9사단 정면에 포격을 집중하던 적은 봉래호 제방을 파괴하여 역곡천을 범람시키며 395고지 일대에 대한 아군의 기동에 제한을 초래한 다음, 19시 경부터 중공군 제114사단이 395고지에 대한 정면공격을 시작했다. 적은 국군 제340연대가 1개 대대를 고지 주봉에서 북으로 길게 뻗어 있는 능선으로 투입하고, 다른 1개 대대를 주봉으로 직접 투입하였다. 그러나 국군 제30연대는 이날 밤에만 약 3차에 걸쳐 전개된 공방전 끝에 적에게 많은 인명손실을 입히며 격퇴하였다.

다음날 다시 395고지에 대한 공격을 재개한 중공군은 2개 대대로 전초진지를 포위하면서 계속 압박을 가했으며, 국군 제30연대는 일시적으로 적에게 정상을 빼앗겼으나, 약 2시간 후에 사단장으로부터 역습 명령을 받은 제28연대가 성공적인 역습을 실시하여 이를 다시 탈환하였다. 제28연대는 주봉을 탈환한 즉시 적의 반격에 대비하여 진지 강화에 주력하였다.

한편 10월 8일 새벽에 395고지 전역에 안개가 자욱하게 깔리자 적은 제5차 공세를 전개하였다. 이 공격에서 적은 전날까지 제114사단의 공격이 여의치 않자, 중공군 제38군의 예비인 제112사단 제334연대를 투입하였다. 395고지 정상을 굳게 지키고 있던 국군 제28연대의 장병들은 새로운 적 부대의 공격을 맞이하여 사력을 다해 싸웠으나, 짙은 안개로 인해서 포병 및 항공지원을 제대로 받을 수 없게 되자 08시 10분경에 고지 정상을 적에게 빼앗기고 말았다. 상황이 이렇게 급박하게 전개되자 사단장 김종오 소장은 17시에 제28연대 제3대대를 다시 투입하여 새로운 반격작전을 개시하였다. 제3대대는 적의 거센 저항에 부딪쳐 무려 8시간에 걸쳐 진행된 전투 끝에 23시경에 다시 고지 정상을 탈환하는데 성공하였다.

그러나 약 다섯 차례에 걸쳐 진행된 밀고 밀리는 공방전에서 국군 제28연대와 제30연대는 거의 재편성이 불가피할 정도로 많은 병력 손실을 입었음이 밝혀졌다. 따라서 사단장은 적 포로의 진술을 기초로 적의 공격이 당분간 계속될 것이라고 판단하고, 사단에 배속된 국군 제51연대를 우측 일선에 투입하고, 제29연대를 395고지에 운용할 복안으로 예비대를 일대 전환하였다.

중공군의 또 다른 공격이 개시된 것은 국군 제9사단의 예하부대 임무전환이 채 끝나기도 전인 10월 9일 밤이었다. 자정부터 시작된 이 공격에서 중공군 제334연대는 약 3시간에 걸친 파상공격 끝인 새벽 03시경에 395고지 정상과 그 우측 능선의 일부를 다시 수중에 넣는데 성공하였다. 날이 밝자 국군 제9사단은 적이 점령한 고지 정상에 17,700여 발의 포탄과 항공기에 의한 화력을 집중투하하고, 이날 밤에 제29연대가 주공을 맡는 역습을 전개하였다. 이 역습에서 제29연대는 적의 완강한 저항을 물리치고, 자정 무렵에 다시 고지 정상을 탈환하는데 성공하였다.

그러나 시간이 얼마 지나지 않아서 중공군이 다시 반격을 개시하였다. 10월 10일 새벽에 적은 대규모 병력을 투입하여 395고지 정상을 향해 무차별적인 공격을 전개하였다. 그 결과 04시경에는 고지 정상의 능선에서 피아간에 수류탄 투척과 백병전이 전개되기 시작했다. 이처럼 몇 시간 동안 치열한 전투가 전개되었으나, 국군 제29연대 1대대가 주봉에서 9부 능선으로 철수한 후 다시 2대대의 증원을 받은 후 역습을 감행하여 06시 30분경에 다시 정상을 탈환함으로써 이날의 전투는 일단 락되었다.

전투가 진행되면 될수록 중공군도 결코 이 고지만은 양보할 수 없다는 기세였다. 결국 10월 11일 밤에 고지는 전세를 가다듬은 중공군의 공격에 의해 탈취되었으나, 다음날 아침에 다시 국군 제30연대가 제29연대를 초월공격하여 일시적으로 재탈환하였고, 이를 다시 중공군에게 빼앗기고 말았다. 이에 제28연대가 적과 밀고 밀리는 백병전을 10월 15일까지 계속한 끝에 다시 395고지 정상을 탈환하는데 성공하였다. 이어서 제29연대는 기세를 몰아 395고지 북쪽 낙타 능선상의 전초진지를 탈환함으로써, 중공군을 395고지 전체에서 완전히 몰아내었다. 수차에 걸친 이번 공격에서 거의 궤멸상태에 이른 중공군 제38군은 예하 사단을 축차로 철수시켜 전선에서 물러난 것으로 판명되었다.

결국 국군 제9사단은 10월 6일부터 중공군 제38군의 공격을 받아 실시한 10일간의 치열한 전투에서 7차례나 고지의 주인이 바뀌는 격전을 치루면서도 395고지를 굳건히 지켜내는데 성공하였다. 이 전투에서 중공군 제38군은 총 9개 연대 중 7개 연대를 투입하여, 그 중 10,000여명의 사상자를 낸 것으로 보고되었고, 국군도 약 3,500여명의 인명손실을 입었다. 국군 제9사단은 전투기간 중 적시 적절한 예비대의 투입 및 부대교대 등으로 부대원들에게 생기를 불어넣어 주었으며, 최악의 위기 속에서도 목표 탈취를 위한 투지로 부대 전 장병이 하나로 단결하였기 때문에 승리를 거둘 수 있었다. 또한 아군의 강력한 포병 및 항공 지원은 국군 제9사단이 어려움 속에서도 적을 제압할 수 있는 가장 중요한 밑거름이었다.

전쟁이 끝난 후에 백마고지의 혈전에 대해서 "왜 이렇게 작은 하나를 놓고 그렇게 많은 인명과 물자를 투입하여 치열한 혈전을 벌였는가? 그만한 가치가 있는가?" 등의 반문이 제기되곤 했다. 이에 대한 평가 역시 '그 손실에 비해서 전술적인 가치가 너무 적다'는 회의적인 견해와, '인해전술을 바탕으로 한 중공군을 격파하고 장쾌한 승리를 거둔 한국군의 대표적인 승리'라는 극찬이 동시에 존재한다. 이처럼 극찬과 회의적 평가가 동시에 존재하는 백마고지 전투는 다음과 같은 세 가지 측면에서 중요한 의미를 갖는다.

첫째, 395고지의 전략 및 전술적 중요성이다. 이른바 철의 삼각지대로 불리는 이 지역은 적과 아군 모두 중요하게 판단한 전략적 요충이었으며, 동서로 연결되는 주요 도로와 서울까지 연결되는 기계화 부대의 기동로가 모두 이곳에서 교차된다. 또한 중부전선 일원에 병력의 이합집산이 용이한 공간을 제공하며, 이 고지를 장악하는 쪽이 철원평야 서남부의 전술적 우위를 점하게 되는 것이었다. 따라서 만약 아군이 이 고지를 상실하였다면 철원평야 전체와 주요 도로를 모두 포기하고 약 4~5km 후방으로 물러서지 않을 수 없는 상황이었다. 결국 국군 제9사단이 무명 395고지를 굳건하게 지켜냈기 때문에 오늘날까지 철원 평야에서 현재의 주저항선을 확보할 수 있었으며, 전선 후방의 철원-김화-화천에 이르는 측방 도로를 효율적으로 활용할 수 있게 된 것이다.

둘째, 백마고지 전투의 승리가 당시 유엔군의 전체적인 작전 주도권 확보에 크게 기여한 점이다. 1952년 6월부터 전 전선에서 전개된 고지쟁탈전 양상이 일반적으로 적이 선제공격을 시작하여 고지를 탈취한 반면, 아군은 이를 탈환하기 위한 반격작전을 실시하였으나 그 결과 아군은 고지를 아예 포기하거나 일부만을 탈환하는 경우가 많았다. 그러한 상황에서 중공군 제38군이 중부전선의 요지라고 파악하고 공격한 백마고지는 중서부전선에서 가장 규모가 큰 목표였음에 틀림없다. 하지만 국군 제9사단은 적이 노리는 이 결정적인 목표를 필사적으로 막아냄으로써 적의 의도를 좌절시켰고, 결국 이러한 백마고지 전투의 결과는 인접 저격능선 전투에서 아군이 작전을 주도권을 장악하여 선제공격을 시도하는데 영향을 미치기도 했다. 뿐만 아니라 백마고지 전투와 뒤 이은 저격능선 전투에서의 승리를 바탕으로 유엔군측은 재개된 휴전회담에

벌거숭이가 된 백마고지

서 공산측을 정치적으로 밀어붙일 수 있었다.

마지막으로 백마고지 전투에서의 승리는 국군의 명예를 드높였을 뿐만 아니라, 1952년 중반부터 본격화된 국군의 증강과 발전에 크게 기여했다. 당시 백마고지가 시작되기 이전부터 국내외의 많은 신문과 방송들이 이 무명 395고지를 둘러싼 국군과 중공군의 전투에 관심을 기울였다. 따라서 이 전투의 진행 상황은 연일 자세하게 후방에 전해졌는데, 그 결과 이 전투는 단지 하나의 고지 쟁탈전을 넘어서 한국 국민 전체와 자유세계가 바라보고 있다는 압박감 속에서 국군의 명예를 걸고 싸웠던 전투였다. 특히 '중공군과 국군의 대결'이라든가 혹은 '국군의 능력과 전투력을 시험한다'는 등의 소문은 실제 전투를 담당했던 국군 제9사단 장병들의 어깨를 무겁게 하였다. 하지만 국군 제9사단의 지휘관과 병사들은 1951년 초에 국군 제3군단이 현리전투에서 패배하면서 생겼던 모든 오욕을 씻어내기 위해서 일치단결하였으며, 그 결과 바로 백마고지에서 중공군과 정면 대결하여 승리함으로써 자신감을 되찾을 수 있었다.

국군 제9사단이 거둔 백마고지 전투의 승리는 이미 1952년 5월부터 미군이 주도하고 있던 국군 증강 사업에 더욱 박차를 가하는 계기가 되었다. 유엔군 지휘관들은 이 전투에서 국군 부대가 중공군 부대를 제압하는 것에 크게 감명을 받았으며, 이를 계기로 국군의 전략적 가치에 대해서 다시 평가하기 시작했다. 사실 미국의 군사정책 결정자들은 1951년 초에 국군이 보여준 지휘관의 능력부족과 훈련 미숙 등을 이유로 한국군의 재편성 및 증강에 대체로 부정적인 입장을 가지고 있었다. 하지만 국군 제9사단이 백마고지에서 거둔 승리는 이러한 국군에 대한 선입견을 완전히 바꾸는 계기가 되었으며, 장차 미군이 철수하더라도 한반도에서는 국군 자력으로 공산군을 대적할 수 있을 것이라고 평가하는 계기가 되었다. 그 결과 백마고지 전투는 국군이 장차 한반도에서의 냉전을 담당하는 주력부대로 거듭나는 계기가 되었으며, 또한 백마고지에서 국군 제9사단이 보여준 필사의 전투력은 현대 국군이 세계적인 강군으로 성장할 수 있는 정신적인 밑거름이 되었다.

55
저격능선 전투

일　　시 1952. 10. 14. ~ 11. 25.
장　　소 강원도 철원군 철원읍 일대
교전부대 국군 제2사단 vs. 중공군 제15군
특　　징 치열하게 전개된 고지 쟁탈전에서 국군 제2사단이 중공군의 공격을 물리치고 성공적으로 방어한 전투

저격능선은 철의 삼각지대 중심부에 자리 잡은 오성산과 인접한 남대천 부근에 솟아오른 해발 580m의 무명능선이다. 저격능선이라는 명칭은 1951년 10월, 중공군 제26군이 이 능선에서 미 제25사단을 저격하였다고 주장하면서부터 '저격능선(Sniper Ridge)' 또는 '저격병 능선'이라고 불리게 되었다. 지형적으로 이 능선은 중공군에게는 오성산을 방어하기 위한 중요한 관문이며, 국군 제2사단에게는 사단 주저항선을 감제하는 위협요소를 제거하고 오성산 공격 발판이 되는 고지였다. 이런 저격능선은 남측의 A고지와 돌바위고지 그리고 북측의 Y고지로 이루어져 있다.

저격능선 전투는 국군 제2사단과 중공군 제15군이 6주간에 걸친 장기간 공방전이었다. 방어정면이 800m정도 밖에 되지 않는 지역에서 쌍방이 막대한 화력과 병력을 쏟아 부은 이유는 양측 모두 휴전회담에서 유리한 여건을 조성하려는 전략적 의도를 가지고 있었기 때문이었다. 중공군이 1952년 10월에 전초진지에 대해 대대적으로 공격하자, 미 제8군사령관 밴 플리트 장군은 전초진지 전반에 걸쳐 아군이 주도권을 장악하는 소

규모 공격작전이 절실히 필요하다고 판단하였다. 이러한 판단에 따라 제한된 규모의 병력(대대 규모)으로 제한된 목표를 탈취하도록 하는 '쇼다운 작전'(Operation Show Down)이 개시되었다. 이러한 작전에 따라 미 제7사단은 삼각고지를, 국군 제2사단은 저격능선을 공격하기로 하였다.

전투가 시작되기 직전에 중공군 제15군은 오성산을 중심으로 예하 3개 사단을 배치하였다. 특히 제45사단이 저격능선 지역을 담당하였으며, 저격능선에는 전초진지를 설치하여 경계부대를 배치하였다. 저격능선에 배치된 부대는 중대 규모에 지나지 않았지만, 사단 및 군단급 증원병력이 투입될 가능성이 있었다. 국군 제2사단은 정일권 중장이 부대를 지휘하였으며, 사단 좌측은 미 제7사단이, 우측은 국군 제6사단이 미주리 선(Missouri Line) 방어에 임하고 있었다. 제2사단이 공격으로 돌입할 당시 가용부대는 예하 3개 연대(제17, 31, 32연대)와 배속된 제37경보병연대 등 4개 연대였다.

저격능선 전투는 국군 제2사단의 공격으로 시작되었다. 저격능선에 대한 9개 포병대대 공격준비사격이 실시된 이후, 국군 제32연대 제3대대가 14일 05시에 공격을 개시하였다. 첫 번째 공격이 실패하자, 제3대대는 1개 중대를 증원하여 13시 40분에 다시 공격하였다. 이때에는 사전 여건조성을 위해 미군 전폭기 6개 편대와 지원포병 9개 대대의 집중포격을 이용하여 중공군 진지를 철저히 파괴하였다. 결국 제32연대 제3대대는 치열한 백병전 끝에 저격능선을 완전히 점령하였다. 그 이후 대대는 방어로 전환하여 Y고지와 돌바위 고지에 각 1개 중대, A고지에 3개 중대를 배치하여 중공군 역습에 대비하였다.

중공군 제133연대는 군단 단위의 포병화력이 집중된 상황에서 파상적인 전진을 계속하여 Y고지와 A고지를 집중적으로 공격해 왔다. 결국 고지에 대한 적의 돌격과 제3대대 전술지휘소의 함락으로 아군은 철수할 수밖에 없었기 때문에 단지 돌바위 고지만 확보한 채 물러서고 말았다. 이때 제32연대는 연대예비인 제17연대 제2대대를 투입하여 돌바위 고지 엄호와 전폭기의 항공근접지원 아래 15일 14시 30분에 다시 A고지를 탈환하였다. 이에 대해 15일 밤과 16일 새벽에 중공군 제133연대가 2개 대대로 역습을 감행하였으나 실패하였고, 또한 대신 투입된 제134연대의 역습도 무위로 돌아갔다. 하지만 새로 투입된 제135연대는 우선 A고지와 돌바위고지 공격에 앞서 Y고지를 점령하고 진지를 구축한 이후 공격하였다. 결국, 제135연대의 새로운 공격으로 국군 제32연대의 치열한 백병전과 제1대대의 역습에도 불구하고 A고지를 빼앗기게 되었다.

정일권 사단장은 20일 08시부로 제32연대와 제17연대를 진지교대하여, 제17연대가 A고지를 탈환하도록 하였다. 제17연대 제1대대는 세 차례 돌격 실패 이후에도 76회의 항공지원을 받아 11시에 공격을 재개하여 A고지를 탈환하였다. 그 이후 중공군의 역습과 A고지의 피탈, 국군 제3대대의 역습, 중공군 역습과 A고지 확보로 이어졌다. 이와 같은 공방전 가운데 군단계획에 의해, 국군 제2사단이 미 제7사단 작전지역인 삼각고지를 인수함에 따라 제2사단은 A고지 중심의 방어 작전으로 전환되었다. 제31연대가 삼각고지를 인수하고 방어하는 동안, 저격능선에는 다시 제17연대에서 제32연대로 교대되었으며 제17연대는 예비 임무로 전환되었다.

제32연대의 투입 이후에도 공격방법과 교전양상은 비슷하였으며, 이겨야 한다는 집념으로 무리한 전투가 계속되었다. 전투양상은 국군이 주간작전에서 우세한 화력을 바탕으로 중공군을 제압하면, 중공군은 야간역습 위주로 대응하였다. 제2대대는 병력을 종심 깊게 배치하여 중공군의 제파식 공격전법을 분쇄하기도 하였다. 중공군은 제45사단에서 제29사단으로 부대를 교대하여 공격하였지만, 국군 제2사단은 11월 25일까지 계속 격퇴하였으며 이후 국군 제9사단에게 인계하였다. 저격능선 전투에서 피아 모두 막대한 인명피해를 입었다. 국군 제2사단은 실종자 89명을 포함 4,830명의 사상자가 발생하였으며, 중공군은 14,867명의 사상자가 발생한 것으로 추정된다.

56
금성천–통선곡 방어 전투

일 시 1953. 6. 10. ~ 6. 15.
장 소 강원도 평강군 김화군 금성천 일대
교전부대 국군 제5사단 vs. 중공군 제60군
특 징 금성 돌출부에 대한 중공군의 공세를 저지한 국군 제5사단의 성공적인 강안(江岸) 방어 전투

중공군은 전역분할과 전술분할의 기본 작전수행개념으로 한국전에 개입했다. 전투지역을 분할하고 병력을 분할하기 위하여 중공군은 상대적으로 전력과 장비가 약하다고 판단되는 한국군을 주로 공격하여 전선을 분할하고, 비교적 전력이 강한 미군을 전방과 양 측방 그리고 후방에서 공격하여 이를 소멸시키려는 작전을 수행했다. 그리하여 한국군은 항상 중공군의 주 공격대상이 되었다. 까다로운 주제였던 포로교환 문제의 타결이 임박해지자, 중공군 사령관 펑더화이는 "확실하게 준비하고 호되게 몰아친다", "한입 깨물고 달아난다", "유리하면 수비하고 불리하면 죽이고 포기 한다"는 작전지침을 하달하고 전초진지와 일부 방어거점을 탈취하기 위하여 두 차례에 걸쳐 중대 및 대대급 공세(1차: 5. 13.~26., 2차: 5. 27.~6. 23.)를 취하고 있었다. 특히, 포로교환문제 타결되어 협정까지 서명(1953. 6. 8.)한 후에는 휴전을 격렬하게 반대하는 한국정부와 국민을 혼내주고, 돌출된 전선을 제거하기 위하여 중·동부 전선의 한국군을 세차게 공격했다.

철의 삼각지의 동쪽 금성지역의 접촉선은 그 정점이 북쪽으로 10km 정도 불거져 나온 폭 40km의 돌출부를 이루었다. 이 지역은 국군 제2군단이 서쪽 교암산 지역에 제6사단, 중앙 북한강 지역에 제8사단, 동쪽 금성천 지역에 제5사단을 배치하고 제3사단을 예비로 방어하고 있었다. 금성 돌출부에는 중공군 제20병단 예하 제67, 60군의 6개 사단이 접촉선, 제68군이 직후방에 예비로 배치되어 국군 제2군단과 대치하고 있었고, 국군 제5사단 정면에는 중공군 제60군이 공격태세를 취하고 있었다. 북한강 상류와 금성천이 합류되는 삼각 돌출부를 기점으로 동쪽 어은산 서남쪽 통선곡에 이르는 10km 산악지역을 지키고 있던 국군 제5사단은 울창한 삼림과 가파른 산록의 험준함을 극복하고 북한강 동안의 유일한 도로와 케이블카에 의해서 추진되는 보급에 의존하여 전투에 임해야만 했다. 산악지역의 순간적인 기상악화와 변화는 유엔군이 보유한 우세한 공중화력지원조차 어렵게 만든 요인으로 작용하여 전투수행의 어려움을 더욱 어렵게 만들었다. 결국, 국군 제5사단은 결코 적지 않은 희생을 감수하고도 주어진 방어선(Missouri Line)을 지키지 못한 채, 후방에 설정된 새로운 방어선(Iceland Line)에서 재편성을 해야만 했다.

공격준비를 마친 중공군 제60군은 1953년 6월 10일 20시부터 공격준비사격을 실시하고 21시에 국군 제5사단을 공격하고, 배속된 제33사단으로 하여금 제5사단 우측 미 제10군단 예하 국군 제20사단도 공격하여 상호 증원을 못하도록 했다.

국군 제5사단은 중과부적의 상태에서 필사적으로 방어에 임했다. 좌측에 제36연대, 우측에 제27연대를 전방에 배치하고, 제35연대를 예비로 보유한 국군 제5사단장은 우측 제27연대의 주저항선(973고지)이 돌파되자, 예비인 제35연대를 투입하여 역습을 실시하고, 군단에 지원을 요청했다. 보고를 받은 군단장은 군단 예비인 제3사단 제22연대를 제5사단에 배속시키고 탈취된 지역을 재탈환하라는 명령을 하달했다. 국군 제5사단은 역습을 통하여 탈취된 973고지를 탈환하기도 했으나, 역습에 투입된 제3사단 제22연대가 오히려 역포위당하려 하자, 제27연대로 하여금 제36연대 방어지역을 인수하도록 하고 제36연대를 역습에 추가적으로 투입하려 했다. 그러나 중공군이 먼저 공격을 해옴에 따라 방어선 자체를 유지할 수 없게 되었다.

이에 제5사단장은 역습에 투입하려던 제36연대를 북한강상의 교량을 이용하여 먼저 철수시키고, 군단의 명령에 따라 6월 15일 00시 50분에 철수명령을 하달하여 07시까지 새로운 방어선(Iceland Line)을 점령했으며, 북한강 상에 가설된 교량을 폭파했다. 이에 미처 북한강을 건너지 못한 장병들은 헤엄을 치거나 보조물을 이용하여 강을 건너 본대와 합류했다. 국군 제5사단이 새로운 진지를 점령한 후에 다행스럽게도 날씨가 맑아져 유엔 공군기 6 · 25전쟁 1일 출격횟수 중 최고 기록인 2,143회를 출격하여 중공군의 진지와 부대를 강타함으로써 형성된 돌파구의 확대를 저지하고 중공군의 추격을 차단하여 국군 제5사단의 새로운 진지 점령과 구축을 가능하게 만들었다.

금성지역 방어전투에서 국군 제5사단은 10,000여명의 중공군을 사살(사살 4,677명, 추정사살 4,983명)하고 20명의 포로, 그리고 다수의 장비를 노획하는 전과를 거두기도 했으나, 846명의 전사와 700명이 넘는 실종자와 1,600명이 넘는 부상자 등의 인명피해를 감수해야만 했다. 중과부적의 상황에서 반복되는 역습수행이라는 작전상의 문제점에도 불구하고, 철수로 확보를 위해서 북한강 상에 판행교를 미리 가설하여 병력을 철수시켜 이를 보존한 점은 차후 지속적인 전투수행을 위하여 필요한 조치로 볼 수 있다. 그러나 전쟁 초기 한강교 조기 폭파와 안동 철수 작전에서의 안동교 폭파에서도 나타났듯이, 북한강 가설교량의 폭파 후에 헤엄을 쳐서 강을 건너야 했던 장병들의 모습은 안타깝기 그지없는 상황전개가 아닐 수 없었다. 특히 금성천 지역 전투는 험준한 산악지역 전투수행에서 공중화력지원이 얼마나 필요하고 효과적인 요소인가를 여실히 입증해준 전례이기도 하다.

57

351고지 전투

일 시	1953. 6. 2. ~ 6. 25.
장 소	강원도 고성군 월비산리 – 고봉리 일대
교전부대	국군 제15사단 vs. 북한군 제7사단
특 징	북한군의 기습에 의한 포위공격으로 국군이 진내사격과 반격으로 방어하고자한 351고지가 피탈되고, 이에 대한 대대급 반격작전 시기를 놓쳐 탈환에 실패한 전투

동해안 최북단 군사분계선 지점은 그 수려한 경치로 방문자들의 마음을 뺏곤 하지만 거기에는 6 · 25전쟁 당시 격렬한 고지 전투의 상흔이 묻혀있다. 금강산 · 통일전망대를 오르는 사람들은 눈 앞에 펼쳐지는 좌전방의 웅장한 금강산 연봉과 바로 눈앞 저지대의 평화로운 구선봉, 동해안의 해안선으로 연결되는 해금강 경관에 감탄한다. 그러나 휴전 직전 이곳에서는 수백 명의 국군 장병들이 목숨을 바치면서 351고지 탈환 전투를 치뤘다.

351고지는 서측의 최고봉 월비산(459m)에서 동쪽으로 향하다가 방향을 남쪽으로 바꾸는 능선의 꼭짓점에 자리 잡고 있다. 이 고지는 북쪽의 저지대를 감제할 수 있고, 또 월비산 점령의 발판 역할을 할 수 있기에 중요시되었다.

351고지가 격전장이 된 것에는 고지쟁탈전에서 흔히 나타나는 특정

고지의 상징성이 한 몫 했다고 볼 수 있다. 이 지역은 1951년 유엔군의 추계공세 때부터 월비산과 함께 국군과 북한군이 점령했다가 다시 빼앗는 과정을 반복해온 곳이었다. 수도사단은 1951년 10월 15일에 월비산과 351고지를 점령했지만, 그 후 부대교대하여 이 지역을 담당한 국군 제11사단은 그해 11월 말 북한군의 공격을 받아 월비산과 351고지를 탈취당했다. 그러나 제11사단은 반격작전을 전개해 그 중 351고지만을 재탈환할 수 있었다. 해가 바뀌어 이 지역은 국군 제5사단의 작전지역이 되었다.

1953년 1월 국군 제15사단은 사단교대계획에 따라 이 지역을 제5사단으로부터 인수했다. 즉 351고지는 국군 제1사단에서 제5사단으로, 다시 제5사단에서 제15사단의 교대되었던 것이다. 이 시점에 사단의 최북방 대대는 제38연대 제3대대였고, 351고지의 방어는 제9중대가 담당하게 되었다. 당시 국군 제15사단과 대치하고 있는 북한군 부대는 제7사단이었다. 북한군은 휴전협정이 체결되기 전에 몇 개의 고지를 선정해 기습공격으로 이를 탈취할 계획을 수립했다.

유엔군측은 4월말 북한이 공격을 위해 준비 중이라는 첩보를 입수할 수 있었고, 국군 제15사단도 이에 대비를 했다. 적의 공격이 이루어지면 우선 8부 능선의 참호선에서 유개호 진지를 이용해 저지하되, 이 참호선이 유지되지 못할 경우는 미리 준비된 지하동굴진지로 들어간 뒤 진지위에 진내사격을 요청해 적을 살상하고, 차후 반격으로 격퇴하는 전술을 사용할 계획이었다.

북한군 제53연대는 1953년 6월 2일 자정이 조금 넘은 01시 30분경 351고지에 포격을 퍼부으며 대대급 병력을 투입해 기습적인 공격을 감행하였다. 북한군은 아군을 분산시키기 위해 다른 지역에도 소규모의 양공을 시행했다. 공격을 받은 제9중대는 사전계획대로 적이 참호선에 도달하자 동굴대피호로 들어가 모래주머니로 출입구를 막은 후 진내사격을 요청함으로써 적에게 큰 타격을 입혔다. 아침이 되자 제9중대는 적을 진지로부터 몰아낼 수 있었다. 그러나 북한군은 이날 오후 강력한 포격과 연막탄 사격을 병행하면서 재차 제9중대의 진지로 포위공격을 가해왔다. 제9중대는 다시 동굴진지로 들어가 진내사격을 요청함으로써 적을 격퇴하고자 했지만 적은 어둠속에서 곡괭이와 삽으로 아군의 포격을 견딜 수 있도록 참호를 구축하는 작업을 했다. 연대와 사단에서는 동굴진지 안에 고립된 제9중대를 구출하고자 증원부대를 보낸다는 결정을 내렸지만 반격부대의 투입이 너무 늦어지는 바람에 적이 고지 정상부분을 장악하고 진지를 강화하는 것을 막을 수 없었다. 적은 오히려 아군 반격부대가 고지에 접근할 때마다 압도적인 포병사격으로 아측에 많은 피해를 입혔다.

반드시 351고지를 탈취하겠다는 일념으로 연대장과 사단장은 역습부대를 바꾸어가며 대대급 반격작전을 반복했지만 351고지는 탈취할 수 없었고 사상자는 늘어만 갔다. 6월 2일부터 6일까지 연속된 공격에서 제15사단은 전사 240명, 부상 560명, 실종 11명 등 총 811명의 사상자를 냈다. 제1군단장의 강력한 의지로 6월 17일까지 계속된 대대급 반격작전에서 사단은 또다시 713명의 손실을 냈다. 연속적인 작전 실패와 많은 인원 손실로 부대의 사기는 급속히 떨어졌다.

6월 25일 새로 사단장으로 부임한 최영희 소장은 그동안의 손실, 351고지의 전술적 가치, 반복된 대대급 역습작전의 한계를 면밀히 검토한 후 이 고지의 탈환을 고집하는 제1군단장에게 작전 중지를 건의했다. 그는 대규모 공세가 아닌 대대급 공격을 반복하는 것으로는 이 고지를 탈환하는 것이 매우 어렵다는 점을 지적하며 군단장을 설득했다. 공격작전은 중지되었다.

351고지 전투에서 국군은 첫 날 전투에서 역습 시기를 놓쳐 적이 방어력을 강화하기 전에 이 고지를 탈환하는데 실패했다. 반격의 타이밍을 놓치지 말아야 한다는 중요한 교훈을 남겼다. 물론 이 고지를 재탈환하지 못한 것은 아쉬운 일이지만 많은 손실만을 가져오는 반복적인 대대급 역습을 중단하기로 한 최영희 장군의 판단 또한 현명한 것이었다고 평할 수 있을 것이다.

58
M-1고지 전투

일　　시 1953. 6. 10. ~ 6. 22.
장　　소 강원도 양구군 문등리 어은산 남쪽 일대
교전부대 국군 제20사단 vs. 중공군 제33사단
특　　징 신생 국군 제20사단이 지휘관과 병사들이 혼연일체로 싸워 피탈된 고지를 역습으로 탈취하는데 성공한 전투

공산측은 서부지역에서 1953년 3월부터 실시한 전초전을 토대로 5월 5일을 기하여 전 전선에서의 공세를 명하였다. 5월에 실시된 제1차 공세(5.13~26)는 주로 중대급 규모이하의 공격으로 전초기지를 탈취하고, 제2차 공세(5.27~6.23)는 주로 국군의 주 전초진지와 일부 방어 거점을 탈취할 목적으로 대대급 규모 이상의 공격작전을 실시하였다. 6월 1일 금성지역에서 실시된 제2차 공세에서도 주공격은 국군에게 집중하여 6월 10일부터 공세가 시작되었다.

6월 10일 21시 국군 제5사단 우측의 방어를 담당한 국군 제20사단은 공격준비사격에 이어 중공군 제33사단의 공격을 받게 되었다. 중공군이 점령하고 있던 어은산(魚隱山) 남쪽 1,090고지 동남쪽 M1고지를 지키고 있던 제61연대 제6중대는 약 1개 대대의 중공군의 공격을 받아 고지 정상의 주진지(M1 고지의 '나'고지)를 포기하고 부득이 고지 서쪽 제1소대의 진지로 퇴각해야만 했다. M1고지의 제6중대로부터 유무선이

두절됨으로써 정확한 전황을 파악하지 못했으나 급박하다는 것을 알게 된 연대장 김인철 대령은 연대수색중대 병력은 현 진지를 고수하게 하고 사단 수색중대를 배속받아 이를 제2대대에 재배속하여 병력을 증원했다. 이에 따라 제2대대는 23시경 사단 수색중대를 주저항선에 추진시켜 제5중대의 진지를 인수하게 하고 제5중대를 M1고지 탈환에 투입하도록 하였다.

11일 06시 제5중대가 제6중대 제1소대의 동쪽 후사면에 도착하여 역습을 실시하였으나 고지를 탈취당한지 이미 약 8시간이 지나 적이 고지 주변에 지형을 파악하고 화기배치를 완료되는 등 역습시기가 너무 늦었으며, 적이 수류탄과 직사화기로 격렬히 저항하여 고지를 탈환하지 못했다. 이에 연대장은 연대 예비인 제1대대를 투입하여 일거에 고지를 탈환하기로 결심하고 명령을 하달하였다. 다음날 03시 제1대대의 제2, 3중대가 역습을 실시하여 제3중대의 한용택 일병의 수류탄 집중투척으로 중공군의 방어진지를 뚫고 고지를 다시 탈환하였다. 그러나 13시경 포격에 이은 1개 중대규모의 중공군의 역습으로 고지를 피탈 당했다. 6월 13일에는 공격을 맡았던 제1, 3중대가 몇 번씩 고지를 탈환하였으나 계속 확보하지 못하고 적에게 계속 탈취당하는 일이 반복되자 제1대대장 조재준 중령이 직접 제2중대를 이끌고 역습을 실시하여 고지를 다시 탈환했으나, 6월 14일 01시부터 실시된 중공군의 포격과 파상공격으로 고지를 빼앗겼다 다시 탈환하는 과정이 계속되었고 결국 15일 00시경 적에게 이 고지를 내놓아야 했다. 이처럼 6월 14일부터 20일 사이에 국군 제60연대와 제62연대는 1,090고지와 938고지 일대에서 적과 뺏고 뺏기는 치열한 격전을 반복하였다.

결국 M1고지에서 전투가 시작된 지 10일 만에 제61연대는 예하 3개 대대가 16회의 공격으로 11번 고지를 점령하였으며, 적도 17회의 역습으로 11번이나 고지를 탈취하여 이 고지쟁탈전은 하루에도 2~3회씩 이루어졌으며, 주인이 바뀌었다. 무명고지였던 M1고지에서 이렇게 치열한 쟁탈전이 벌어진 이유는 공산측이 7월 공세에 앞서 반드시 이 고지를 탈취해야만 유엔군의 주저항선을 공격할 수 있고, 휴전선 확장을 달성할 수 있었기 때문이다. 따라서 국군 제20사단장과 미 제10군단장도 M1고지 고수를 다짐하였고, 사단장은 제61연대가 10일간의 혈전으로 거의 전투력을 상실하였으므로 제60연대를 교대하여 투입하기로 결심하였다. 이에 제60연대 제1대대가 제61연대의 주진지 및 M1고지를 인수하였다.

6월 21일 03시부터 다시 중공군의 제파식 공격이 계속되었으며, 일시 고지를 상실하였다가 대대예비로 있던 제10중대 병력들이 투입되어 제11중대와 더불어 다시 반격하여 고지를 탈환, 다시 피탈, 재탈환하는 과정이 반복되어 10시간 동안 고지의 주인이 세 번이나 바뀌는 격전이 계속되었다. 6월 22일 예정대로 제60연대가 제61연대의 주진지와 M1고지를 인수하였으며, 원활한 항공지원과 포병의 화력지원으로 적의 대규모 공격도 중단되었다. 이로써 M1고지에서 6월 10일 이후 제61연대 예하 3개 대대가 모두 투입되어 18회에 걸친 공격으로 16회에 걸친 고지 탈취 후에 22회의 적의 역습으로 16번이나 고지가 피탈당하는 고지쟁탈전이 종료되었다.

국군 제20사단은 M1고지 및 금성지구 일대의 전투에서 중공군 제33사단의 2개 연대 이상의 병력을 상실케 하였으며, 사단 좌측 국군 제5사단이 새로운 방어선을 점령하는데 결정적으로 기여하였다. 또한 제20사단은 후방에서 1953년 2월 9일에 창설된 사단이므로 병력의 대부분이 신병이었음에도 불구하고 지휘관, 지휘자의 솔선수범과 진두지휘를 바탕으로 피탈된 고지를 반드시 탈환하고 지키는 모습을 통해 일취월장한 국군의 전투력을 보여주었다는 점에서 중요한 의의가 있다.

59
화살머리고지 전투

일　　시 1953. 7. 6. ~ 7. 11.
장　　소 강원도 철원군 철원읍 대마지 일대
교전부대 국군 제2사단 vs. 중공군 제73사단
특　　징 국군 제2사단이 중공군의 허를 찌르는 역습을 통해서 목표를 달성하였던 성공적인 고지 쟁탈전

전쟁을 군사적인 승패가 아닌 명예로운 휴전으로 마감하기로 한 유엔측과 공산측은 6 · 25전쟁을 진지전으로 변환시켜 참호전, 고지 쟁탈전, 수색 정찰전을 수행했다. 확보한 전선을 고수하기 위한 참호전, 좀더 유리한 고지를 탈취하려는 고지 쟁탈전, 그리고 상대의 공격기도나 방어의지 및 상태를 파악하기 위한 수색정찰전 등이 바로 그것이었다. 특히, 철원 평야를 감제하기 위하여 공산측은 백마고지와 이의 서쪽에서 화살머리처럼 남쪽으로 돌출된 화살머리 고지(281고지)를 탈취하기 위하여 지속적인 공격을 감행했고, 철원평야를 감제당하지 않으려는 국군은 이들 두 고지를 확보하기 위하여 공산측의 공격을 끝까지 막아낸 방어를 실시했다. 이 과정에서 양측은 결코 가볍지 않은 피해를 감수해야만 했다.

철원평야 북단에서 국군 제2사단과 대치하고 있던 중공군 제23군은 1953년 6월 12일 밤 예하 제69사단 제205연대를 투입하여 백마고지를 공격했으나 국군 제2사단 제32연대의 철저한 진지방어와 계획된 화

력세례를 극복하지 못했다. 이에 중공군은 예하 제73사단 병력을 백마고지 남서쪽 3km 지점에 위치한 화살고지로 투입시켜 이를 점령하고 백마고지 측방을 위협함으로써 두 고지를 동시에 탈취하기 위하여 먼저 화살머리고지에 대한 공격을 감행했다(1차: 1953. 6. 29.~30., 2차: 1953. 7. 6.~11.). 양측이 벌인 화살고지에 대한 공방전에서 국군 제2사단은 연대급 작전에서 사단급 작전으로 확대 실시하여 중공군의 공격을 격퇴하고 두 고지를 끝까지 확보하고 휴전을 맞이했다.

국군 제2사단은 미 제9군단의 작전지시에 따라 1952년 12월 29일부로 미 제3사단이 방어하고 있던 전투지역을 인수한 후에, 제31연대를 우측, 백마고지와 화살머리고지를 포함한 지역인 좌측에 제32연대를 배치하고 제17연대를 예비로 삼아 방어에 임했다. 국군 제2사단은 우측에 미 제2사단과 좌측에 미 제7사단과 전선을 연결한 가운데 10km의 전투정면을 방어하고 있었다. 국군 제2사단은 95% 수준의 병력과 장비를 유지하고 있었으며, 군단의 미 제12포병대대를 비롯하여 제15, 37, 674포병대대의 화력지원과 미 제5공군의 전술공군 화력 지원도 받을 수 있어서 보급도 충분하고 사기도 높은 편이었다.

제2사단 제32연대는 6월 29일 화살머리 고지 직 전방에 전초진지 두 개를 구축하고 화살머리 고지를 방어하면서 전초진지 서북방 800m 지점에 위치한 "방송고지"(공산측의 방송반이 수시로 나타나 온갖 괴변과 욕설을 지껄여 붙여진 이름)를 공격해 보았다. 이에 맞서 중공군은 23시경 제32연대의 전초진지를 공격해왔다. 이에 사단은 제32연대 제2대대는 동굴작전으로 방어에 임하게 하고 예비인 제17연대 제3대대를 투입하여 역습을 실시하여 이를 물리치고, 다시 공격해오는 중공군의 공격을 격퇴했다. 이 과정에서 국군은 400여 명의 중공군을 사살하고 3명의 포로와 20여 정의 소총을 노획했으나, 32명의 전사자와 3명의 실종자, 그리고 44명의 부상자 피해를 감수했다. 그리고 전선은 다시 평온을 되찾았다.

중공군 제73사단의 공격은 7월 6일 본격적으로 실시됐다. 7월 6일 23시에 공격을 개시한 중공군 제3사단 제218연대는 1개 소대가 지키고 있던 두 개의 전초진지를 공격하여 7월 7일 03시 50분에 이를 점령했다. 국군 제2사단은 제17연대 3대대를 제32연대에 배속시켜 역습을 감행하여 두 소대장(김형호, 박재옥 소위)의 투혼으로 좌측 진지 하나만 탈환할 수 있었다. 7월 8일에 제2사단은 제31연대 제2대대를 투입하여 우측진지를 탈환하도록 하여 이것마저 탈환했다. 7월 9일 국군은 진내사격까지 요청하면서 우측진지를 고수하려 했으나, 중공군의 공격을 이겨내지 못하고 진지를 다시 내주고 말았다. 사단은 제31연대 1대대를 투입하여 진지를 다시 탈환하려 했으나 이것도 허사였다.

축차적인 공격으로 진지탈취가 어렵게 되자, 제2사단장은 제31, 32연대를 동시에 투입하여 주간 공격대신 야간에, 탈취하려는 전초진지와 그 후방에 위치한 중공군의 중간 거점까지 동시에 공격하는 과감한 역습작전을 계획했다. 이에 따라 사단장은 7월 11일 01시에 제31, 32연대로 하여금 전후방 두 진지를 동시에 공격하도록 했다. 그 결과 제31연대는 전초진지를 탈환하고, 제32연대는 그 북방에 위치한 중공군 중간 거점을 장악한 후에 철수할 수 있었다. 이로써 국군 제2사단은 백마고지와 화살머리 고지를 비롯한 원래의 전투지역을 방어하고, 이들 두 고지를 탈취하려던 중공군의 기도를 좌절시켜 버렸다.

국군 제2사단은 1,300여 명의 중공군을 사살하고 100여 정의 소총과 4,700여 발의 수류탄을 노획했으나, 180명의 전사, 16명의 실종자와 770여 명의 부상 피해를 입었다. 이 공방전에서 축차적인 역습보다는 과감한 역습이 더욱 필요하고, 지상이나 공중화력지원을 이용한 전형적인 주간 작전보다 중공군이 흔히 실시하는 야간 작전을 수행한 것이 오히려 중공군의 허를 찔러 역습의 목적을 달성했다는 전훈을 도출할 수 있었다. 중공군이 예기치 못한 작전 시간과 목표를 택한 점이 역습의 성공을 보장했던 것이다.

60
금성 전투

일 시 1953. 7. 13. ~ 7. 19.
장 소 강원도 화천군 북방 금성 돌출부 일대
교전부대 국군 제2군단 vs. 중공군 제54, 60, 67, 68군
특 징 국군 제2군단이 중공군의 최후 공세에서 일시적으로 붕괴되었으나, 곧바로 전세를 가다듬고 반격작전으로 전환하여 전선을 안정화 시킨 전투

1952년 10월 초에 유엔군과 공산측 사이의 휴전회담이 지속된 포로 교환 방법에 대한 이견(異見)에 가로막혀 다시 한 번 결렬되자, 유엔군 사령관 클라크(Mark W. Clark) 대장은 이에 대한 타개책으로 공산군에 대한 총공세를 구상하였다. 하지만 1953년 초에 미국 대통령에 취임한 아이젠하워가 한국전쟁 수행정책에 있어서 전임 트루먼 대통령이 추구하던 '협상을 통한 명분 있는 휴전' 정책을 그대로 답습하였기 때문에 클라크 사령관의 구상은 사장되고 말았다. 따라서 1953년 초의 전선은 1952년 가을에 백마고지 및 저격능선 등에서 치열하게 전개되었던 고지쟁탈전 이후 소강상태가 여전히 지속되었다.

그러던 중 한국전쟁의 전개과정에 큰 변화를 가져온 사건이 1953년 3월 5일에 발생하였다. 소련의 지도자 스탈린의 사망이 공식 발표된 것이다. 스탈린의 사망은 한국전쟁 전체 전개과정에서 결정적인 전환점

이 될 만한 사건이었으며, 그 결과는 당장 휴전회담에서 나타났다. 먼저 공산측은 3월 28일에 클라크 대장이 지난 2월에 보낸 서한에 대한 회답 형식을 통하여 상병(傷病) 포로의 교환에 동의한다는 것과, 약 6개월간 중단되었던 휴전회담을 재개하자고 제의하였다. 그리고 이로부터 이틀 후에 중공의 저우언라이(周恩來) 수상은 그때까지 공산측이 고집해 온 포로의 강제송환 주장을 철회하고, 유엔군측이 제시한 자유송환 원칙에 동의한다는 성명을 발표함으로써 휴전에 대한 강력한 의지를 표현하였다. 그러나 공산측의 이러한 제의는 휴전회담이 결렬된 후 잠잠해졌던 한국 정부 및 국민들의 휴전반대 의지를 다시 한 번 자극하였다. 공산측의 제의가 있자마자 한국 정부와 국민들은 격렬하게 휴전 반대 운동을 전개하였다.

하지만 한국 정부의 반대에도 불구하고 미국은 공산측의 제의를 수락하였다. 따라서 4월 6일부터 쌍방의 연락장교가 판문점에서 회동하였고, 전례 없이 신속한 속도로 회의가 진행되어 불과 5일 만에 상병(傷病) 포로의 교환에 대해 쌍방이 합의 서명하였다. 그리고 4월 26일에는 휴전회담 본회의가 재개되었다. 그 후 양측의 대표는 40여 일간 회의를 진행하여 그동안 난제로 작용하던 포로 송환문제에 합의하고, 6월 8일 제146차 본회의에서 이에 관한 합의서에 서명하였다. 그 결과 이제 휴전회담은 언제, 어떠한 절차에 따라 휴전할 것인가 하는 행정적인 문제만 남겨 놓은 셈이었다.

한편 1952~53년 동계 기간 중 계속 소강상태를 유지하던 전선 상황은 1953년 3월에 접어들면서부터 공격 횟수를 늘린 중공군의 도발로 잠시 격화되었으나, 또다시 4~5월 초까지는 해빙기의 영향으로 기동의 제한을 받아 계속 소강상태가 유지되었다. 5월 중순이 되자 중공군이 다시 서부와 중부전선에서 미 제8군의 전초기지들에 대한 전면적인 공격을 재개하였다. 중공군은 5월 중순부터 6월 초까지 중부전선의 금성돌출부 전방에 위치한 689고지, M1고지, 271고지, 수도고지, 지형능선,

저격능선 등을 대대 또는 연대 규모의 병력으로 공격하였으며, 이중에서 M1능선과 271고지를 점령하는 성과를 올렸다.

그런데 6월이 되자 전체적인 전투의 진행 과정과 양상이 확연히 달라졌다. 특히 6월 8일에 열린 휴전회담에서 마지막 난제인 포로송환에 관한 의제에 양측이 완전 합의하여 휴전협상이 조인단계로 접어듦에 따라 공산군은 유엔군의 보복을 유발하지 않는 범위 내에서 최대한 점령지역을 확대하려 하였다. 그 결과 중공군은 6월과 7월에 대규모의 최후공세를 감행하였다.

먼저 중공군의 6월 공세는 중부전선 및 화천 북방의 금성 돌출부를 방어하고 있던 국군 제2군단의 중앙 및 우익에 배치된 제8사단 및 제5사단 정면으로 지향되었다. 이 공세에서 중공군은 미 제8군의 방어선 중에서 화력, 기갑, 항공 및 함포지원이 가장 취약하고, 지형적으로도 가장 험준한 지역이며, 국군이 단독으로 담당하고 있는 지역인 금성 돌출부 지역을 공격목표로 선정하였던 것이다. 중공군은 6월 10일에 개시하여 약 9일간 지속된 이 공세에서 증강된 1개 군을 투입하여 북한강 서안(西岸)의 수도고지와 동안(東岸)의 949고지-973고지-883고지군을 점령하는 등 약 13km 정면에서 4km나 남진하는 성공을 거두었다. 소위 중공군의 인해전술에 밀린 국군 제2군단 전방의 제5사단과 제8사단은 북한강 남안(南岸)을 연하는 저지선에 추진 배치된 군단 예비인 국군 제3사단의 엄호를 받으면서 아이슬란드 선(Iceland Line)으로 철수하여, 이곳에 다시 새로운 방어선을 구축하였다. 이와 같이 국군의 전열이 재정비되는 동안 이 지역을 공격한 중공군에 대한 유엔 공군의 집중적인 폭격이 이뤄져서 중공군의 공격 기세가 점차 꺾였으며, 그 결과 6월 18일이 되자 전선은 다시 안정을 되찾았다.

그런데 6월 18일에 이승만 대통령의 지시에 의해서 국군이 관리하고 있던 반공포로들에 대한 대대적인 석방이 단행되자, 판문점에서 휴전회담은 다시 중단되고 전선은 다시 초긴장 상태로 돌입하였다. 한국 정부의 예상치 못했던 행동에 의해서 일시적으로 충격을 받은 공산측은 일단 휴전회담 자체를 깨려는 행동은 자제하는 듯 보였지만, 전체적으로 전선에서의 활동은 증가하였다.

결국 7월 공세가 필요하다는 최종 결정은 북경에서 직접 하달되었다. 반공포로 석방이 이루어진 바로 다음날 마오쩌둥은 한국군 부대에 대해 새로운 공세를 펴야 한다는 지령을 하달하였다. 이에 대해서 펑더화이가 6월 20일에 휴전협정 조인을 지연시키고 한국군 부대를 공격하겠다는 취지의 '하계 제3차 공격작전'을 7월 10일경에 실시하겠다고 건의하였다. 중공군은 6월 23일까지 6월 공세를 마무리하고, 6월 24일부터는 7월 공세 준비를 시작하였다. 중공군 지휘부는 휴전을 전제로 실시하였던 6월 공세에서 얻은 효과가 한국 정부의 반공포로 석방으로 인해서 상쇄되었다고 판단하고, 이 기회에 다시 국군에게 최후의 일격을 가할 필요가 있다고 평가하였던 것이다.

이 공세에서 중공군의 목표는 금성 돌출부에 배치된 국군 4개 사단(제6, 8, 3, 수도사단)을 섬멸하는 것이었다. 중공군 지휘부가 이렇게 판단한 이유는 전선이 돌출되어 있어 이번 공격을 수행하기에 유리하고, 여러 차례에 걸친 전초전과 6월 공세를 치르면서 지형에 익숙하며, 또한 국군 방어선의 특징을 잘 파악하고 있었기 때문이었다. 펑더화이는 이러한 목표를 달성하기 위해서 주공부대인 제20병단(제 54, 66, 67군)에 제21군의 배속을 비롯해 전차, 포병, 공병 등 여러 병종의 부대를 지원하여 전력을 강화하였다. 이러한 조치로 제20병단은 금성 정면을 방어하고 있는 국군에 비해 병력은 3:1, 화력은 1.7:1로 우세한 상황이었다.

중공군 제20병단장은 7월 6일까지 최후공세 공격계획을 발전시켜, 7월 10일에 공격명령을 하달하였다. 그 계획에 따르면 중공군은 5개 군으로 3개 작전집단(서, 중, 동 작전집단)을 구성하고, 각 단계별로 3개 방향에서 금성 돌출부의 국군 부대를 포위 섬멸하려 하였다. 우선 제1단계로 금성 서남쪽 이실동-북정령-배선골과 금성천 이북의 국군을 공격 섬멸하여 전선을 직선으로 만든 다음, 이후 상황을 판단하여 제2단계로 삼천동-적근상-장고봉-흑운토령 및 백암산으로 공격해 나간다. 또한 작전이 성공한 이후에는 국군과 유엔군의 반격을 격퇴할 준비를 하되, 이 기간 중에 다시 대량의 국군을 섬멸한다는 계획이었다.

구체적인 부대구성과 공격방향은 서집단(제68군, 제54군 예하 제130사단)은 금성 돌출부 좌견부에서 공격하며, 중집단(제67군, 제54군 예하 135사단, 제68군 예하 제202사단)은 금성 돌출부의 정면에서 공격하며, 동집단(제60군, 제21군, 제33사단, 제68군 예하 제605연대)는 금성 돌출부의 우견부에서 공격을 담당하였다. 또한 동서 양 집단이 견부에서 돌파공격을 한 다음, 중앙집단과 협조하여 돌출부 중앙의 아군을 포위 섬멸한다는 것이었다. 이처럼 구체적인 공격 부대 편성과 작전계획 구상을 마친 중공군 지도부는 7월 13일 저녁에 공격을 개시하기로 결정하였다. 요약하면 중공군은 7 · 13 공세에 제20병단 예하 5개군 소속 15개 사단 중 13개 사단을 투입하고, 나머지 2개 사단을 예비로 확보하였으며, 조공으로 1개군(제24군)을 별도로 운용하였다. 이밖에도 철원-김화의 중부전선에는 제9병단(제16, 24군)이, 서부전선에서는 제19병단(제46, 1군)이, 문등리 동쪽 동부전선에는 북한군 2개 군단(제3, 7군단)이 합세함으로써 이 공세는 1951년 춘계공세에 비견되는 대규모 공세가 될 전망이었다.

한편 유엔군은 공산측의 부대 이동에 대한 정보를 입수한 후 중공군의 공세가 임박했다고 판단하고, 이번 공격의 주공이 화천 저수지로 지향될 것이라는 점도 대략적으로 파악하였다. 이러한 판단에 따라 미 제8군사령관은 각 군단장에게 적의 공격에 대비해 방어태세를 강화하도록 경고하는 한편, 중공군의 6월 공세로 붕괴된 국군 제2군단 우익 방어선을 강화하는데 주력을 두고 부대 재배치를 단행하였다. 우선 그 동안 부대정비를 완료한 국군 제5사단을 6월 26일부로 국군 제2군단으로 복귀시키는 한편, 미 제10군단장은 문등리를 방어하고 있는 미 제45사단에 국군 제7사단 우익연대의 방어지역을 인수시켜 국군 제2군단과 인접한 국군 제7사단의 방어정면을 좁혀 방어력을 강화하였다. 또한 미 제9군단으로부터 미 제5연대 전투단을 배속 받아 예비로 확보하였다. 이에 따라 국군 제2군단과 미 제10군단의 접경지역인 금성 돌출부 우견부지역이 특히 강화되었으며, 금성 돌출부에는 미 제9군단 예하의 국군 제9사단 일부 및 수도사단과 국군 제2군단의 제6, 8, 3, 5사단, 미 제10군단 예하 국군 제7사단 등 모두 국군 7개 사단이 배치되었으며, 국군 제11사단은 군 예비로서 화천 북쪽에 주둔하였다.

공산군은 7월 공세에 앞서 6월 24일부터 이 지역에 대한 탐색공격과 함께 다른 지역에서 조공 및 양공을 실시하였다. 우선 국군 제9사단이 방어하고 있던 김화 서북 북진능선과 저격능선에 대한 공격을 재개함과 동시에, 다음날에는 금성 돌출부 우단의 제3사단 전방의 용호동 529고지를 공격하여 국군 제2군단을 긴장시켰다. 이때 국군 부대들은 적이 6월 25일을 전후해 공격을 재개할 것으로 예상하고 경계 및 전투태세를 갖추고 있었다. 따라서 북진능선과 저격능선에서는 국군 방어부대들이 중공군의 공격에 대해서 강력하게 반격하면서 꿋꿋하게 지켜낼 수 있었다. 한편 금성천과 북한강 분기점 북쪽에 돌출한 고지인 관망산에서도 역시 6월 24일부터 치열한 공방전이 전개되었다. 특히 관망산은 아군으로서는 금성 돌출부의 우견부 방어에 긴요한 곳이며, 적에게는 금성천을 도하하는데 전진기지로 사용할 수 있는 요충지였다. 이곳을 방어하고 있던 국군 제3사단 제23연대 제2대대는 6월 26일 이곳을 중공군에게 빼앗긴 후, 약 7차에 걸쳐 역습을 시도하였으나 끝내 이 고지를 회복하지 못했다.

7월 13일에 시작된 중공군의 7월 공세는 금성 돌출부 양측방에서 시작되어, 이후 돌출부 정면으로 전환되었다. 중공군의 동, 서 작전집단이 국군 수도사단과 제3사단을 돌파함과 거의 동시에, 중(中) 작전집단이

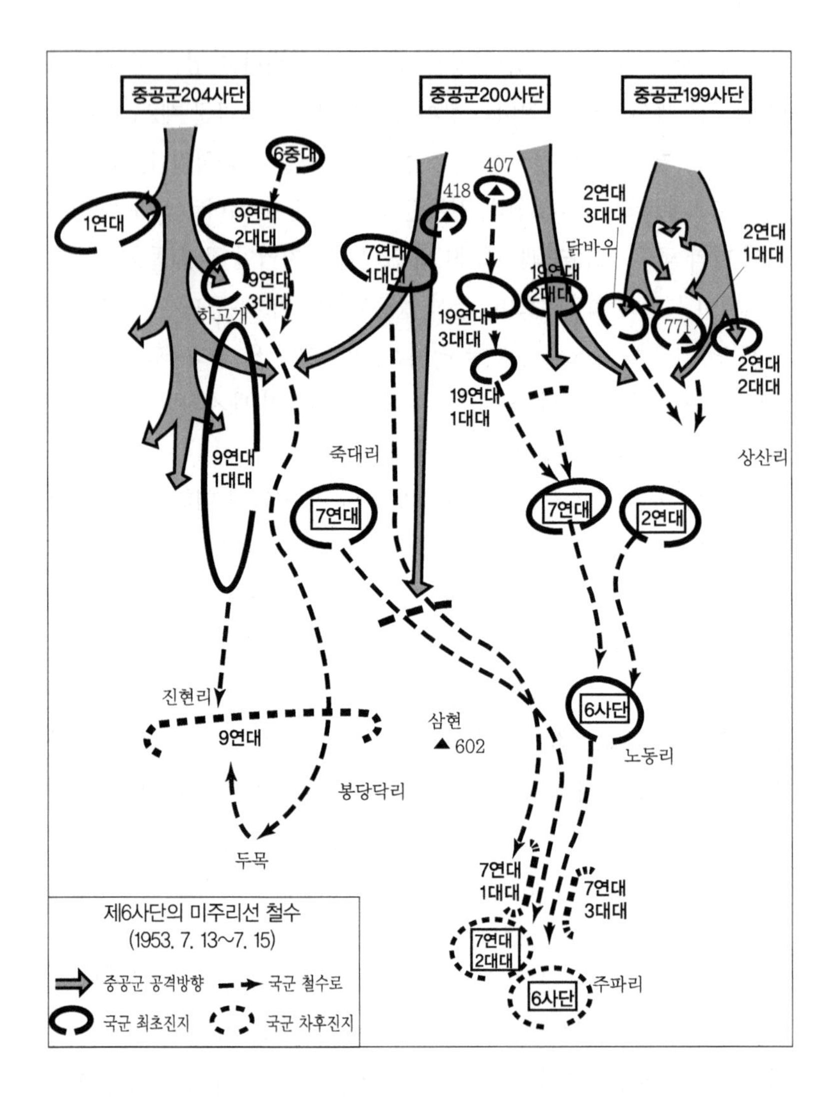

제6사단과 제8사단 전면에 대해 압력을 가하면서 이들 국군 부대의 퇴로 차단을 통한 포위섬멸을 기도하였다. 이에 따라 금성 돌출부에 배치된 미 제9군단 예하 수도사단과 국군 제2군단은 중공군과 필사의 대결전을 벌이게 되었다.

먼저 국군 수도사단이 방어하던 돌출부의 좌견부는 중공군 서 작전집단의 제68군 제204, 203사단과 제54군 제130사단이 7월 13일 21시에 수도사단 제26연대에 중점을 두고 포병사격을 맹렬하게 가하면서 일제히 공격을 개시하였다. 그런데 적은 30분이 경과하자 사격방향을 전환하여 수도사단의 우익인 제1연대를 강타하면서 주공을 중치령과 회고개 방향으로 투입하였다. 적의 주공으로부터 공격을 받은 제1연대장은 연대 예비인 기갑연대 제3대대를 중치령 접근로에 배치하여 적의 돌차를 저지하려 하였으나, 전방대대의 전투가 진행될 무렵인 21시 50분경에 적이 침투에 성공하여 512고지까지 접근하였다. 이후 제1연대의 관측소도 적에게 피탈되고 말았다. 한편 수도사단 좌측의 제26연대도 23시에 주저항선이 붕괴되고 적이 지속적으로 후방으로 침투함에 따라 전방 대대들은 분산하여 남대천 남쪽으로 철수하였다.

그런데 수도사단장은 제1연대의 상황을 정확하게 파악하지 못한 채, 7월 14일 02시에 예비인 기갑연대 제1대대를 제26연대를 지원하라고 명령하는 실수를 범하였다. 그는 이때까지도 제26연대가 더 위급한 것으로 판단하였던 것이다. 결국 04시경에야 사단장은 통신이 두절된 제1연대가 더욱 상황이 악화되었음을 파악하고, 즉시 예비대의 임무를 변경하는 조치를 취했으나 이미 제1연대의 상황은 악화된 이후였다. 이미 제1연대는 중공군의 포위망에 갇혔으며, 많은 병력이 전방진지에서 탈출하지 못한 상태였다. 반면에 제26연대는 큰 손실을 입지 않은 채 철수하여 방동 남쪽에서 재편성을 실시하고 있었다. 한편 미 제9군단장은 이러한 상황을 파악하자마자 즉시 미 제15연대를 수도사단의 예비부대로 선정되어 급편 방어진지를 편성케 하였다. 따라서 중공군의 공격으로부터 철수에 성공한 부대들이 다시 전열을 가다듬을 수 있는 계기를 마련하였다.

7월 14일 10시경에 수도사단의 지휘소를 방문한 미 제8군 사령관 테일러(Maxwell D. Taylor) 대장은 상황을 보고받은 자리에서 더 이상 적의 돌파를 허용해서는 안 된다고 강조하였다. 이에 따라 수도사단장은 제1, 26연대의 잔여부대를 수습하여 117A번 도로 북쪽에 대한 반격을 실시하여, 도로 북쪽의 능선을 장악하고 도로 남쪽에 새로운 주저항선을 형성하는데 성공하였다. 그리고 7월 15일 야간에 다시 중공군의 공격이 개시되자, 작전지역을 미 제3사단에 인계하고 부대 재편성에 돌입하였다.

국군 제3사단과 제5사단이 방어하고 있던 돌출부 우견부에 대한 공격에서는 제3사단 지역에 대한 집중적인 포격이 가해졌다. 중공군의 공격이 시작되자 국군은 중공군의 주공이 제23연대 정면으로 지향될 것을 예상하였으나, 22시경에 중공군은 국군의 예상과 달리 좌전방 제22연대를 공격하고, 대신 제23연대 지역으로는 소규모 부대만 내려 보냈다. 그 사이에 중공군의 침투부대가 제22연대 좌전방에서 돌파를 개시하여 국군 후방으로 이동하여 포위를 시도하였다. 특히 중공군은 제3사단 전방부대에 맹렬한 포격을 집중하여 아군 방어부대들을 속수무책으로 만들었다. 또한 그 사이에 연대규모로 증강된 중공군이 제22연대의 전방 중대진지를 돌파하고, 자정에 이르자 연대 방어진지의 가장 중요한 지점이 485고지가 피탈되었다. 결국 제22연대는 예하 대대들과의 통신연락이 두절되어 포병지원이 불가능한 상황이 이르자 대부분의 부대들이 분산하여 철수하고 말았다.

제3사단장 임선하 소장은 22시까지 상황을 종합한 결과 중공군의 주공이 예상과 달리 좌전방 지역으로 지향되고 있는 것으로 판단하고, 이에 대해 역습을 할 복안으로 사단 예비부대에 출동준비태세를 갖추라고 명령하였다. 그런데 사단장의 명령으로 역습을 실시하던 제18연대 부대들은 역습 목표인 551고지에 도착하기도 이전에 벌써 이 지역까지 침투한 중공군과 조우하여 치열하게 교전하다 철수하고 말았다. 이와 같이 제3사단의 방어선은 중공군 3개 사단으로부터 공격을 받아 7월 14일 새벽에 좌전방이 돌파되고, 우전방은 주저항선을 지탱하고 있었으나, 우측 후방으로부터 돌파 및 침투한 적에 의해 후방이 위협받고 있었다.

게다가 사단 역습마저 좌절되자, 사단장은 연대의 임무교대를 통해 금성천 북안에 제2방어선을 형성하기로 결심하고 철수를 결심하였다. 따라서 각 연대는 적과의 접촉을 끊고 신방어선으로 이동하여 방어진지를 구축하려 하였으나, 이미 이곳까지 침투한 중공군의 공격 때문에 진지 구축은 불가능했다. 또한 적이 아군보다 빨리 남하할 경우 포위될 가능성이 높아, 아군 부대들은 앞을 다투어서 금성천 남안으로 철수할 수밖에 없는 상황이어서, 결국 제2방어선도 붕괴되고 말았다.

이처럼 금성돌출부 우단부의 제3사단은 7월 13일 야간에 시작된 중공군 1개군 3개 사단의 공격에 주저항선이 붕괴되자, 다음날 오전에 금성천을 건너 그 남안에 새로운 방어선을 구축하려고 기도하였다. 그러나 도하를 전후하여 이미 부대가 분산되었으며, 계속된 적의 압력과 포격에 부대수습과 진지편성이 난관에 봉착하였다. 또한 제3사단의 우익인 제5사단의 금성천 남안 부대도 중공군의 공격에 밀려 후퇴하기에 이르자, 결국 제3사단도 추가적으로 철수할 수밖에 없었다. 이로 인해서 금성 돌출부 우견부는 붕괴되고 말았다.

한편 금성 돌출부 선단지역은 금성 남쪽과 교암산-지형능선-612고지를 연하는 전선으로서, 이 중에서 교암산 방면은 국군 제6사단이 방어하고, 나머지 정면은 국군 제8사단이 방어하였다. 중공군은 돌출부 양견부에 대한 공격과 동시에 선단지역 정면에 대해 4개 사단 이상의 압도적인 병력을 투입하여 방어부대들을 압박하였다. 교암산 전초에서 공격을 개시한 중공군은 제6사단 제2연대의 전초기지들을 일시에 돌파한 이후, 교암산 방면의 주저항선을 공격하였다. 이때 가장 먼저 제19연대 정면의 주저항선이 붕괴되었고, 자정까지 버티고 있던 제2연대도 적의 파상적인 공격에 고전을 면치 못하고 있었다. 압도적인 병력을 앞세운 적의 공격은 7월 14일 새벽에 더욱 강력해져서 결국 제2연대와 제9연대는 11시경에 중공군의 침투부대들에 의해서 사단의 퇴로가 차단되고 있는 것을 확인한 후 교암산을 포기하고 철수하기 시작했다.

한편 국군 제8사단이 방어하고 있던 612고지 정면에서는 22시경에 적의 공격으로 전투가 시작되었나, 제8사단의 전초 방어부대들은 다음 날 아침까지 적의 공격을 성공적으로 격퇴하면서 선전하고 있었다. 그러나 전초부대들이 고전하고 있는 사이에 23시 30분경에 중공군의 침투부대가 국군의 주저항선까지 침투하여 지형능선의 690고지에 대해서 공격하여 지형능선이 피탈되고 말았다. 또한 사단 방어정면에서 가장 높은 고지인 765고지도 14일 01시 30분경에 중공군에게 점령당하는 등 제8사단의 전초부대들이 자신들의 진지에서 선전하는 동안, 측방이 돌파되어 후방의 주요 고지들이 중공군에게 선점되는 어처구니없는 상황이 전개된 것이다. 따라서 제8사단장은 14일 11시에 군단장에게 철수를 건의하여 승인받고, 15시까지 금성천 남안에 새로운 방어선을 형성하기 위해서 철수를 개시하였다. 이처럼 돌출부 정면에서의 전투는 교암산과 지형능선의 공방에서 판가름 났으며, 국군의 제6사단과 제8사단은 이 고지들을 상실하고 인접 사단들의 전선 붕괴로 금성천 이남으로 철수할 수밖에 없었다.

상황이 이처럼 전개되자 테일러 사령관은 중공군이 금성 돌출부의 양측 견부를 돌파한 이후 국군 부대들을 후방에서 포위하려는 의도를 파악하였다. 그는 이 돌출부 지역에서 작전을 수행하고 있는 국군 부대들이 적의 양익 포위망 속에 들어가서는 안된다고 판단하고, 7월 14일 06시에 모든 부대들에게 117A번 도로와 금성천 남안으로 철수하여 새로운 방어선을 편성하라고 지시하였다.

그러나 제2군단 예하의 사단들이 117A번 도로와 금성천 남안으로 철수하는 과정에서 중공군의 추격이 계속되어 조직적인 철수가 불가능했고, 따라서 금성천 남안에 새로운 방어선을 형성하려는 시도는 실패하고 말았다. 이처럼 상황이 위기로 치닫자 테일러 사령관은 일본으로부터 제187연대 전투단을 급히 한국으로 공수하여 이동시킨 후 국군 제9사단의 일부전선을 인수시켜 수도사단의 좌익을 강화하는 한편, 7월 15

일 12시부로 미 제3사단으로 하여금 수도사단의 방어지역을 인수시키고, 수도사단은 군단 예비로 전환시켰다. 또한 군 예비인 국군 제11사단을 제2군단에 배속하고, 미 제10군단 예하 국군 제7사단을 국군 제2군단으로 배속 전환시켜 하노곡으로 추진하는 등 국군 제2군단의 전력을 강화하여 적의 돌파를 저지할 수 있도록 조치를 취하였다.

이에 따라 국군 제2군단장은 제11사단을 전방으로 투입하여 제6사단과 교대시키고, 제8사단과 제5사단으로서 제3사단 방어지역을 분담하도록 조치하여 전방전선을 정비하는 한편, 제6사단과 제3사단을 예비로 전환시켰다. 이 결과 제2군단은 제11사단이 진현리-주파리, 제8사단이 주파리-백암산 선단, 제5사단이 백암산-1051고지-876고지 등에서 적을 저지 중이었다. 또한 예비로 전환된 제6사단과 제3사단은 와이오밍선에 투입되어 재편성을 하며, 방어종심을 강화하였다. 그러나 제5사단

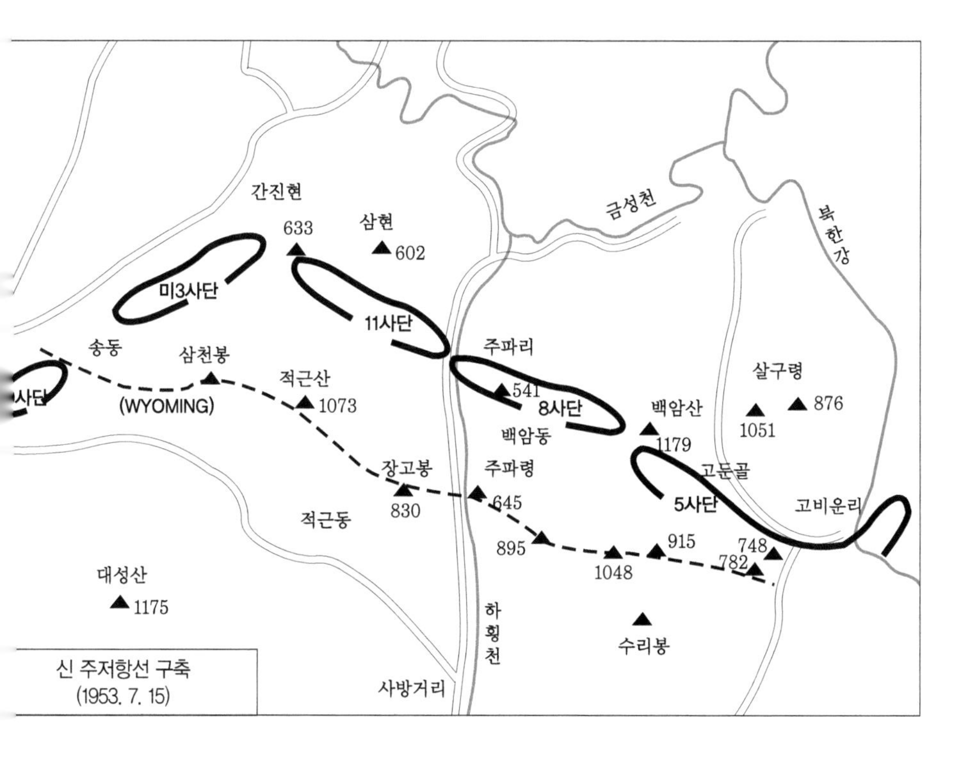

은 지속된 중공군의 공격에 의해서 7월 15일 18시 20분에 백암산을 점령당하자 즉시 철수하여 백암산 남쪽의 고지군에 방어선을 구축하였다. 결과적으로 제2군단은 7월 15일 저녁까지 와이오밍선 북쪽의 진현리-삼현-주파리-수동령-고둔골-고비운리-전석-748고지를 연결하는 새로운 주저항선에서 적의 공세를 저지하였다.

이처럼 7월 15일까지 제2군단이 와이오밍 선 전방의 새로운 방어선에서 적을 저지하자, 테일러 사령관은 7월 16일에 반격작전을 개시하여 금성천을 확보하도록 명령하였다. 이에 따라서 정일권 군단장은 전방 3개 사단을 반격으로 이전시키기로 결심하고, 신방어선 점령을 위한 공격명령을 7월 15일 12시에 하달하였다. 이 명령에 따라서 좌전방 제11사단은 진현리 633고지-삼현 602고지선을 점령하고, 중앙의 제8사단은 별우-성동리까지의 금성천을 확보하며, 제5사단은 7월 13일 공세 이전의 북한강 서남지역을 확보하도록 하였다. 이때 중공군은 그간의 손실과 장마로 인해서 보급추진이 부진하여 공격력의 한계에 도달한 듯 백

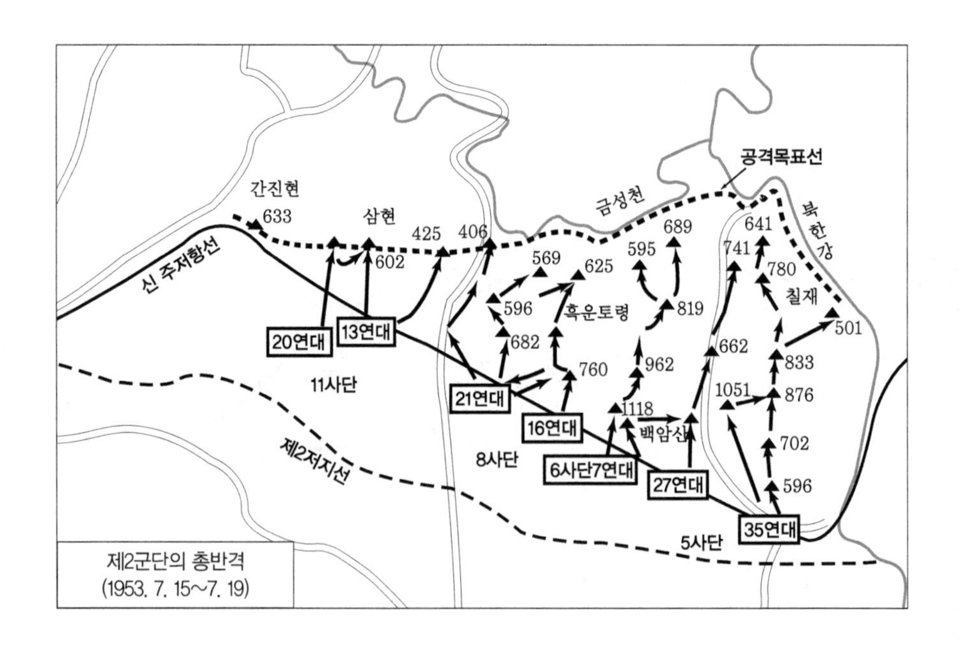

제2군단의 총반격
(1953. 7. 15~7. 19)

암산을 점령한 이후로는 더 이상 공격을 하지 않고, 대신 점령한 진지에 방어선을 구축하는 한편 사상자 처리 등 재편성을 실시하고 있었다.

군단장으로부터 반격 명령을 수령한 각 사단들은 7월 16일 아침부터 적에게 빼앗긴 영토를 되찾기 위해서 실로 악착같은 반격작전을 시작하였다. 먼저 제11사단의 반격작전은 16일 06시에 시작되어 제13연대가 700고지를 경유하여 602고지 동쪽의 무명고지에 대해서 공격을 개시하였다. 그러나 제13연대의 공격에 적의 방어에 의해서 막히자, 사단장은 제20연대를 투입하여 공격하고, 또한 다음날 날이 밝자 유엔 공군의 항공폭격까지 동원하여 602고지에 대한 공격을 재개하였으나, 제11사단은 끝내 602고지를 회복할 수 없었다.

군단 중앙에서 반격작전을 개시한 제8사단의 목표는 금성천이었다. 그런데 제8사단의 반격작전을 가로막는 가장 중요한 지형지물은 851고지인 흑운토령이었다. 송요찬 사단장은 이곳만 점령하면 그 전방의 고지군은 모두 감제할 수 있으므로, 쉽게 점령할 수 있다고 판단하였다. 따라서 제21연대에게 흑운토령을 점령하도록 명령을 내렸으며, 제21연대장은 7월 15일 19시에 야음을 이용하여 와이오밍 선 전방진지에서 야간공격을 개시하였다. 그러나 이날 야간공격에서는 목표 전방의 406고지는 무난히 점령하였으나, 851고지 공격부대는 그 남쪽 능선에서 적과 치열한 교전을 펼쳐야 했다. 결국 다음날 오전에 사단장은 예비인 제16연대를 제21연대를 초월 공격시켜 흑운토령을 점령하는데 성공하였다. 이후 사단은 18일과 19일에 금성천 남안으로 진출하여 반격작전 목표를 달성하였다.

군단 우익의 제5사단은 7월 16일 06시에 제27연대는 백암산을, 제35연대는 소백암산을 목표로 공격하였다. 그러나 첫날 공격에서 두 연대는 모두 적의 막강한 저항에 부딪혀 많은 인명손실만 입은 채 목표를 달성에 실패하였다. 그러나 다음날 사단은 제7연대와 제27연대에게 각각 백암산과 소백암산을 공격하도록 다시 명령하여 목표 달성에 대한 집념을 드러내었다. 이 두 개 연대는 백암산 선을 우회하여 그 북방으로 진출하고, 다음날인 7월 18일 오전에 제27연대는 항공지원을 받으면서 백암산 정상을 탈환하였고, 이어서 북한강변의 662고지, 641고지까지 점령하였다. 제7연대도 819고지를 점령하고, 이어서 금성천변의 595고지, 689고지를 점령하는데 성공하였다. 이로써 제5사단도 반격작전 목표를 확보하고, 금성천-북한강 선을 확보하였다.

국군 제2군단은 반격작전을 실시한 지 3일 만인 7월 19일에 금성천을 확보하고 반격목표를 달성하였다. 정일권 군단장은 금성천에 도달한 사단들을 계속 금성천 북안으로 진격하려고 시도하였으나, 휴전을 앞둔 시점에서 과도한 출혈을 우려한 테일러 사령관은 이를 승인하지 않았다. 따라서 군단은 전선을 재정리하여 적의 공격에 대비할 조치를 취했다. 이 당시에 국군 제2군단은 제11, 7, 8, 6사단의 4개 사단으로 금성천과 북한강에 연한 방어선을 구축하고, 제3사단과 제5사단을 각각 사방거리와 화천에 예비로 보유하였다. 이때 군단의 좌익에는 미 제9군단 소속의 미 제3사단이, 우익에는 미 제10군단 소속의 미 제45사단이 병행하여 적과 대치하였다. 결과적으로 국군 제2군단은 금성 돌출부 작전에서 백암산까지 상실하고 와이오밍선 전방까지 후퇴하여 적의 공세를 저지한 다음, 반격으로 이전하여 그 중간지역 금성천을 확보함으로써 돌출부가 제거된 전선을 확보한 상황에서 휴전을 맞았다.

'중공군 최후공세' 혹은 '7월 공세'로 알려진 이 전투에서 국군은 14,373(전사 2,689명, 부상 7,548명, 실종 4,136명)의 인명손실을 입었으며, 중공군도 확인된 손실 27,412명과 추정살상 약 38,700명을 합하여 도합 66,000여 명의 병력손실을 입었다. 이 전투에서 전선의 변화는 고작 4km에 불과했지만 엄청나게 많은 인명손실이 발생한 것으로 볼 때, 이 전투가 얼마나 치열하게 전개되었는가를 잘 알 수 있다.

하지만 6 · 25전쟁의 마지막 전투로 기록된 금성전투의 의의는 국군 제2군단이 비록 공세 초기에 금성 돌출부를 상실했지만, 중공군 5개군

15개 사단의 공세를 저지하고 이후 대대적인 반격작전을 펼쳐 금성천을 회복하고 전투를 끝낸 것이다. 이는 국군이 중공군 참전 초기와 1951년 초까지 중공군에 대한 가지고 있었던 모든 두려움을 극복하고 자신감을 갖게 되었음을 잘 드러낸 것이다. 이처럼 한국군이 6 · 25전쟁을 경험하면서 갖게 된 자신감과 향상된 전투력은 60여 년이 지난 오늘날까지 현대 한국군을 지탱하는 중심적인 요소로 작용하고 있다.

부록

- 6 · 25전쟁 주요 연표
- 참고문헌

■ 6 · 25전쟁 주요 연표

1. 초기전투 및 후퇴기작전(1950. 6. 25.~1950. 7. 31.)

년	월일	작전사항	기타관련사항
1950			
6	25	• 북한군, 38선 전역에서 남침, 옹진반도 · 개성 · 동두천 · 포천 점령, 동해안 상륙 • 북한 야크(Yak)전투기, 김포 · 여의도 비행장 및 용산일대에 기총소사	
	26	• 국군 17연대, 옹진→인천 철수	• UN안보리, 북한군의 남침을 평화파괴 행위로 규정. 38선 이북으로의 즉각 철퇴를 요구(6.25결의)
		• 국군 6사단, 춘천 북쪽에서 북한 2사단 예하 1개 연대에 섬멸적 타격을 가하고 진지 고수	• 미 정부, 맥아더 원수에게 대한 무기원조를 명령
	27	• 육본, 시흥 철수, 용산으로 복귀. 국군 주력 미아리~청량리방어선 구축	• 비상국무회의. 정부의 대전이동 결정
		• 국군 6사단, 춘천→홍천 철수 • 미 극동군사령부 ADCOM, 수원 도착	• 미 대통령, 맥아더 원수에게 미극동해 · 공군을 38선 이남에 투입하여 대한 방공 지원을 명령
	28	• 국군, 02:30 한강교 및 광장교 폭파와 동시에 미아리 방어선에서 철수. 김홍일 소장 지휘에 시흥지구전투사령부 편성. 한강 남안에 방어선 구축	• UN안보리, 북한군의 침략을 격퇴하기 위한 한국에 대한 무력 원조를 UN 각국에 요구(6.27결의)
		• 북한 3 · 4사단 및 105전차사단, 서울 점령 • 북한 6사단 일부, 김포비행장 점령	
	29	• 북한군, 서울 점령으로 1차작전 완료	• 맥아더 원수, 한강방어선 시찰
	30	• 국군, 육 · 해 · 공군총사령관 및 육군참모총장에 정일권 소장을 겸임발령	• 미 대통령, 주일미지상군의 한국투입을 명령, 미 해 · 공군의 작전범위를 38선 이북으로 확대
		• 북한군, 2차작전을 개시 • 북한 3사단 8연대, 서빙고에서 한강 도하 시작 • 북한 7사단, 홍천 점령	• 맥아더 원수, 미 24 · 25사단의 한국 전선 투입을 명령
7	1	• 국군 6사단, 원주→충주 철수 • 스미스 대대, 항공기를 이용 부산도착. 열차로 북상개시. 북산 3사단 5연대, 한강도하개시	• 대만, 육군 3개 사단 및 항공기 20대의 한국지원을 UN에 제의
	2	• 국군 8사단, 제천으로 철수 • 북한 7사단, 원주점령	

년 월 일		작 전 사 항	기 타 관 련 사 항
1950			
7	3	• 국군 시흥지구전투사령부, 수원으로 철수 • 국군 1군단, 평택에서 창설. 김홍일 소장 지휘하 수도사단, 1사단 배속 • 스미스 대대, 오산 북쪽 죽미령에서 북한 4사단과 최초 접전	
	7	• 국군 1군단, 성환→청주 이동 • 북한군 최고사령부, 3차작전 계획 하달	
	8	• 국군 6사단 7연대 2 · 3대대, 동락리에서 북한 15사단 예하 1개 연대 섬멸	• UN안보리, 파한 UN군의 통합사령부 설치를 미국에 위임(7.7결의)
		• 북한 1사단 충주 점령, 4사단 천안 점령	• 미 대통령, 7.7결의에 의거 맥아더 원수를 UN군 사령관으로 임명
	9	• 미 8군사령부, 대구에 설치 • 북한 5사단, 전의→공주방면, 3사단은 조치원 방면으로 각각 진출	
	10	• 국군 1사단, 음성에서 북한 15사단과 접전	• 애치슨 미 국무장관, 국무성 정책기획실에 북진문제를 검토하도록 지시
		• 미 24사단, 전의에서 M-24전차를 최초로 사용 • 미 25사단 주력, 부산에 상륙 • 미 극동공군, 평양 일대를 맹폭. 개전 이래 최대의 효과 • 북한군, 단양~음성~제천선 진출	
	11	• 국군 1군단 예하 전포병대, 청주에서 북한 2사단 병력 800명을 포격하여 사살	
	12	• 북한 4사단, 공주 북쪽 수촌리에 진출 • 국군 6사단, 문경으로 후퇴	
	13	• 북한 2사단 청주 점령, 4사단 금강 도하하여 공주 점령	
	14	• 육본, 대전→대구 이동 • 북한 12사단, 풍기에 침입	• 이 대통령, 국군의 작전지휘권을 UN군 사령관에게 이양(대전협정)
	15	• 국군 2군단, 함창에서 창설. 유재흥 소장 지휘하에 6 · 8사단 • 국군 8사단, 풍기에서 북한군 격퇴 • 북한 3사단, 대평리에서 금강 도하	
	16	• 국군 6사단, 문경에서 북한 1사단과 접전	• 정부, 대전→대구 이동
	17	• 국군 17연대, 화령장 북쪽 동비령에서 북한 15사단 48연대 섬멸	• 트루만 미 대통령, NSC에 북진연구를 지시

년 월 일		작 전 사 항	기 타 관 련 사 항
1950			
7	18	• 국군 8사단, 풍기에서 북한 12사단과 교전 • 미 1기병사단, 포항에 상륙	
	19	• 미 1기병사단, 포항에 상륙 • 국군 17연대, 화령장 동쪽 동비령에서 북한 15사단 49연대 섬멸 • 미 24사단, 대전비행장에서 3.5″로켓포로 북한 전차 8대 격파 • 미 1기병사단, 영동일대에서 전개 • 북한 3 · 4사단, 대전을 포위공격 • 북한 6사단, 익산 점령	
	20	• 미 24사단장 딘 소장, 대전에서 후퇴중 실종 • 북한군, 대전점령. 3차작전 완료	• 맥아더 원수, 전황에 관한 성명 발표. 북한군은 승기를 상실. 전세회복을 낙관
	22	• 국군 3사단, 영덕을 탈환 • 북한군, 4차작전을 개시	
	23	• 북한 6사단, 광주를 점령	
	24	• 국군 6사단, 영주에서 후퇴 • 미 5공군, 전방사령부를 대구에 설치 • 미 29독립연대, 오끼나와→부산 도착 • 미 8군, 미 24사단에 진주~거창~지례선의 확보를 명령 • 북한 6사단, 하동으로 침입	
	26	• 북한 6사단, 여수 점령	
	27	• 미 24사단 합천에 사령부 설치 • 국군 1 · 6사단, 함창~점촌 북쪽에서 북한 1 · 13사단과 교전 • 북한 5사단, 안의 점령	• 맥아더 원수, 대구에 도착. 워커중장과 요담
	29	• 워커 중장, 미 25사단 사령부(상주)에서 전선사수명령 • 미 1기병사단, 황간→김천 철수	
	30	• 미 전략폭격기, 3차에 걸쳐 평양, 원산, 함흥 등지의 주요 군사목표를 폭격 • 북한 4사단 거창 점령, 8사단 예천 점령	• 미 정부, UN군의 작전에 비협조적인 국가에 대하여 지원중단을 결정 • 북한 김일성, 수안보에 내려와 독전
	31	• 전선은 진주~묘산~김천~예천~안동~영덕 외곽선 • 국군 1 · 6사단 함창에서 후퇴 • 미 2사단 9연대, 미 본토로부터 최초로 부산에 상륙 • 미 5연대 전투단, 하와이→부산 도착 • 북한 4사단 합천 점령. 6사단 진주 점령, 1사단 점촌 점령	• 국군 6사단, 문경으로 후퇴 맥아더 원수, 대만방문. 장개석 총통과 회담 • 이 대통령, 국군의 작전지휘권을 UN군 사령관에게 이양(대전협정)

2. 낙동강 방어작전기(1950. 8. 1.~1950. 9. 14.)

년 원 일		작 전 사 항	기 타 관 련 사 항
1950			
8	1	• 8군사령부, 전부대로 하여금 현 전선에서 낙동강 방어선으로 전면철수를 명령	
		• 국군 8사단, 안동 인도교 및 철교폭파 후 낙동강 남안으로 철수	
		• 북한 12사단, 안동 점령	
	3	• 국군 17연대, 미 24사단에 배속되어 현풍 일대에서 북한군의 도하를 저지한 후 대구로 이동. 육본 예비로 재편성(~7)	
	4	• 북한군의 8월 공세(~24)	
	5	• 창녕, 영산 서쪽에서 낙동강 돌출부 1차 전투(~6)	
	6		• 헤리만 미 대통령 특사, 동경방문. 맥아더 원수와 요담
	7	• 미 5해병연대, 진동리 342고지에서 격전(~9)	
		• 미 공군 35비행단 39전투기대대, 연일 기지에 배치	
		• 킨 특수임무부대, 진주 남강까지 반격(~12)	
	8	• 미 5해병연대, 9 · 19 · 34연대, 낙동강 돌출부에서 역습, 오봉리 능선 및 클로버 고지 탈환(~14)	
	9	• 미 7기병연대, 금무봉전투(~11)	
	10	• 국군 3사단, 홍해 북쪽 장사동에 고립	
		• 국군 포항지구전투사령부 창설	
		• 브래들리 특수임무부대, 포항, 연일지구에 투입되어 국군을 지원	
	11	• 북한 5사단 및 766부대, 포항을 일시 점령	
	14	• 국군 1사단, 다부동~신주막 전투에서 북한 13 · 15사단의 공격을 저지(~21)	
	15	• 미 극동공군의 경폭격기 및 전폭기대대, 적 병참선 폭격	
	16	• B-29 전폭기 98대, 왜관 근교에 융단폭격	• 중공사절 16명, 평양방문
	17	• 국군 3사단, 덕성리에서 철수, 구룡포에 상륙	• UN안보리에서 Austin미대표, 한반도 통일을 위한 북진 주장
	18	• 민부대, 포항 탈환	• 정부 대구→부산 이동

년 원 일		작 전 사 항	기 타 관 련 사 항
1950			
8	19	• 국군 3사단, 재편성 후 포항에 재투입	• 맥아더 원수, 콜린스 대장 및 셔먼 제독과 인천상륙작전 및 북진가능성 논의
	20	• 북한 15사단, 대구정면→영천방면 이동	
		• 포항지구전투사령부 및 브래들리 특수임무부대 해체	
	22	• 북한 13사단 포병연대장 정봉욱 중좌, 국군 11연대로 귀순	
	25	• 기계~안강 점령으로 경주 북쪽까지 후퇴(~9.4)	
	27	• 잭슨 특수임무부대, 경주지구에 투입	
		• 국군 3사단, 포항에서 북한 5사단의 공격을 받고 형산강 남안으로 철수(~9.5)	
	28	• 미 공군 전폭기대대, 성진 금속공장에 폭탄 326톤, 진남포 공장지대에 폭탄 284톤 각각 투하(~31)	
	31	• 낙동강 돌출부 및 영산지구 2차전투(~9.1)	
9	1		• 미 NSC, 북진문제를 토의
		• 미 2사단 9연대 및 72전차대대, 영산전투(~5)	
		• 미 25사단(5연대 전투단 배속), 함안으로 반격(~6)	
	2	• 미 7기병연대, 수석산(518) 공격에 실패(~7)	
	3	• 미 8기병연대, 북한 1사단의 공격의 가산성지(902)에서 후퇴(~5)	
	4	• UN공군, 인천 일대에 폭격개시	
	5	• 육본 및 8군사령부, 대구→부산 이동	
		• UN해군, 인천, 군산 등지에서 함포사격 개시(~6)	
		• 국군 2군단, 영천지구에서 북한 15사단의 돌파를 저지하고 포위섬멸(~13)	
	6	• 국군 17연대, 북한 12사단의 공격을 격퇴, 곤제봉(293)을 확보. 경주방어(~13)	
	7	• 잭슨 특수임무부대, 처치 특수임무부대로 흡수됨	
	8	• 북한 5사단 1연대, 운제산(482) 점령, 연일비행장 위협	
	9	• 데이비드슨 특수임무부대, 동부전선에 투입(~12)	

년 원 일		작 전 사 항	기 타 관 련 사 항
1950			
	10	• 국군 1사단, 팔공산(1192)에서 북한 1사단을 격퇴(~13)	
	11		• 미 정부, 북진방침을 원칙적으로 확정
		• 국군 중앙훈련소 제5교육대, 도덕산(660)으로 출동, 북한 1사단의 돌파를 저지(~12)	
	12	• 미 1군단 창설	

3. 인천상륙, 반격 및 북진작전기(1950. 9. 15.~1950. 11. 30.)

9	15	• 미 10군단, 미 1해병사단 및 국군 해병대를 선두로 인천에 상륙	• 미 합참, UN군 사령부에 북진준비를 훈령(9.15훈령)
	16	• 아군, 낙동강 방어선에서 반격개시	
		• 미 7사단 및 국군 17연대, 인천에 상륙(~19)	
	17	• 미 5해병연대, 김포비행장 탈환(~18)	
	19	• 서울탈환작전(~28)	
	23	• 미 9군단 창설	
	27	• 린취 특수임무부대 및 미 7사단 31연대, 08:26 오산 북쪽에서 연결	• 미 합참, UN군의 북진을 명령(9.27훈령)
	28	• 미 24사단, 대전탈환	
	29		• 정부, 서울로 환도
10	1	• 국군 3사단, 동해안에서 38선 돌파	• 맥아더 원수, 북한에 항복 요구
		• 미 1기병사단, 임진강선 진출	• 중공 외상 주은래, UN군의 북진저지 의사 표명
	2	• UN군사령부, '작전명령 2호' 하달	
	3		• 주은래, 인도대사에게 북진저지를 위한 중공군의 개입의사를 전달
	6	• 미 1해병사단, 인천에서 승선 개시	
	8	• 미 1기병사단, 서부전선에서 UN군의 선봉으로 38선 돌파(~14)	• UN총회, UN군의 북진 및 남북통일을 지지. UNCURK창설(10.7결의)
	9		• 미 합참, 맥아더 원수에게 중공군 개입시의 작전에 관한 재량권을 부여(10. 9훈령)
			• 맥아더 원수, 북한에 무조건 항복을 요구하는 최후통첩 발표
		• 미 1군단, 개성~금천~한포리~남천점으로 진격(~14)	
	10	• 국군 1군단(수도사단, 3사단), 10:00 원산 입성	
	11	• 국군 6사단 7연대 및 8사단, 평강 돌입	
		• 미 5공군, 원산비행장에 추진배치	

년월일		작전사항	기타관련사항
1950			
10	15		• 웨이크섬 회담, 맥아더 원수가 트루만 대통령에게 중공이 개입하지 않을 것이라고 장담
	17	• UN군사령부,'작전명령 4호' 하달	
	19	• 국군 1사단, 평양입성	
		• 중공군, 압록강도하 시작	
	20	• 미 187공수연대, 숙천~순천에 낙하	
	23	• 국군 8사단, 덕천 점령	
	24	• 맥아더 원수, 전부대에게 신속한 국경진출을 명령	
	25	• 국군 3사단, 홍남 북쪽 수동에서 중공군 1명 생포	
		• 국군 1사단 15연대, 운산에서 중공군 1명 생포	
	26	• 국군 6사단 7연대, 압록강변 초산 돌입	
		• 미 제10군단 예하 미 1해병사단, 원산에 행정적 상륙(~28)	
		• 중공군의 1차공세, 운산~온정리~회천~구장동 일대에서 미 8군을 공격(~11.1)	
	28	• 국군 3사단, 수동에서 중공군과 격전	
		• 미 7사단, 이원에 상륙	
	30	• 미 24사단, 압록강 이남 76㎞ 지점에 도달	
11	1	• 미 8군사령부, 전부대에 청천강선으로 철수를 명령	
		• MIG기, 압록강 상공에서 최초로 UN기에 도전	
		• 국군 1사단 5연대 및 미 1기병사단 8기병연대, 운산에서 중공군과 격전 끝에 후퇴(~2)	
		• 미 10군단, 수동~장진호 일대로 진출(~9)	
	3	• 미 8군, 청천강 방어선 전투(~6)	
		• 영 29여단, 부산에 상륙(~18)	
	5	• 미 3사단, 원산에 상륙(~17)	
	6	• 맥아더 원수, 미 극동공군에 압록강교 폭파명령	• 맥아더 원수, 중공군의 개입사실을 시인하는 성명 발표
	7	• 미 7해병연대, 하갈우리에 진출	• 북한 신의주 방송, 중공군 개입사실을 공식 보도

년	월	일	작전사항	기타관련사항
1950				
	11	8	• 미 공군 B-29 폭격기대, 신의주 부근 압록강교 폭파명령	
			• 미 F-80기와 MIG기, 압록강 상공에서 사상 최초의 제트기전. 접전 1대 격추	
		9		• 미 NSC, 중공군 개입에 대한 대책을 토의
		10		• UN군 참전 각국, 공동성명을 통해 중공군의 철퇴를 요구. UN군의 만주불침을 공약
		16		• 트루만 미 대통령, 중공의 영토권 존중을 공약
		21	• 미 7사단 17연대, 두만강변 혜산진에 도달	
		22		• Bevin 영 외상, 중공군의 철퇴를 종용하는 대중공 각서 전달
		24	• 맥아더 원수, 종전을 위한 최종 공세를 개시	
		25	• 국군 수도사단, 청진 입성	
			• 중공군, 동부전선의 미 10군단에 총공세 개시	
			• 최초 서부전선의 미 8군을 공격	
		27	• 미 5 · 7해병연대, 유담리→무평리 공격개시	
			• 중공군의 2차공세 개시(~27)	
			• 미 7사단 예하 Drysdale 특수임무부대, 장진호 부근에서 후퇴간 전멸(~12.1)	
		28		• 미 NSC, 중공군 개입사태 토의
		29	• 프랑스 대대, 부산도착	• 트루만 미 대통령, 기자회견에서 한국전 원자폭탄 사용가능성을 시사

4. 중공군 개입 및 전선격동기(1950. 12. 1.~1951. 6. 30.)

년	월	일	작전사항	기타관련사항
1950				
	12	1	• UN군사령부 지휘관회담, UN군의 전면 후퇴를 결정	
			• 미 5 · 7해병연대, 유담리→하갈우리 후퇴 개시	
		4	• 미 8군, 평양에서 철수	• 애틀리 영국수상 방미, 미 · 영 수뇌회담에서 협상을 통한 현상동결원칙에합의(~8)

년 월 일		작 전 사 항	기 타 관 련 사 항
1950			
12	6	• 미 1해병사단, 하갈우리→고토리 철수작전(~8)	• 미 합참, 전면전쟁에 대비한 비상태세 발령
	15	• 미 8군, 38선 일대에 신방어선 구축 개시	
	16	• 미 10군단, 흥남교두보 방어 및 해상철수 작전(~24)	
	19		• 미 대통령, 대중공 전면 금수령 발표 • 미 정부, 아이젠하워 원수를 NATO 사령관에 임명, 유럽주둔 미군 강화 개시
	23	• 미 8군 사령관 워커 중장, 교통사고로 사망	
	26	• 신임 8군사령관 리지웨이 중장 취임	
	27	• 미 10군단, 미 8군에 배속	
	29		• 미 합참, UN군은 축차적인 지연전으로 중공군을 저지하도록 맥아더 원수에 훈령
	30		• 맥아더 원수, 미 합참에 대중공 확전 건의
	31	• 중공군, 3차공세(신정공세) 개시	
1951			
1	12	• 아군, 경인지구에서 철수, 평택~원주~삼척 방어선 확보(~7)	• 미 합참, 중공군을 저지하도록 맥아더 원수에게 재훈령. 16개 항의 대중공 보복안을 확정(1. 12 메모)
	14		• 미 합참, 콜린스 대장 및 반덴버그 대장을 전황시찰차 한국에 파견
	15	• 미 1군단, 울프하운드(Wolfhound)작전, 수원 돌입	
	17		• 콜린스 대장, 전세 호전의 회보를 미 합참에 보고
	23	• 미 공군 F-84기 33대, 신의주 상공에서 MIG기 30대와 치열한 공중전	
	25	• 미 1 · 9군단, 썬더볼트(Thunderbolt)작전 개시	
2	1		• UN총회, 중공군을 침략자로 규탄하는 결의안 가결
	5	• 국군 3군단 및 미 10군단, 라운드업(Round Up)작전 개시	
	11	• 중공군의 4차공세(2월공세)(~17)	
	13	• 미 2사단 23연대 및 프랑스대대, 지평리의 원형진지를 고수(~16)	
	21	• 미 9 · 10군단, 킬러(Killer)작전 개시	
3	7	• 미 9 · 10군단, 리퍼(Ripper)작전 개시	• 미 정부, 3월중 대만에 대한 미 군사고문단 파견 및 군사지원재개를 결정

년 월 일		작 전 사 항	기 타 관 련 사 항
1951			
3	14	• 국군 1사단, 서울 재탈환	
	23	• 미 187공수연대, 토마호크(Tomahawk) 작전개시, 문산지구에 낙하	
	31	• 아군 아이다호(Idaho)선 점령, 38선 도달	
4	5	• 아군 러기드(Rugged)작전 개시	
	11		• UN군 사령관 교체, 맥아더 원수→ 리지웨이 대장 • 미 8군사령관 교체, 리지웨이 중장→ 밴플리트 중장
	14	• 아군, 전 전선에서 캔사스(Kansas)선 도달	
	19	• 미 1 · 9군단 유타(Utah)선 점령	
	22	• 중공군의 1차 춘계공세(4월공세)(~28)	
	30	• 아군, 중공군의 공세를 저지	
5	2		• 미 NSC, 한국전 수행의 목적을 토의
	3		• 미 의회, 맥아더 원수의 해임 경위에 관한 청문회 개시
	16		• 미 NSC, 한국전을 협상으로 종결시킨다는 원칙 확정
		• UN 전폭기, 춘천~인제간 도로에서 적 5,000명 이상을 살상(~19) • 중공군의 2차 춘계공세(5월공세)(~23)	
	21	• 적을 38선 이북으로 격퇴하기 위한 전면 반격 개시	
	30	• 아군, 캔사스(Kansas)선 도달	
6	1	• 아군, 파일드라이버(Piledriver)작전 개시 • 미 1 · 9군단, 와이오밍(Wyoming)선으로 진출개시	
	13	• 아군, 철원 및 금화점령	
	24		• UN안보리 소련대표 말리크(Malik), 휴전 용의 시사
	30		• UN사령관 리지웨이 대장, 휴전협상에 응할 준비가 갖추어져 있음을 공산측에 방송

5. 휴전협상 및 전선고착기(1951. 7. 1.~1953. 7. 27.)

년 월 일		작 전 사 항	기 타 관 련 사 항
1951			
7	10		• 개성에서 휴전회담 개최
	26	• 미 2사단, 펀치볼(Punchbowl) 동남쪽 대우산(1179)을 공격(~29) • 서부전선에서 적 활동 급격히 감소	• 휴전회담, 의사일정에 합의
	28	• 영 1연방사단 창설	
8	5		• 휴전회담 UN군측, 중립지대내의 적의 무장병력 침입을 이유로 회담연기
	9		• 휴전회담 재개
	10		• 휴전회담 공산측, 38선을 군사분계선으로 확정할 것을 고집
	18	• 미국 10군단, 펀치볼(Punchbowl)지구의 1031고지를 맹공격	
	22		• 휴전회담 공산측, UN기의 중립지대 침범을 이유로 회담 거부
	30	• 미 1해병사단, 펀치볼(Punchbowl) 일대에서 공격 개시	
9	2	• UN공군의 Sabre제트기 22대, 적기 40대와 신의주~평양 상공에서 30분간 공중전, 적기 4대 격추 • 미 2사단, 피의 능선을 점령(~5)	
	13	• 미 2사단 및 프랑스 대대, 피의 능선 및 단장의 능선(931고지)에서 격전(~25)	
	18	• 미 1해병사단, 펀치볼(Punchbowl) 동북쪽 소양강선으로 진출	
	23		• 휴전회담 UN군측, 공산측의 회담재개 제의에 동의
	26	• 미 극동공군기 101대, 적 MIG기 155대와 공중전, 쌍방 각각 2대씩 피격	
10	3	• 미 1군단 예하 5개 사단, 코만도(Commando)작전, 제임스타운(Jamestown)선으로 전진(~23)	
	15	• 미 2사단, 피의 능선 점령	
	22		• 휴전회담 쌍방, 회담장소를 판문점으로 옮기는 데 합의
	25	• 국군 7사단, 크리스마스 고지(1090)에서 중공군의 공격을 격퇴하고 고지 확보(~28)	• 휴전본회담, 2개월간의 휴회 끝에 판문점에서 재개
	28		• 휴전회담, 군사분계선을 휴전조인시의 접촉선으로 설정하는 데 합의

년 월 일		작 전 사 항	기 타 관 련 사 항
1951			
11	12	• UN군사령부, 8군으로 하여금 공격작전을 중지하고 적극방위태세로 전환할 것을 명령	
12	5	• 주한 미군 교대 개시: 미 45사단, 북해도로부터 한국으로 이동함과 동시에 미 1기병사단은 철수	
	18		• 휴전회담 쌍방, 포로명단 교환
1952			
1	2		• 휴전회담 UN군측, 포로의 자유의사에 의한 송환원칙을 제의, 공산측이 맹렬히 반대
	5	• 미 40사단, 한국전선에 투입 시작	
2	10	• 아군, 클램업(Clam up)작전(~15)	
	11	• 국군 7사단, 크리스마스 고지 격전 끝에 확보(~13)	
	25	• UN전폭기 307대, 정주~신안주간 도로에 폭탄 260톤 투하	
4	28		• 휴전 본회담, 공산측 요구로 무기한 휴회(5.2재개)
5	7		• 거제도 포로수용소장 돗드 준장, 친공포로에 피납(~11)
	12	• UN사령관 경질, 리지웨이 대장, NATO사령관에 취임. 클라크대장,신임 UN군사령관으로 취임	• 공산측, 반UN선전활동을 격화
6	6	• 미 45사단, 카운터(Counter)작전, 11개소의 전방정찰기지를 점령하고 주저항선을 전반으로 추진(~26)	
	23	• UN해 · 공군, 북한내의 주요 수력발전소 맹폭(~27)	
7	17	• 미 2사단, Old Baldy 전투(~24)	
	29	• 프랑스 대대, Erie 전초기지에서 중공군의 공격을 격퇴	
8	9	• 미 해병 1사단, 서부전선의 벙커고지(122)에서 적의 공격을 격퇴(~16)	
	29	• UN공군, 평양을 폭격	
9	6	• 국군 수도사단, 수도고지 및 지형능선을 격전 끝에 확보(~20)	
	17	• 미 3사단, 켈리(Kelly) 전초기지에서 적의 공격을 격퇴(~24)	
10	6	• 프랑스 대대, 화살머리 고지(281)에서 중공군 2개 연대의 공격을 격퇴(~9)	

년	월일	작전사항	기타관련사항
1952			
10	8	• 국군 9사단, 백마고지(395) 전투(~15)	• 휴전회담 UN군측, 포로송환문제로 본회담을 무기연기
	14	• 미 9군단, 쇼우다운(Showdown)작전, 미 7사단을 주공으로 금화 북쪽 삼각고지군 및 저격능선을 공격(~24) • 국군 2사단, 저격능선을 공격 점령(~25)	
	24	• 벨기에대대, 철원북쪽의 국군 30연대와 교대, 전선담당	
11	3	• 미 40사단, 851 및 930고지에서 격전	
12	2		• 아이젠하워 차기 미 대통령 한국방문, 3일간 전황시찰 • 아이젠하워, 한국전이 장기화될 경우 중공본토에 대한 핵공격을 암시
1953			
1	9	• 2월까지 동계 혹한으로 전전선 소강상태 지속 • 미 극동공군 및 5공군 예하 B-29폭격기 및 전폭기 300대, 평양~신안주 일대 맹타(~14)	• 휴전회담, 휴회중
	25	• 미 7사단, 역곡천 북쪽 T-Bone능선 및 Alligator턱(324)에서 격전(~2.20)	
2	2		• 아이젠하워 미 대통령, 취임 후 연두교서에서 '미 7함대의 중공본토 보호조치를 해제한다'고 발표
	11	• 미 8군사령관 교체: 밴플리트(Van Fleet)→테일러(Maxwell D. Taylor)중장	
	18	• 미 전폭기 24대, 수풍발전소를 맹폭(~19)	
	22		• 휴전회담 UN군측, 병상포로의 우선교환을 제의
3	5		• 스탈린 사망
	23	• 미 7사단, Old Baldy 및 Pork Chop일대에서 격전(~29)	
	28		• 휴전회담 공산측, 병산포로 교환에 동의
4	11		• 휴전회담, 병상포로를 4.20부터 교환하기로 합의
	16	• 미 7사단, Pork Chop에서 다시 격전(~18)	
	20		• Little Switch작전, 병상포로교환(~26)

년	월 일	작 전 사 항	기 타 관 련 사 항
1953			
4	26		• 휴전본회담, 포로송환 문제로 말미암아 6개월여의 휴전 끝에 재개
	27		• UN군사령부, 귀순 MIG기에 10만불 현상
5	25	• 미 25사단, Nevada Complex에서 격전(~29)	• 휴전회담 국군측 대표, 협상을 거부퇴장
6	2	• 국군 15사단, 351고지 전투(~6)	
	8		• 휴전회담, 포로송환문제 타결 • 이승만 대통령, 휴전조항 수락 불가 성명 발표
	10	• 중공군, 금성지구의 국군 2군단 정면에서 1951년 춘계공세 이후 최대의 공격을 개시(~18)	
	18		• 이대통령, 반공포로 27,000명 석방, 휴전조항 수락 불가 재성명 발표 • 로버트슨 미 국무차관 방한
	25		• 한국민, 휴전반대 시위 절정(~7.12)
7	6	• 역곡천 북쪽 화살머리 고지(281)에서 격전 재연(~1)	
	8		• 휴전회담, 한국대표 불참상황에서 회담을 속개하기로 합의
	13	• 중공군, 국군 2군단 및 미 9군단 예하의 국군사단을 정면을 집중공격	
	19	• 국군 2군단, 금화~금성 일대에서 반격	
	27	• 22:00를 기하여 전 전선에서 전투종료	• 10:00, 판문점에서 휴전협정 조인

■ 참고문헌

60대 전투 참고문헌

각각의 전투들에 대한 객관적인 설명을 위해 가능하면 전사편찬위원회나 국방군사연구소, 그리고 군사편찬연구소가 출간한 공간사(公刊史)를 기준으로 하였다. 독자의 폭넓은 연구를 위하여 『6 · 25전쟁 60대전투』에 공통적으로 참고한 주요 공간사, 회고록, 개인 저서 등을 소개하고자 한다. 독자 편의를 위해 2009년도 이내까지 발간된 국문 자료 위주로 정리하였다.

1. 문서자료(文書資料)

• 공식문서(公式文書)

國防軍史研究所. 國防部特命綴, 1949-1953

———. 獲得文書(朝鮮人民軍 先制打擊計劃, 作戰命令, 偵察命令, 戰鬪日誌 等)

———. 한국전쟁관련 蘇聯자료. 1993.

——— 역. 『소련 제64비행군단 전투활동 자료』. 1996.

국방부 군사편찬연구소. 『미 국무부 한국국내상황관련 문서』. 2001

육군본부 군사연구실. 육군역사일지 1945-1953.

———. 정기작전보고, 1951. 7.-1953. 7.

———. 정기정보보고, 1951. 7.-1953. 7.

———. 명령철(긴급명령, 일반명령, 작전명령, 특명, 훈령).

———. 한국전쟁사료(전투상보, 전투명령).

외무부 역. 한국전쟁관련 소련극비외교문서 1~4. 1994.

통일부. 군사정전위원회 회의록, 1951-1953.

• 증언록, 회의록

한국전쟁관련 증언자료. 국방군사연구소.

국방부 군사편찬연구소. 『6 · 25전쟁 북한군 전투명령』. 2001.

———. 『6 · 25전쟁 북한군 병사수첩』. 2001.

———. 『6 · 25전쟁 참전자 증언록』. 2003.

"모스크바 새 증언." 서울신문, 1995. 5.-6.

중앙일보사 편. 『민족의 증언』 1~6. 을유문화사, 1972-1973.

유성철 신문 및 면담록. 1990. 9.
유성철 증언. 한국일보, 1990. 11.
육군본부. 『6 · 25참전 전투수기』. 2000.
이상조 증언. 한국일보, 1989. 6. 월간중앙, 1990. 8.
프란체스카 증언. "6 · 25와 이승만대통령." 중앙일보, 1983.

• **공식간행물, 공간사**

공군본부. 『공군사』. 1953
공보처. 『대통령 이승만박사 담화집』. 1953.
———. 『대한민국통계요람』. 1953.
국군수도사단. 『맹호사』. 1980.
국군제1사단. 『전진약사』. 1966.
국군제2사단. 『노도부대사』. 1955.
국군제3사단. 『백골사단역사』. 1980.
국군제5사단. 『부대역사』. 1969.
국군제6사단. 『청성전사』. 1981.
국군제7사단. 『칠성약사』. 1970.
국군제8사단. 『오뚜기약사』. 1969.
국군제9사단. 『백마부대사』. 1982.
국군제11사단. 『화랑부대전사』. 1986.
국방군사연구소. 『교암산전투』. 1994.
———. 『노전평전투』. 1992.
———. 『도솔산전투』. 1993.
———. 『오산 · 대전전투』. 1993.
———. 『충주 · 점촌전투』. 1992.
———. 『한국전쟁(상)』. 1995.
———. 『한국전쟁(중)』. 1996.
———. 『한국전쟁(하)』. 1997.
———. 『한국전쟁의 포로』. 1996.
———. 『횡성전투』. 1995.
——— 역. 『중공군의 한국전쟁: 간사, 군사연표』. 1994.
국방부 전사편찬위원회. 『국방부사』. 1954.
———. 『국방사』 1, 2. 1984, 1987.
———. 『국방조약집』 1. 1988.
———. 『금성전투』. 1987.

———. 『다부동전투』. 1981.
———. 『단양 · 의성전투』. 1987.
———. 『백마고지전투』. 1984.
———. 『백석산전투』. 1990.
———. 『38도선 초기전투 서부전선 편』. 1985.
———. 『38도선 초기전투 중 · 동부전선 편』. 1981.
———. 『수도고지 · 지형능선전투』. 1989.
———. 『신녕 · 영천전투』. 1984.
———. 『안강 · 포항전투』. 1986.
———. 『양구전투』. 1989.
———. 『용문산전투』. 1983.
———. 『월비산 · 351고지전투』. 1990.
———. 『인천상륙작전』. 1983.
———. 『임진강 전투』. 1991.
———. 『장진호전투』. 1981.
———. 『저격능선전투』. 1988.
———. 『진천 · 화령장전투』. 1991.
———. 『청천강전투』. 1985.
———. 『평양탈환작전』. 1986.
———. 『한국전쟁사』 1~11. 1967~1980.
———. 『한국전쟁 요약』. 1986.
———. 『한국전쟁 휴전사』. 1989.
———. 『현리전투』. 1988.
국방부 군사편찬연구소. 『한국전쟁사의 새로운 연구』(Ⅰ)~(Ⅱ). 2001~2002.
———. 『한국전쟁 중 중국의 참전전략과 포로문제』. 2001.
———. 『라주바예프의 6 · 25전쟁 보고서』 1~4. 2001.
———. 『한국전쟁의 유격전사』. 2003.
———. 『태극무공훈장에 빛나는 6 · 25전쟁영웅』. 2003.
———. 『6 · 25 전쟁사』1~5. 2004~2008.
국방부 정훈국. 『한국전란』 1~5. 1951~1956.
내무부. 『경찰전사』. 1952.
문화공보부. 『실증사료로 본 한국전쟁』. 1990.
미 극동군 및 8군사령부. 『한국전쟁시 군수지원』. 육군본부, 2006.
병무청. 『병무행정사』 上. 1985.
외무부. 『한국외교30년』. 1979.
———역. 『한국전쟁관련 소련극비외교문서』 1~4. 1994.

육군본부 군사감실. 『6 · 25사변 육군전사』 1~9. 1952~1957.
———. 『6 · 25사변 후방전사 인사편, 군수편』. 1956.
———. 『육군발전사』 上, 下. 1970.
육군본부 군사연구실. 『청군전사』. 1980.
———. 『대침투작전사』 Ⅰ, Ⅱ. 1981.
———. 『포병과 6 · 25전쟁』. 1993.
———. 『학도의용군』. 1994.
———. 『한국전쟁과 유격전』. 1994.
———. 『Korean War』 1~4. 2003.
육군본부 정보참모부. 『공비연혁』. 1971.
———. 『북괴 6 · 25남침분석』. 1970.
———. 『판문점』. 上, 下. 1972.
육군본부. 『중공군의 한국전쟁 교훈』. 2005.
전쟁기념사업회. 『한국전쟁사』1~6. 1990~1993.
조선 사회과학원 력사연구소. 『조선전사 25, 26, 27』. 평양: 과학, 백과사전출판사, 1981.
중국 군사과학원 군사역사연구부 편저. 『중국인민지원군 항미원조전사』. 군사과학출판사, 1988.
중국 군사과학원 군사역사연구부, 오규열 역. 『중국군의 한국전쟁사』 1~3. 국방부 군사편찬연구소, 2002~2005.
중국인민지원군 항미원조 전쟁경험총결 편집위원회, 육군본부 군사연구소 편. 『중공군이 경험한 6 · 25전쟁』 上, 下. 육군본부, 2009.
한국 전략문제연구소 역. 『중공군의 한국전쟁사』. 세경사, 1991.
합동참모본부. 『한국전사』. 1984.
해군본부. 『대한민국 해군사』 1, 2. 1954, 1957.
해병대사령부. 『해병전투사』 1. 1962.
U. S. Department of the Army, 육군본부 역. 『낙동강에서 압록강까지』. 1963.
———. 육군본부 역. 『밀물과 썰물』. 1992.
———. 육군본부 역. 『정책과 지도』. 1974.
———. 육군본부 역. 『휴전천막과 싸우는 전선』. 1968.
U. S. Department of the Navy, 해군본부 역. 『미해군 한국전 참전사』. 1985.
———. 강승기 역. 『한국전에서의 미공군 전략』. 행림출판, 1982.
U. S. Joint Chiefs of Staff, 국방부 전사편찬위원회 역. 『미국합동참모본부사: 한국전쟁』 상, 하. 1990.

2. 회고록, 자서전, 전기

강성재.『참군인 이종찬 장군』. 동아일보사, 1986.
공국진.『한 노병의 애환』. 원민, 2001.
국방부 군사편찬연구소.『6 · 25전쟁과 채병덕 장군』. 2002.
김행복.『6 · 25전쟁과 채병덕 장군』. 국방부 군사편찬연구소, 2002.
남상선.『불멸탑의 증언. 육사생도대분전기』. 육법사, 1978.
박경석.『오성장군 김홍일』. 서문당, 1984.
백선엽.『군과 나』. 대륙연구소, 1989.
———.『실록 지리산』. 고려원, 1992.
———.『길고 긴 여름날 1950년 6월 25일』. 지구촌, 1999.
———.『군과 나』. 시대정신, 2009.
앤드류 새먼, 박수현 역.『마지막 한발』. 시대정신, 2009.
유재흥.『격동의 세월』. 을유문화사, 1994.
유현종.『백마고지: 김종오장군 일대기』. 을지출판공사, 1985.
육군교육사령부.『타이거 장군 송요찬』. 1996.
육군본부 군사연구소.『베티고지 영웅(김만술 대위 전공기)』. 1988.
———.『의장 안병범』. 1989.
———.『영천 대회전(이성가 장군 참전기)』. 1995.
육군사관학교 제5기생회.『육사5기생』. 1990.
육군사관학교 제8기생회.『노병들의 증언』. 1992.
이대용.『국경선에 밤이 오다』. 화남출판사, 1984.
이은팔.『인간 한신, 군인 한신: 한신장군의 생애와 일기』(上, 下). 21세기 군사연구소, 2001.
이한림.『세기의 격랑』. 팔복원, 1994.
이형근.『군번1번의 외길 인생』. 중앙일보사, 1993.
임부택.『낙동강에서 초산까지』. 그루터기, 1996.
정래혁.『격변의 생애를 돌아보며: 기적은 가며, 역사는 남으며』. 한국산업개발연구원, 2001.
장창국.『육사졸업생』. 중앙일보사, 1984.
정승화.『대한민국 군인 정승화』. Human & Books, 2002.
정일권.『전쟁과 휴전』. 동아일보사, 1986.
———.『정일권 회고록』. 고려서적, 1996.
주영복.『내가 겪은 조선전쟁』 제1, 2권. 고려원, 1991.
차규헌.『전투』. 병학사, 1986.
채명신.『사선을 넘어서』. 매일경제신문사, 1994.
한우성.『영웅 김영옥』. 북스토리, 2005.
———.『아름다운 영웅 김영옥』. 나무와 숲, 2008.

홍학지, 홍인표 역. 『중국이 본 한국전쟁: 중국인민지원군 부사령관 홍학지의 전쟁회고록』. 한국학술정보, 2008.
Clark, Mark W, 김형석 역. 『다뉴브강에서 압록강까지』. 국제출판사, 1981.
Dean, William F, 김희덕 역. 『딘장군의 수기』. 창우사, 1995.
Eden, Anthony, 이원우 역. 『이든 회고록』. 양서각, 1961.
Manchester, William, 육사 인문과학처 역. 『미국의 씨어저: 맥아더 원수』. 병학사, 1984.
Martin Russ, 임상균 역. 『브레이크아웃(1950 겨울, 장진호 전투)』. 나남, 2004.
Noble, Harold Joyce, 박실 역. 『이승만 박사와 미국 대사관』. 정오출판사, 1982.
Oliver, Robert T, 박일영 역. 『이승만 비록』. 한국문화출판사, 1982.
Ridgway, Matthew B, 김재관 역. 『한국전쟁』. 정우사, 1981.
Sherwood, John Darrel, 전춘우 역. 『전투조종사』. 답게, 2003.
Suh, Dae-Sook, 서주석 역. 『북한의 지도자 김일성』. 청계연구소, 1989.
Volkogonov, Dmitri, 한국전략문제연구소 역. 『스탈린』. 세경사. 1993.
Willoughby, Charles A., 진태천 역. 『맥아더 장군의 한국전 비사』. 시사통신사, 1957.

3. 저서, 논문

김경현. 『중국의 한국전쟁 개입 전말』. 육군사관학교 화랑대연구소, 2008.
김광수. "한국전쟁 전반기 북한의 전쟁수행 연구 – 전략, 작전계획 및 동맹관계," 경남대학교 북한대학원 박사학위논문, 2008.
김양명. 『한국전쟁사』. 일신사, 1976.
김영호. 『한국전쟁의 기원과 전개과정』. 두레, 1998.
김점곤. 『한국전쟁과 노동당전략』. 박영사, 1983.
김창순. 『북한15년사』. 지문각, 1961.
김철범. "한국전쟁의 국제적 요인". 국사관논총 제28집, 1991.
——— 편. 『한국전쟁: 강대국 정치와 남북한 갈등』. 평민사, 1989.
———. 『한국전쟁을 보는 시각』. 을유문화사, 1990.
김학준. 『한국전쟁: 원인 · 과정 · 휴전 · 영향』. 박영사, 1989, 1997.
———. 『소련정치론』. 일지사, 1976.
국방부. 『국군 50년사 화보집』. 1998.
나종일. 『증언으로 본 한국전쟁』. 예진출판사, 1991.
———. 『끝나지 않은 전쟁: 한반도와 강대국 정치(1950-1954)』. 전예원, 1994.
더들리 휴즈, 임인창 역. 『한국전쟁, 마지막 겨울의 기록』. 한국경제신문, 2008.
데이비드 핼버스탬, 정윤미 · 이은지 역. 『콜디스트 윈터: 한국전쟁의 감추어진 역사』. 살림, 2009.

박갑동. 『박헌영: 그 일대기를 통한 현대사의 재조명』. 인간사, 1983.
———. 『김일성과 한국전쟁』. 바람의 물결, 1988.
박명림. 『한국전쟁의 발발과 기원』 Ⅰ, Ⅱ. 나남출판, 1996.
———. 『한국 1950 전쟁과 평화』. 나남출판, 2002.
백종천, 윤정원. "6 · 25전쟁에 대한 연구: 결과와 영향을 중심으로," 국사관논총 제28집, 1991.
서주석. "한국전쟁의 기원과 원인," 한국정치외교사학회 편. 한국전쟁과 휴전체제, 1998.
서상문. 『모택동과 6 · 25전쟁: 파병결정과정과 개입동기』. 국방부 군사편찬연구소, 2006.
서상문 편. 『(알아봅시다!)6 · 25전쟁사 제1권: 배경과 원인』. 국방부 군사편찬연구소, 2005.
소진철. 『한국전쟁의 기원』. 익산: 원광대학출판부, 1996.
신복룡. "한국전쟁의 휴전," 한국정치외교사학회 편. 한국전쟁과 휴전체제, 1998.
아카기 칸지 외, 이종판 역. 『일본의 6 · 25전쟁 연구』. 국방부 군사편찬연구소, 2009.
예관수, 조규동. 『한국의 동란』. 병학연구사, 1950.
온창일. "미국의 대한 안보개입의 기본태세, 1945-1953," 국제정치 논총 제25집, 1985.
———. "6 · 25전쟁연구: 전쟁수행과정," 국사관논총 제28집, 1991.
———. 『한민족 전쟁사』. 집문당, 2008.
유영익 편. 『수정주의와 한국 현대사』. 연세대학교 출판부, 1998.
유재갑. "6 · 25전쟁연구: 전쟁발발의 대내적 원인분석," 국사관논총 제28집, 1991.
육군대학. 『한국전쟁사』. 2002.
육군사관학교 전사학과. 『한국전쟁사』. 일신사, 1987, 1994.
———. 『한국전쟁사 부도』. 황금알. 1998, 2005.
이정환. 『지평리를 사수하라』. 양평 문화원, 2008.
이호재. 『한국외교정책의 이상과 현실: 이승만 외교와 미국』. 법문사, 1975.
장도영. 『망향』. 숲속의 꿈, 2001.
장준익. 『북한인민군대사』. 서문당, 1991.
정일형. 『유엔과 한국문제』. 신명문화사, 1961.
토르쿠노프, AV, 허남성 · 이종판 역. 『한국전쟁의 진실(기원, 과정, 종결)』. 국방대학교 안보문제연구소, 2002.
하영선 편. 『한국전쟁의 새로운 접근』. 나남출판, 1990.
한국국제정치학회 편. 『한국전쟁의 재조명(국제정치논총특집)』. 1990.
한국정치외교사학회 편. 『한국전쟁과 휴전』. 집문당, 1998.
한배호. "한 · 미방위조약 체결의 협상과정," 군사 4, 1982.
한용원. 『창군』. 박영사, 1985.
당대중국총서편집부. 『항미원조전쟁』. 북경: 중국사회과학출판사, 1991.
일본 육상자위대 간부학교 육전사 연구보급회 편집. 『조선전쟁』 제1~10권. 원서방, 소하 41.
육군본부 군사연구실 역. 『한국전쟁』 1~10. 1986.

사사키 하루다카, 강욱구 편역.『한국전비사』上 · 中 · 下. 병학사, 1977.
Cumings, Bruce, 김주환 역.『한국전쟁의 기원』1,2. 청사, 1986.
Fehrenbach, T. R., 안동림 역.『한국전쟁』. 현암사, 1976.
Goulden, Allen ed., 김쾌상 역.『한국전쟁』. 일월서각, 1982.
Rottman, Gordon, 김홍래 역.『인천 1950』. 플래닛미디어, 2006.
Whiting, Allen S., 국방부 전사편찬위원회 역.『중공군 압록강을 건너다: 중공의 한국전쟁 참전결정』. 1989.

주요전투 참고문헌

『6 · 25전쟁 60대전투』 중에 6 · 25전쟁에 결정적인 영향을 끼친 10대 주요전투를 선정하여, 전문가의 입장에서 좀 더 비중 있게 다루었다. 주요전투에 대하여 독자들의 연구에 도움이 될 만한 참고문헌을 정리하였다.

• 주요전투#1. 춘천-홍천 전투

국방부 군사편찬연구소 역/편.『소련고문단장 라주바예프의 6 · 25전쟁 보고서』1-3권. 2001.
보병 제6사단사령부 작전교육처.「전투상보」(단기 4283년 자 6월 25일 0000시 지 9월 3일 2400시)
제6사단사령부.「보6사 작명 제42호: 명령, 단기 4283년 5월 18일)
TsAVMTs GSh VS RF (Arkhiv-TsAMO-A) Fond 16, Opis 3139, Delo 133 "Zhurnal boevykh deistvii v Koree s 28 iiunia 1950 g. po 31 dekavria 1951 g." (조선전쟁전투일보, 1950년 6월 28일(25일)-1951년 12월 31일).
슈티코프,「조선민주주의인민공화국 주재 소련대사가 소련군 총참모부 부총참모장에게 보낸 보고서, 조선인민군의 전투행동 준비와 실행, No. 358, 1950년 6월 26일」, 국사편찬위원회 역.『한국전쟁, 문서와 자료, 1950-53년』. 국사편찬위원회, 2006.

강원대학교 · 육군쌍용부대.『6 · 25 한국전쟁의 신화 춘천대첩, 무엇을 남겼나?-춘천 · 홍천 · 양구지역 전투를 중심으로』. 강원대학교 · 육군쌍용부대, 2000.
국방군사연구소.『38도선초기전투: 중 · 동부전선 편』. 1981.
국방부 전사편찬위원회.『한국전쟁사 권1: 북괴의 남침과 서전기』. 1977.
국방부 군사편찬연구소.『6 · 25전쟁사 2: 북한의 전면남침과 초기 방어전투』. 2005.
김광수. "한국전쟁 전반기 북한의 전쟁수행 연구 – 전략, 작전계획 및 동맹관계," 경남대학교 북한대학원 박사학위논문, 2008.
여 정. 『붉게 물든 대동강』. 동아일보사, 1991.
임부택. 『낙동강에서 초산까지』. 그루터기, 1996.
주영복. 『내가 겪은 조선전쟁』 상 · 하. 고려원, 1991.
Appleman, Roy E., *South To the Naktong, North To the Yalu.* Washington D. C.: US GPO, 1960.
Lototskii, S. S./ N. L. Volkovskii (eds.), *Voina v Koree 1950–1953.* Sankt- Peterburg: Poligon, 2000.

• 주요전투#2. 대전 전투

국방부 군사편찬연구소. 『6 · 25 전쟁사 4: 금강-소백산맥선 지연작전』. 2008.
조선 사회과학원 력사연구소. 『조선전사 25, 26, 27』. 평양: 과학, 백과사전출판사, 1981.
Blair, Clay. *The Forgotten War: America in Korea 1950–1953.* New York: Times Books, 1987.
Dean, William F. *General Dean's Story.* New York: Viking Press, 1954.
U. S. Department of the Army. *United States Army in the Korean war : South to the Nakdong, North to the Yalu,* Prepared by Roy E. Appleman, Washington, D.C.: GPO, 1961.

• 주요전투#3. 다부동 전투

국방군사연구소. 『한국전쟁(상)』. 1995.
국방부 군사편찬위원회. 『다부동전투』. 1981.
국방부 군사편찬연구소. 『6 · 25 전쟁사 5: 낙동강선 방어작전』. 2009.
백선엽. 『군과 나』. 시대정신, 2009.
U. S. Department of the Army. *United States Army in the Korean war : South to the Nakdong, North to the Yalu,* Prepared by Roy E. Appleman, Washington, D.C.: GPO, 1961.
Collins, J. Lawton. War in Peacetime: *The History and Lessons of Korea.* Boston: Houghton Mifflin, 1985.

• 주요전투#4. 인천 상륙-서울수복 작전

TsAVMTs GSh VS RF (Arkhiv-TsAMO-A) Fond 16, Opis 3139, Delo 133 "Zhurnal boevykh deistvii v Koree s 28 iiunia 1950 g. po 31 dekavria 1951 g." (조선전쟁전투일보, 1950년 6월 28일(25일)-1951년 12월 31일).

United States National Archives and Records Administration (NARA), Record Group 242 Captured Enemy Documents (North Korea), Shipping Advice (SA) 2009 SA 2009-7-80, 「상급명령서철」 (제107보연 참모부); SA 2009-7-81, 「인천항방어전투 관계」; SA 2009-7-84, 「하급명령서철」 (제107보병련대 참모부).; SA 2009-7-81 「제3보련 인천항 방어전투」

Mansourov, A., trans., "Telegram from Fyn Si(Stalin) to Matveyev(Army Gen. M. V. Zakharov) and Soviet Ambassador to the DPRK T. F. Shytykov, approved 27 September 1950 Soviet Communist Party Central Committee Politiburo," *Cold War International History Project Bulletin,* Issues 6-7, pp. 107-108.

국방부 전사편찬위원회. 『인천상륙작전』. 1983.

김광수, "낙동강전선에서 패배 이후 북한 인민군의 재편과 구조 변화," 『군사』 제59호 (2006년 6월).

――――. "인천상륙작전은 기습이 아니었는가?," 『전사』 2호 (1999년).

박명림. "한국전쟁: 전세의 역전과 북한의 대응(1) - 1950년 8월 28일부터 10월 1일까지," 『전략연구』 제4권 제2호 (1997).

이상호. "인천상륙작전과 북한의 대응: 사전인지설과 전략적 후퇴에 대한 반론," 『군사』 제59호 (2006년 6월).

장학봉 외. 『북조선을 만든 고려인 이야기』. 경인문화사, 2006.

Appleman, Roy E., *South To the Naktong, North To the Yalu.* Washington D. C.: US GPO, 1960.

Heinl, Robert, *Victory At High Tide: The Inchon Seoul Campaign.* Philadelphia and New York: J. B. Lippincott Co., 1968.

MacArthur, Douglas, Reminiscences. Seoul: Moonhak Publishing Co., 1964.

Montross, Lynn and Nicholas A. Canzona, *The Inchon-Seoul Operation.* Washington D. C.: Historical Branch, G-3, Headquarters U. S. Marine Corps, 1955.

Lototskii, S. S./ N. L. Volkovskii (eds.), *Voina v Koree 1950-1953.* Sankt- Peterburg: Poligon, 2000.

Zhang, Shu Guang, *Mao's Military Romanticism: China and the Korean War, 1950-1963.* Lawrence, Kansas: The University Press of Kansas, 1995.

• 주요전투#5. 북진-평양 탈환작전

국사편찬위원회 편역. 『한국전쟁, 문서와 자료, 1950-1953년』. 2003.

TsAVMTs GSh VS RF (Arkhiv-TsAMO-A) Fond 16, Opis 3139, Delo 133 "Zhurnal boevykh deistvii v Koree s 28 iiunia 1950 g. po 31 dekavria 1951 g." (조선전쟁전투일보, 1950년 6월 28일(25일)-1951년 12월 31일).

NARA, Record Group 338, Entry 34407, Box 51-63, 8th U. S. Army Korea(EUSAK), War Diary (June 1950-November 1950).

국방부 전사편찬위원회. 『평양탈환작전』. 1981.

김광수. "한국전쟁 전반기 북한의 전쟁수행 연구 - 전략, 작전계획 및 동맹관계," 경남대학교 북한대학원 박사학위논문, 2008.

백선엽. 『군과나』. 대륙연구소, 1989.

Appleman, Roy E., *South To the Naktong, North To the Yalu* (Washington D. C.: US GPO, 1960).

Lototskii, S. S./ N. L. Volkovskii (eds.), *Voina v Koree 1950-1953* (Sankt- Peterburg: Poligon, 2000).

• 주요전투#6. 중공군 제2차 공세와 청천강 전투

국사편찬위원회 편역. 『한국전쟁, 문서와 자료, 1950-1953년』. 국사편찬위원회, 2003.

『김일성전집』 제12권.

毛澤東. 『建國以來毛澤東文稿』(內部本), 제1-7권. 北京: 中央文獻出版社, 1988-1992.

王焰 主編, 『彭德悔年譜』. 北京: 人民出版社, 1998.

TsAVMTs GSh VS RF (Arkhiv-TsAMO-A) Fond 16, Opis 3139, Delo 133 "Zhurnal boevykh deistvii v Koree s 28 iiunia 1950 g. po 31 dekavria 1951 g." (조선전쟁전투일보, 1950년 6월 28일(25일)-1951년 12월 31일).

NARA, Record Group 338, Entry 34407, Box 51-63, 8th U. S. Army Korea (EUSAK), War Diary (June 1950-November 1950).

국방부 전사편찬위원회. 『청천강전투』. 1985.

중국 군사과학원 군사역사연구부, 오규열 역. 『중국군의 한국전쟁사』 1~2. 국방부 군사편찬연구소, 2002~2005.

한국전략문제연구소 역. 『중공군의 한국전쟁사』. 세경사, 1991.

Appleman, Roy. E., *Disanster in Korea: The Chinese Confront MacArthur.* Texas

A&M University Press, 1989.
Lototskii, S. S./ N. L. Volkovskii (eds.), *Voina v Koree 1950-1953.* Sankt- Peterburg: Poligon, 2000.

• 주요전투#7. 지평리 전투

국방군사연구소.『한국전쟁(중)』. 서울인쇄공업협동조합, 1996.
한국전략문제연구소 역.『중공군의 한국전쟁사』. 세경사, 1991.
중국 군사과학원 군사역사연구부 저, 박동구 역.『중국군의 한국전쟁사(2)』. 정문사, 2005.
국가보훈처.『6 · 25전쟁 프랑스군 참전사』. 신오성기획인쇄사, 2004.
에드완 베르고 저, 김병일, 이해민 공역.『6 · 25전란의 프랑스대대』. 동아일보사, 1983.
Billy C. Mossman. *Ebb and Flow, November 1950 - July 1951.* Washington D.C., U.S. GPO, 1990.

• 주요전투#8. 현리 전투

국방부 전사편찬위원회.『현리전투: 중공군 5월 공세』. 1988.
국방군사연구소.『한국전쟁(중)』. 1996.
육군본부.『중공군의 공세의지를 꺾은 현리-한계전투』. 2009.
한국전략문제연구소 역.『중공군의 한국전쟁사』. 세경사, 1991.
중국 군사과학원 군사역사연구부, 박동구 역.『중국군의 한국전쟁사(2)』. 정문사, 2005.
정명복. "6 · 25전쟁기 중공군 5월 공세에 대한 전투사적 고찰",『군사』 제71호, 2009.
Billy C. Mossman. *Ebb and Flow, November 1950 - July 1951,* Washington D.C., U.S. GPO, 1990.

• 주요전투#9. 백마고지 전투

국방군사연구소.『한국전쟁(하)』. 1997.
국방부 군사편찬위원회.『백마고지전투』. 1984.
김영선,『백마고지의 광영(상)』, 팔복원, 1997.
백선엽.『군과 나』. 대륙연구소, 1989.
온창일,『한민족 전쟁사』. 집문당, 2001.
육군사관학교 전사학과.『한국전쟁사』. 일신사, 1994.

• 주요전투#10. 금성 전투

국방군사연구소.『한국전쟁(하)』. 1997.

국방부 군사편찬위원회.『백마고지전투』. 1984.

백선엽.『군과 나』. 대륙연구소, 1989.

온창일,『한민족 전쟁사』. 집문당, 2001.

육군사관학교 전사학과.『한국전쟁사』. 일신사, 1987, 1994.

정일권.『전쟁과 휴전』. 동아일보사, 1986.

홍학지, 홍인표 역.『중국이 본 한국전쟁: 중국인민지원군 부사령관 홍학지의 전쟁회고록』. 한국학술정보, 2008.